国家出版基金项目
NATIONAL PUBLICATION FOUNDATION

"十四五"国家重点出版物出版规划项目
智能机器人基础理论与关键技术丛书

水利水电工程智能巡检机器人技术与应用

陈永灿　王皓冉　李永龙　刘昭伟　谢　辉　著

科学出版社
北　京

内 容 简 介

本书作者基于水利水电枢纽泄洪消能建筑物检测的共性需求与特种机器人技术，围绕“水工混凝土缺陷智能采集与分析评价”开展技术创新。书中针对溢流坝、溢洪道、泄洪洞（引水隧洞）、消力池等典型场景，介绍在水体浑浊、附着淤积、密闭空间、弱光、无或弱 GPS 信号、局部可达困难等复杂环境下的机器人系留供能、远程控制、融合定位、协同作业、低时延通信、智能巡检、缺陷识别、安全评估等关键技术，以及坝面巡检无人机、隧洞巡检机器人、水下巡检机器人等典型工程应用。

本书结合实际需求，展示了水利水电工程复杂环境下智能巡检机器人的关键技术与现场应用，可供水利水电工程、控制科学与工程、特种机器人、人工智能等专业的高年级本科生、研究生与相关领域科研人员参考。

图书在版编目（CIP）数据

水利水电工程智能巡检机器人技术与应用 / 陈永灿等著. — 北京：科学出版社, 2025. 6. -- （智能机器人基础理论与关键技术丛书）. -- ISBN 978-7-03-080995-7

Ⅰ. TV-39

中国国家版本馆CIP数据核字第2025PH8900号

责任编辑：裴　育　朱英彪　王　苏 / 责任校对：任苗苗
责任印制：肖　兴 / 封面设计：有道文化

科 学 出 版 社 出版
北京东黄城根北街 16 号
邮政编码: 100717
http://www.sciencep.com
北京中科印刷有限公司印刷
科学出版社发行　各地新华书店经销
*
2025 年 6 月第　一　版　开本：720 × 1000　1/16
2025 年 6 月第一次印刷　印张：13 1/4
字数：265 000
定价：150.00 元
（如有印装质量问题，我社负责调换）

序

我国水利水电工程建设取得了举世瞩目的成就，为保障国家能源安全、水资源高效利用和生态文明建设发挥了重要作用。工程枢纽作为关键基础设施，多建于高山峡谷地带，普遍具有坡陡谷深地势、复杂洞室群结构、高速泄洪工况、多荷载作用等典型特征。这些特征对工程运行期枢纽建筑物的安全性与耐久性提出了极高要求。定期开展建筑物系统检测，全面掌握其工作性态，是保障水利水电工程枢纽长期安全、稳定、高效运行的重要手段。

随着人工智能、大数据、机器人等前沿技术的蓬勃发展，水工建筑物安全检测正加速向数字化、智能化、系统化方向迈进。这不仅是技术进步的必然趋势，也是推动行业高质量发展的内在需求。针对水利水电工程枢纽建筑物的封闭或半封闭空间、水体浑浊无光、水下淤积等复杂环境，亟需攻克适应性强、可靠性高的智能巡检装备和关键核心技术，深入揭示水工建筑物结构缺陷的形成机制与损伤演化机理，创新开展智能安全评价与多维风险预警，不断提升枢纽安全管控技术水平。

在此背景下，陈永灿教授团队撰写的《水利水电工程智能巡检机器人技术与应用》一书，紧扣我国水利水电行业与学科发展的重大需求，系统总结了团队近年来在巡检装备研制、关键技术攻关与工程示范应用等方面的最新研究成果。全书从不同角度深入阐述了智能巡检机器人研发关键技术，泄洪洞、水垫塘与消力池等泄水建筑物缺陷识别方法，多传感器智能感知技术，建筑物结构安全评价，典型水利水电工程示范应用等内容，充分体现了前沿性、创新性、实用性，是水利水电领域重要的技术与应用参考书，对提升我国水利水电工程安全智慧管控技术水平具有重要的实用价值。

衷心期待陈永灿教授团队在已有研究成果的基础上，紧跟信息化、智能化技术发展前沿，聚力破解行业“卡脖子”技术难题，持续推动学科交叉与技术突破，创新引领水利水电工程技术智慧化发展新方向。同时，也希望通过该书的出版发行，为行业技术创新提供有益启迪，激励更多青年学者将新技术、新方法应用于工程实践，为推动我国水利水电事业的高质量发展贡献智慧和力量。

中国工程院院士　王浩

2025 年 1 月

前　言

水库大坝是保障防洪安全、水资源综合利用和水能开发的重要战略基础设施，持续为经济社会发展提供能源供给、防洪保障，产生了巨大的社会效益和经济效益。截至 2025 年 5 月，我国建成投产的水库大坝约 9.5 万座，大坝类型与数量、高坝数量、水力发电装机规模均位居世界第一，拥有三峡、白鹤滩、溪洛渡、锦屏等世界级特大型水利水电枢纽。水利水电枢纽多位于高山峡谷，枢纽建筑物呈现陡坡窄河谷、复杂洞室群、高流速泄洪、多荷载作用等特征，安全风险管控难度巨大。

保障水利水电工程长期安全高效运行必须防患于未然，现有水工建筑物巡检以人工检测为主，存在复杂环境巡检适应性差、巡检效率低、精度差等不足，在低能见度、浑浊、沉积附着等复杂水下环境中巡检存在较大困难。目前缺乏对过流面损伤进行高效量化识别的方法，导致在复杂水域水工建筑物过流面损伤的数据感知方面存在效率低、精度差和泛化能力不强等问题，严重制约了对水工建筑物安全态势的准确评价。因此，迫切需要研发适应不同形式水工建筑物的智能巡检载体，突破结构缺陷的智能检测关键技术，研究结构损伤作用机制与安全评价方法，全面提升枢纽安全管控技术水平。

针对水利水电工程泄洪消能建筑物等关键结构缺陷巡检痛点与难点问题，作者团队以“巡、检、识、诊、用”技术要点为主线，采用“需求分析→载体研发→传感集成→图像识别→分析评估→试点应用”的总体思路，研发了复杂环境智能巡检机器人装备体系，突破了远程控制、融合定位、协同作业、低时延通信等系列关键技术，创新研发了水下淤积及浑浊环境的清淤-置换可视化检测技术与装置，提出了水工建筑物多源数据融合的缺陷图像识别及量化表征算法，构建了基于智能巡检的泄洪消能结构安全评价分析方法，并成功应用于金沙江、大渡河、嘉陵江等多个流域的重大水利水电工程。研究成果对提高我国水利水电工程安全运维与智慧管控的精细化水平具有重要的科学价值和指导意义。

全书共 7 章。第 1 章为绪论，围绕水利水电枢纽泄洪消能建筑物安全检测的需求，概述了水利水电巡检机器人技术研究的进展及趋势；第 2 章通过水下双模态智能巡检机器人载体及各单元的设计，有效解决多变水流下复杂水工建筑物结构存在的潜在隐患；第 3 章介绍高水头溢流坝无人机智能巡检技术，用于解决坝面混凝土表观缺陷的高效采集与精准识别；第 4 章根据复杂过流水工隧洞结构特点和检测需求，利用主从式检测机器人代替传统人工巡检的方式实现对不同结构段表观缺陷的获取；第 5 章在海量检测数据的基础上，利用计算机视觉方法对混凝土表观数据进行缺陷提取与分析；第 6 章主要结合巡检、监测等数据结果，提出消力池和引水隧洞的结构安全分级与安全评价方法；第 7 章系统介绍智能巡检机器人在西南水利水电工程的应用验证，相关应用工作支撑了金沙江、大渡河、嘉陵江等多个水利水电工程的泄洪消能安全管控。本书的研究内容均是针对具体的工程需求开展的，但是所涉及的研究方法、技术和研发的巡检装备，对其他流域的水利水电工程也具有适应性和推广应用价值。

本书所述的技术、方法和应用成果得到了国家重点研发计划项目“大直径长引水隧洞水下检测机器人系统研发及示范应用”、国家自然科学基金项目“高坝枢纽泄洪消能建筑物智能巡检与安全评价理论方法和技术”、中国大唐集团有限公司科学技术项目“嘉陵江亭子口水利枢纽坝面及消力池结构智能检测与诊断技术研究与应用”、中国长江三峡集团有限公司科研项目“溪洛渡电站高边坡等水工设施智能巡检”和“水垫塘结构水下高效智能巡检系统研究”、国能大渡河流域水电开发有限公司科研项目“水电站引水隧洞机器人智能检测技术研究”等的资助。研究团队的张华、李佳龙、张红、范骢骧、何文艳、缪成宗、税宇航及已经毕业和在读的李正文、刘康、杨童、汪双、陈波、林海涛、夏毅、姚海、李默言、蔡孟哲、杨立一、边城、张钢、周迅、梁一飞等多位研究生为本书的出版付出了不懈的努力。在此，对给予资助的单位和为本书完成做出贡献的个人表示诚挚的感谢。

由于作者水平有限，书中难免存在疏漏或不足之处，恳请各位专家与学者指正。

目　录

第1章 绪　论

我国是水利水电大国，发展水利水电是我国调整能源结构、应对气候变化、实现能源革命的战略选择。中华人民共和国成立以来，水利水电建设的成就举世瞩目，在水能开发利用、技术创新、运行管理等方面均实现了全方位的巨大飞跃，为我国经济社会发展和现代化建设做出了重要贡献。泄洪消能建筑物作为水利水电枢纽的重要构筑物，在防洪工程体系中发挥了重要作用，其安全可控是保障枢纽运行和电力生产的基础。

随着装备技术、通信技术、信息技术的快速发展，技术创新为水工混凝土建筑物的病害检测、评估提供了新的可能，有利于孕育与时俱进的新技术、新工艺、新理论。发挥特种机器人的性能优势，应用智能机器人系统开展大坝建筑物检查工作，辅助甚至逐步取代人工巡检，并基于巡检成果开展专业性、针对性的评估分析工作，可有效解决巡检难题。这不仅对保障水利水电枢纽的长期安全运行具有十分重要的意义，也是提升水电站大坝信息化和智能化管理水平的重要手段。

1.1 研究背景及意义

截至 2025 年 5 月，我国有水库大坝约 9.5 万座、总库容约 1 万亿 m^3。2024 年，全国水电累计装机容量 4.36 亿 kW，年发电量 14257 亿 kW·h。大坝类型、大坝数量、高坝数量、水力发电装机规模均位居世界第一[1]。但是，我国水库存量工程多修建于 20 世纪 50～70 年代，建设标准普遍偏低、工程质量较差。近年来新增的电站则面临技术难度加大、建设条件复杂等风险，尤其是已建或在建 80 余座电站主要集中在西部地区，这些地区普遍具有高海拔、高地震烈度、高边坡等特点，地质条件极为复杂。这些水利水电枢纽工程主要分布在金沙江、雅砻江、澜沧江、大渡河等河流水量充沛、水能资源富集的流域。大地下厂房、复杂洞室群、大流量泄洪、大机组发电、高速水流消能已成为常态，对水工建筑物的安全性、稳定性、耐久性要求非常高。水利水电枢纽工程安全问题已与生态问题并列成为制约水利水电健康发展的重要因素，需提升到能源风险防范的新高度，严谨设计、精心筑坝、安全运行，主动化解各种库坝安全风险与挑战。

泄洪消能建筑物作为水利水电枢纽的重要构筑物，在防洪工程体系中发挥着重要作用，其安全可控是保障枢纽运行和电力生产的基础。泄洪消能建筑物包括岸边式溢洪道、坝身泄洪建筑物、泄洪洞、消能及下游防护设施。消能形式除了常规应用的底流消能、挑流消能、面流消能，还包括因地制宜研发的各类“新型消能设施”。泄洪消能建筑物直接承担高流速过流或承受高水头水流冲击，由于受水工水力学与水工结构力学双重约束，各类荷载作用复杂，结构安全风险隐患大。《全国病险水库除险加固实施方案(2025—2027 年)》预计共需实施 200 余座大中型水库和 4800 余座小型水库除险加固。2007～2010 年实施的《全国病险水库除险加固专项规划》纳入 1182 座大中型病险水库，对这些病险水库的主要病害进行统计可知，以泄洪建筑物破坏导致病险的水库最多，达 882 座，占总数比例为 74.6%[2]，如图 1.1 所示。泄洪消能建筑物的典型病害包括：溢洪道边墩裂缝较严重，闸室抗滑稳定不满足规范要求，上下游边墙抗倾不稳定，消力池消能防冲标准低，泄洪能力不足，护坦、海漫及泄槽毁坏严重等。

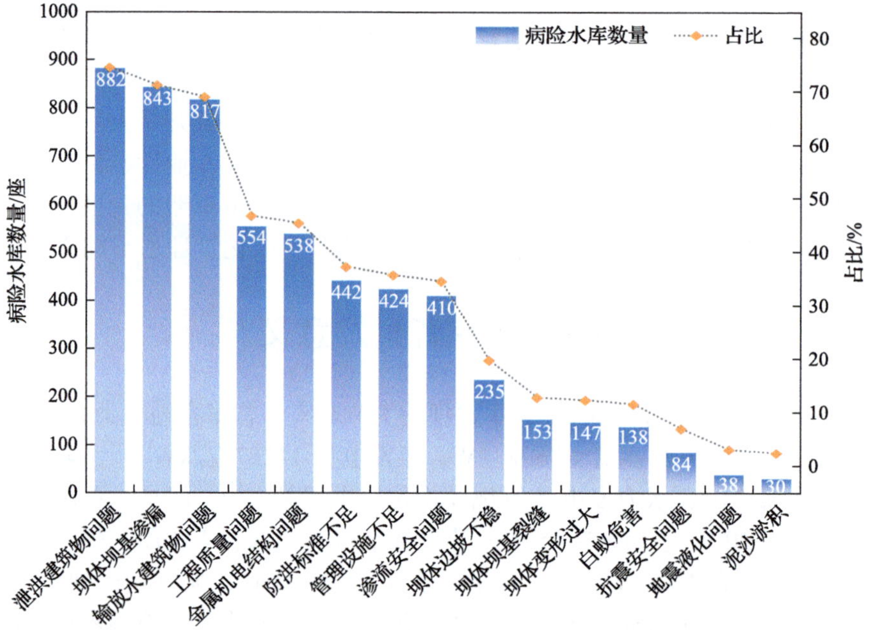

图 1.1 大中型病险水库主要病害原因分类统计[2]

历史上出现过多件泄洪消能建筑物病害导致灾难的案例，例如，2017 年 2 月 7 日，美国奥罗维尔水库主溢洪道泄槽局部发生破损，之后事态逐步升级，最终导致下游 18.8 万人紧急撤离。主溢洪道地质条件较差、结构较薄弱、混凝土材料强度偏低，加之日常检查维护工作不到位，导致了破损的发生和快速发展[3]。另外，高水头、大流量泄洪洞的空化空蚀是目前尚未解决的关键问题。一些工程掺气设施的下游发生了不同程度的空蚀破坏，如二滩水电站泄洪洞、胡佛拱坝泄洪洞的空蚀破坏，龙羊峡水电站底孔侧墙和底板的破坏，刘家峡水电站泄洪洞反弧段的空蚀破坏。特别是二滩水电站 1 号泄洪洞反弧末端掺气设施下游两侧发生空蚀破坏，使龙抬头反弧末端下游的混凝土边墙和底板遭受破坏，底板上形成多处深坑，最大冲坑深度达 21.0m，破坏混凝土及岩石约达 20000m^3，严重影响了水电站的安全运行[4]。泄洪消能建筑物病害影响范围大，除险加固成本极高，后果非常严重。

病险水库一直是国家长期重点关注的问题，从 20 世纪 80 年代就开始加大对水库大坝安全管理工作的重视力度，1987 年原水利电力部颁布并施行的《水电站大坝安全管理暂行办法》，是我国首部大坝安全管理的法规性文件；1988 年原能源部颁发《水电站大坝安全检查施行细则》，使大坝安全检查和鉴定工作正规化、制度化；1991 年国务院颁发《水库大坝安全管理条例》（国务院令第 77 号），明确对坝高 15m 以上或者库容 100 万 m^3 以上的水库大坝进行安全管理，要求大坝管理单位必须按照有关技术标准对大坝进行安全监测和检查，应当及时对监测资料进行整理分析，随时掌握大坝运行状况；2010 年原国家电力监管委员会印发《水电站大坝除险加固管理办法》，旨在加强电力系统投入运行的大、中型水电站大坝的安全监督管理，规范大坝除险与加固工作；2015 年《水电站大坝运行安全监督管理规定》（国家发展改革委令第 23 号）颁布，随着大坝安全定期检查监督、注册登记监督等工作的实施，大坝安全管理工作进一步得到加强和规范，促进了检查和监测工作的日常化、规范化，提升了消缺补强工作的及时性和有效性。此外，水利部大坝安全管理中心和国家能源局大坝安全监察中心分别对全国水利工程、水库大坝和水电工程电站大坝进行定期安全检查和注册工作，这在规范我国高坝水库运行管理，加强对大坝等水工建筑物运行状况的监测和综合评价，检查监控异常部位安全隐患、及时进行加固处理、保障高坝水库运行安全等方面发挥了重要作用。

水利水电枢纽工程投运后，库坝安全将出现一个动态且持续降低的变化过程（受洪水、地震、极端天气等自然因素或自身材料及地基老化的影响），开展不间断的定期安全检查是保障水库大坝运行安全的重要支撑[5,6]。安全检查工作重点包括：通过对水工建筑物的外观检查和监测资料分析，诊断其实际工作性态和安全状况，查明出现异常现象的原因，对其重点部位和施工缺陷部位进行系统排查，摸清影响大坝水库安全的主要问题，制定维护检修和除险加固处理方案，为控制水库运行调度提供依据；通过对水库的合理控制运用，在保证高坝水库安全的前提下进行大坝补强加固处理，使其缺陷得到修复，消除异常及病害隐患，从而提高大坝的耐久性，延长水库大坝使用年限，为保障其运行安全提供重要支撑。泄洪消能建筑物是水利水电枢纽大坝安全现场检查的重点，与输水发电建筑物、通航建筑物、金属结构等检查对象共同构成大坝安全检查体系。

泄洪消能建筑物安全检查工作受两个方面掣肘，首先是管理问题，对于运行期的水利水电枢纽，“重建轻管”“重电轻机不管水”等现象依旧普遍存在，尤其是效益差、规模小的水库电站，管理主体单位人力物力投入十分有限，管理人员存在侥幸心理和对定期检查重要性认识不足、检查专题研究不充分、缺陷和隐患治理不及时等问题[6]。由于投产运行期的增长以及轻视管理情况短时间内难以扭转，泄洪消能建筑物安全挑战和出险概率日趋增大。除此之外，巡检技术手段落后也一定程度上制约了消缺工作的范围和质量。目前泄洪消能建筑物安全检查普遍以传统的人工目视巡检为主，包括依托蛙人深潜、攀爬瞭望、搭建长梯脚手架等检查手段，存在检测周期长、检测效率低、漏检率高、人员风险大、辨识主观性强等主要问题。同时，泄洪消能建筑物水下结构复杂多变，如龙抬头泄洪洞的反弧段、斜井段、消力池底板、水下导墙和高坝溢流坝面直线段等，极大地增加了人工巡检的难度与成本。这些人工难以触及的巡检死角通常分布在结构突变区或荷载集中区，损伤概率大而巡检不足，进一步增大了风险敞口。

《中华人民共和国国民经济和社会发展第十四个五年规划和 2035 年远景目标纲要》明确指出要“加快数字化发展，建设数字中国”，通过推动数字技术和实体经济深度融合，实现在能源等重要领域的数字技术创新应用。2021 年国家能源局和科学技术部联合编制的《“十四五”能源领域科技创新规划》指出，聚焦新一代信息技术和能源融合发展，开展能源领域用智能传感和智能量测、特种机器人、数字孪生，以及能源大数据、人工智能、云计算、区块链、物联网等数字化、智能化共性关键技术研究，推动煤炭、油气、电厂、电网等传统行业与数字化、智能化技术深度融合，开展各种能源厂站和区域智慧能源系统集成试点示范，引领能源产业转型升级。其中，发挥特种机器人的性能优势，应用智能机器人系统开展大坝建筑物检查工作，辅助甚至逐步取代人工巡检，并基于巡检成果开展专业性、针对性的评估分析工作，可有效解决上述安全检测难题。因此，围绕水利水电枢纽泄洪消能建筑物检测的共性需求，针对性地开展适用于不同泄洪消能场景的巡检机器人研发工作，并围绕“水工混凝土缺陷智能采集与分析评价”开展应用研究，找准并突破“巡、检、识、诊、用”等核心环节的关键问题，对提高水利水电枢纽安全运维与智慧管控具有重要的科学价值。

1.2 水利水电巡检机器人技术研究进展及趋势

特种环境机器人需依托与特定行业的深度融合，开展基础设施建设领域巡检的研究和应用有广阔的空间。为了最大限度地降低与结构检测相关的成本、风险和干扰，越来越多的研究将机器人系统作为当前检测、评估实践的重要方向。加上越来越多的商用机器人技术突破与产业链的完善，在近些年中，基础设施领域的智能机器人巡检系统应用有了显著的增长，这给智能巡检及评估的研究带来了新的机遇与创新方向。美国在 *A Roadmap for US Robotics*：*From Internet to*

Robotics(《美国机器人技术路线图：从互联网到机器人》)、澳大利亚在 *A Robotics Roadmap for Australia*(《澳大利亚机器人技术路线图》)中都将采用机器人技术进行基础设施巡检作为重要的支持方向。

同时，特种环境机器人与基建领域的融合基于行业需求，其基础设施中的建筑物、桥梁、隧道和储罐等必须进行定期检查以评估运行的长期稳定性。常规人工巡检存在可靠性和一致性的问题，研究表明，人工巡检结果的质量和数量都存在很大的差异，巡检方法也对巡检工作人员和公众构成潜在安全风险。基础设施监测在所收集数据的类型和质量方面成本更低、更安全、更量化、更有效。为了应对这些挑战，在过去几十年中，越来越多地使用无损评估(nondestructive evaluation, NDE)方法进行检测。无损评估方法可以提供基础设施完整性的定量测量，并产生比单独目视检查更可靠的评估。在许多其他无损检测系统中，热成像、声冲击回波、超声波和探地雷达都得到了研究和实现。然而，对于人类主导的无损检测，安全风险和可达性挑战仍然存在。因此，为了扩大无损检测技术的应用范围，机器人检测平台成为无损检测系统最理想的载体之一。

水利水电枢纽工程作为重大基础设施，水工建筑物种类多样，结构形式复杂，安全性要求高，巡检工作充满挑战，对智能巡检和装备的技术创新有迫切需求。在水利水电工程领域开展智能巡检与智慧管控研究，不仅有重要的科学意义，更有重要的工程实用价值。然而，在高坝坝面、边坡、复杂水工隧洞、水下结构设施等场景，需要水、陆、空多种类型的巡检机器人载体进行覆盖，涵盖地面机器人、水下机器人、无人机等多个类型，如图 1.2 所示。

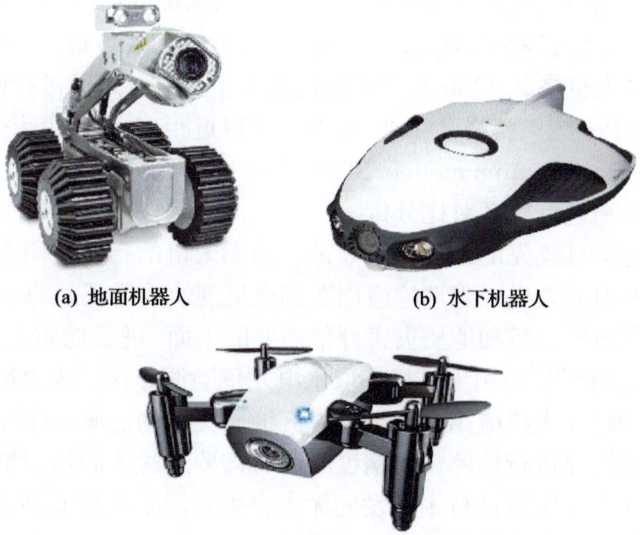

(a) 地面机器人　　(b) 水下机器人

(c) 无人机

图 1.2　不同类型的巡检机器人载体示例

目前，国内外针对水利水电枢纽工程的智能巡检研究尚处于起步阶段，下面分别从立面结构、水工隧洞、水下建筑物等方面对研究进展和趋势进行介绍。

1.2.1 水利水电枢纽高立面结构智能巡检研究进展

日趋成熟的无人机巡检系统加快了智能巡检发展的步伐，为大型基建设施、工程现场等的监测、检修提供了可靠支撑，其中桥梁、风力发电设施、电网等都是理想的应用场景，应用研究成果和案例丰硕。Hallermann 等[7]通过无人机采集桥梁图像，进行三维重建分析桥梁缺陷；Yeum 等[8]通过无人机采集图像并利用计算机视觉方法自动检测桥梁螺栓的裂缝缺陷；Yu 等[9]通过大疆精灵 4 无人机沿着桥梁两侧采集图像，使用结构化森林边缘检测算法检测桥梁混凝土裂缝；Wang 等[10]通过无人机采集风力发电机叶片图像，标定裂缝区域并进行裂缝分类器模型训练。

通过便捷灵活的无人机载体搭载各类激光雷达、红外相机、可见光相机等传感采集模块，同样可以实现对水利水电枢纽高坝坝面、边坡体等高立面结构的全方位缺陷巡检。国外，Ridolfi 等[11]研究了坝面不同地面控制点的布置对无人机航拍三维建模的精度影响；Henriques 等[12]通过无人机搭载索尼 NEX-7 相机，在距离 4～12m 内采集 208 张大坝图像，分别使用 MicMac 和 eCognition 软件进行三维重建和对大面积渗漏缺陷进行语义分割；Angeli 等[13]利用无人机采集大坝图像并进行三维重建，分析人工识别出的缺陷光谱特征对缺陷自动识别或半自动识别的指导作用；Buffi 等[14]通过无人机采集拱坝图像，同时借助传统地形测量方法和相关工具如激光、全球定位系统（global positioning system, GPS）等，改善无人机三维建模局部区域的畸变和整体稠密点云的误差；Khaloo 等[15]对混凝土重力坝先使用固定翼无人机搭载索尼 Alpha 5100 相机大范围采集大坝周边宏观图像，再通过大疆精灵 1 无人机搭载 1200 万像素相机在大坝上下游附近进行倾斜摄影，然后使用大疆精灵 4 Pro 无人机搭载 1600 万像素相机近距离采集坝面图像，最后基于运动恢复结构（structure from motion, SFM）原理对大坝进行三维重建，并将重建的坝面点云与标定物进行精度对比分析。

中国具有完整且领先的无人机产业链，为无人机的行业应用奠定了较好的基础。近年来，国内无人机工程巡检应用案例也呈现快速增长趋势。李扬等[16]通过无人机获取工程地质分析和地质灾害评估需要的平面，进行地质灾害的解译分析；胡亚东等[17]、吴楠等[18]利用无人机获取水电站危险源影像，为边坡治理提供地质依据；李斌等[19]将无人机应用到水电站库区地质灾害的监测；徐陈勇等[20]对大坝溢洪道表面渗漏情况进行检测，但精度不高且需要通过人眼进行缺陷识别；清华四川能源互联网研究院通过自主研发的无人机采集混凝土坝面高清图像，并结合坝面三维点云模型和全连接网络（fully connected network, FCN）深度学习技术实现裂缝缺陷识别定量。

无人机的短暂续航时间和在非空旷环境的飞行不稳定性，极大地限制了无人机更广泛和精细化的行业应用，同时无人机巡检获取的海量数据也带来了后期数据处理的难题。随着近几年系留供电技术的成熟、同步定位与地图构建(simultaneous localization and mapping, SLAM)技术陆续应用到无人机驾驶，以及基于深度学习的图像语义分割技术日趋完善，利用系留供电技术提升无人机续航已经应用到应急救援等领域，实现了无人机长达几小时的连续工作。多传感器融合的 SLAM 技术是当前的研究热点，应用到无人机上可以实现在无或弱 GPS 信号环境下的可靠定位，结合路径规划和避障技术，也可实现无人机在复杂环境的自主避障和导航。以计算机视觉和深度学习为基础的缺陷检测也成为该领域的研究热点。基于深度学习技术可以极大地提升后期缺陷图像识别效率和准确率，结合无人机定位、图像标定技术和形态学处理方法，也可实现对缺陷的精确定位和尺度定量化。

1.2.2 水利水电枢纽复杂水工隧洞智能巡检研究进展

泄洪洞、引水隧洞等水工隧洞作为水利水电枢纽工程的关键构筑物，其正常运行对工程发挥了重要作用。水工隧洞通常深埋地下或坝体，地质条件和受力状况复杂，除承受较大的围岩压力外，还要承受较高的外水压力和内水压力，给检查和维护带来了巨大的挑战。目前，中国等发展中国家仍采用定期放空、人工操作为主的巡检方式，存在费时费力、不规范、漏检盲区多、数据随机性大、信息孤岛严重、时效性差和安全风险高等问题。随着遥控潜水器(remote-operated vehicle, ROV)、自治式潜水器(autonomous underwater vehicle, AUV)和载人潜水器(human occupied vehicle, HOV)等三类海洋机器人在海底资源勘察、海洋科考和深海作业等方面的有效应用，水下机器人技术被大量应用于水工隧洞带水检测，成为巡检领域新的研究热点。

国外，加拿大阿克瓦提克科学(Aquatic Sciences)公司率先提出了充水管道和隧洞远程检查的概念，率先在截面积为 13.8～18m^2 的隧洞中应用 ROV 搭载二维声呐和水下摄像设备进行检测，并创造了不间断检测 10km 水下严重塌陷区域的检测距离最长的世界纪录[21,22]。但该公司至今尚未解决大断面、三维数字化全覆盖检测的问题。美国希巴德近岸(Hibbard Inshore)公司于2013～2014年使用Saab Sabertooth 自主遥控水下机器人(autonomous and remotely-operated vehicle, ARV)对澳大利亚的雪山工程的 6 条引水隧洞进行累计 57km 的带水检测[23]。

据不完全统计，截至 2016 年底，我国(统计数据未包含港澳台)已建成的竖、斜、平等多种构型水利水电枢纽水工隧洞总长度超过 10000km，日常运维的压力和巡检需求都非常大。中国对水工隧洞开展智能巡检探索性研究时间较短，相关成果都集中在近 10 年内。2018 年 8 月，南方电网调峰调频发电有限公司首个水工隧洞水下机器人项目完成最终验收，该水下机器人是国内首个能在水工隧洞远距离(2km 级别)航行检测的机器人，并具有远程遥控、光纤释放遥控返航和无缆自主返航等功能，其中高电压小体积变压器水下电压变换、千米级水深环境作业、遇险自动摆脱和自主返航等多项技术为国内首创[24]。2018 年 11 月，中广核研究院有限公司顺利完成对移动式收集装置的验收，该项目将应用于核电站的大型冷却隧道(4km 级别)系统，采用电动化改造后的专用车底盘，结合远程无线通信、多传感器信息融合、远程遥控操作等无人驾驶相关技术实现收集装置的智能化和无人化，通过与海生物清理专用设备的协同工作，实现对隧洞内壁的海生物检测清理收集和运输工作。唐炉亮等[25]自主研制了对竖井环境适应性强的圆柱形无人系留飞艇浮空装载平台，于 2017 年 5～7 月在云南糯扎渡水电厂 2、3、4 号 200m 级引水道竖井现场进行了试验。

国家重点研发计划“智能机器人”重点专项 2019 年度项目申报指南面向国家重大需求，首次提出“大直径长引水隧洞水下检测机器人系统”，该项目针对大型和特大型水电站中大直径长引水隧洞定期检测的需求，研究机器人水下运动与载荷匹配、水下动静密封与特殊环境适应、超远程运动控制与机械手精细作业、超长水下高压供电与脐带缆安全释放回收、光学与声呐融合集成精细检测等技术；研制大直径长引水隧洞多功能水下检测机器人，开展在水状况下的隧洞缺陷检测，进行引水隧洞结构安全风险分析与评价，并在南水北调等重大工程中开展应用验证。大直径长引水隧洞水下检测机器人系统项目的实施，对解决行业中长期存在的大型水利水电工程、引水工程的大直径长引水隧洞定期检查难点问题，以及提升我国水利水电工程运维管控的智能化水平具有重要意义。

1.2.3　水利水电枢纽水下建筑物智能巡检研究进展

长期以来，水利水电枢纽工程的水下建筑物检测工作主要采用潜水员作为水下移动载体，由潜水员凭借人工作业经验手持水下检测设备来完成，如水下摄像机等[26,27]。通过实际工程的检验[28]，此方法是可行有效的检测手段。随着机器人技术发展和检测技术的提升，水下机器人在水下结构检测方面得到了广泛应用。相对于潜水员作为水下载体，水下机器人检测的优势主要体现在：①灵活性强，多自由度的移动能力可自如应对复杂多变的水下环境；②作业时间长，通过电缆供电的水下机器人基本没有作业时间的限制；③作业深度大，潜水员下潜深度不宜超过 50m，而水下机器人作业深度可达 100m 以上；④作业半径广，水下机器人可以完成大面积的检测工作任务。

Ridao 等[29]提出一种针对水电站大坝水下外观检测的自动化解决方案，利用水下机器人在定位系统的支撑下采集大坝水下混凝土图片。Neto 等[30]提出一种自主水下机器人，采用视觉方法进行水下裂缝的识别和测量。Yang 等[31]采用一种系留式的水下检测平台，通过作业船上的绕线机将检测装置下放到水中，为增大水下的观测范围，采用一种称为水放大镜(water loupe)的视觉检测模块来提升浑水中的观测能力。Shimono 等[32,33]提出一种将水面无人船和水下机器人相融合的方案进行大坝水下坝面的检测。由于大坝内不是完全的静水，通过对水面船只进行定位，其精度将受到一定的影响。TriMARES 是一种 ROV 和 AUV 融合的水下机器人，可根据预定程序自主运行，也可以远程操控运行。该检测方案在巴西的水坝中得到了测试应用。Sugimoto 等[34]针对水电堤坝设计了检测机器人，该检测机器人集成了摄像机、清洗刷、壁厚计和测深锤等装置，用于大坝表面的检测。魁北克水电(Hydro-Québec)公司[35]开发了 MASKI、MASKI+等水下机器人用于魁北克河上水电站的水下建筑物巡检。Yu 等[36]设计了一种距离保持的控制方法，用于保持相机和检测物体之间的距离。Xiang 等[37]采用新型的旋转吸盘设计，提出了一种用于混凝土结构表面自动检测的水下爬墙机器人。

经过 20 多年的发展，水下机器人在国内水利水电工程中也逐渐得到应用，如三渡溪水库除险加固、小湾水电站大坝检测和三峡水利枢纽导流底孔封堵检修门清理等。目前，水下机器人在水利水电工程的水下检测应用场景主要集中于闸门检测、水下坝体结构检测和消能设施底板检测。泄洪建筑物的闸门是水利水电工程的重要设施，为了防止闸门存在异物而造成放不下去也收不回来的危险状态，需要在收放闸门前对闸槽进行认真的观测，在确认没有影响的情况下才能落放闸门。张守楠等[38]将萨博(Saab)公司的海眼猎鹰(Seaeye Falcon)机器人应用于小湾水电工程闸门的检测，获得了良好的效果。小湾水电工程大坝坝高 292.5m，泄洪建筑物进水口处水深超 70m。根据大坝的结构和现场的环境条件，Seaeye Falcon 机器人采用了典型的 ROV 作业方式，本体与显控台分离，显控台放于大坝坝顶，ROV 利用船只运载至水下观测点附近，从坝顶将脐带缆放至作业船，并留出足够的作业余量，再由工作人员在水面连接电缆和 ROV，通电检查后直接入水。ROV 使用声呐和水下摄像机配合完成检查作业。通过声呐扫描的图像数据，可以掌握坝体建筑物水下部分的状态，操作人员也可通过声呐对 ROV 进行水下定位。在 ROV 从低孔门洞进入以后，采用水下摄像机近距离观察与声呐扫描整体观察的方式进行作业。从检测数据来看，使用 Seaeye Falcon 机器人发现了底坎淤积堆积状况，为门槽清理提供了依据，为闸门开落提供了安全保障。李钟群等[39]采用 ROV 在永康三渡溪水库、杨溪水库、金华沙畈水库等工程的大坝水下进行了检测。在实际检测中，对大坝防渗面人工进行分块分区，并且通过水平方向的岸上桩号和垂直方向的水深传感器进行精确定位。根据水下环境的情况，选择水下摄像头或二维多波束声呐进行坝面检测，当人工发现缺陷时，通过笔记本电脑对图像资料和当前 ROV 的定位信息进行保存。结果表明 ROV 可以大大地提升检测效率，基本可以在 1 个星期内完成 1 个水库的检查工作。杨超[40]针对新安江水电站大坝水下裂纹检测应用需求，对水下机器人裂纹检测平台硬件配置和运动控制提出了要求，进行了裂纹检测平台设计、顶流动力定姿算法和容错控制算法的研究，其中缺陷定位采用了喷墨示踪的方法。此外，水下机器人还在天荒坪水电站进行了实际应用。王祥等[41]将 ROV 应用于某水库的消力池冲坑的实际检测。该水库泄洪闸段下游的消力池布置在主河床偏左岸，由于消力池长度不够，消能效果不佳，泄洪水流对消力池底板和前沿基础冲刷腐蚀十分严重。为了在水质差、流态不稳的复杂情况下进行检测，融入了视频摄像技术、多波束前视声呐技术，可对百米范围内的水下结构、地形状况、淤泥和结构破损等问题进行全方位扫描。声呐扫描结果表明，消力池底板和前沿基础的腐蚀情况严重，后经实测验证基本属实。

1.2.4 水利水电智能巡检技术发展趋势

全球机器人基础与前沿技术正在蓬勃发展，实践应用场景持续拓展。特种机器人技术相互交融发展应用到特定行业。特种机器人在水利水电领域应用仅有短暂的 20 余年历史，且水利水电枢纽泄洪消能建筑物智能巡检与安全评估研究和应用尚处于起步阶段，相关问题的突破亟待从针对性和专业性方面深入研究。

(1) 水利水电枢纽作为一个复杂的系统，其各类构筑物的特殊性决定了特种机器人巡检应用的复杂性，现有研究的针对性和适应性仍不足。水利水电枢纽水工建筑物具有空间体积庞大、结构复杂、涉水、安全要求高等特点，相应地对巡检机器人各方面性能有更高的要求；如何突破无光、弱光、密闭复杂空间结构体的感知采集技术；如何应对无 GPS 信号、强地磁场下的通信与定位难题；如何提升设备高鲁棒性、降低人为回收风险、减少巡检作业风险外溢；如何实现浑浊水体、沉积物遮挡下的水下结构有效巡检；如何高效处理海量巡检数据的标定与量测。这些都是水利水电领域亟待解决和突破的共性问题。

(2) 国内外基于机器人巡检成果的融合分析方法研究较少，学术和技术资料非常缺乏，相关研究亟待加强。智能巡检的核心作用是作为技术手段支撑泄洪消能建筑物结构安全评估，以机器人巡检成果为出发点开展评估分析研究，也是深入认识和优化机器人巡检流程的关键。目前，水工结构安全评估的研究主要集中在大坝安全风险评价研究，泄洪消能建筑物结构安全分析评价尚缺乏系统性的研究，基于原位感知成果和水工水力学模拟的融合程度不够。

(3) 基于系统性和体系化关键技术的认知不足，解决方案存在脱节。从研发和应用角度来说，智能巡检方案应当是多项关键技术融合的系统性工程，各技术节点耦合约束，研究链条应当具有完整性。未来研究的趋势包括：通过多机协作增强环境适应能力，利用多传感信息融合精准获取不同水质环境下的巡检信息，以及结合损伤机理与巡检数据提升巡检效果。这些研究方向需要逐一突破并确保有效衔接，以构建完整、高效的泄洪消能建筑物巡检解决方案。

因此，要实现水利水电枢纽泄洪消能建筑物智能巡检与安全评估，前提是对泄洪消能机理、水工建筑物结构特点、水工混凝土特性等专业知识有系统深入的了解，有针对性、专业性地开展智能巡检和评估。根据巡检机器人研发设计，有效定义巡检重点部位并优化巡检路径；对巡检数据集进行专业的清洗、对各类病害缺陷进行专业的统计和分析；基于机器人巡检数据，结合关键水动力荷载模拟和水岩耦合机理分析，最终实现对泄洪消能建筑物安全的科学评估。

1.3 主要研究思路

本书以“巡、检、识、诊、用”技术要点为技术主线，如图 1.3 所示。采用“需求分析→载体研发→传感集成→图像识别→分析评估→试点应用”的总体思路，主要包括以下 6 个步骤。

(1)对泄洪消能建筑物的结构特性和检测需求进行分析。泄洪消能建筑物的结构特性分析决定了巡检机器人的结构形式和收放布置；检测需求即判定巡检目标，包括裂缝、渗水、磨损、露筋等典型水工混凝土过流面缺陷类型，目标决定了传感类型和巡检策略，这些分析工作是巡检机器人设计、研发的前提。

(2)确定巡检载体形式，进行机器人载体结构设计以及定位、控制、收放等关键技术突破。

(3)进行传感采集装置选型，研究声学、光学、激光的适用性，突破清淤、补光等检测技术瓶颈，进行样机集成与调试，与巡检机器人载体共同构成水利水电枢纽泄洪消能建筑物智能巡检关键技术。

(4)水工混凝土损伤识别与量化关键技术研究，包括巡检数据的智能分类、图像分割、特征提取和量化测量的算法研究，掌握基于图像或点云数据的三维重建技术。

(5)泄洪消能建筑物结构安全分析评估关键技术研究，综合巡检、监测、水动力模拟数据，进行建筑物结构安全分级与风险评估。

(6)典型工程现场应用，包括制定巡检方案，优化巡检路径；结合缺陷巡检分布与结构安全评估结果，提出枢纽运维建议，支撑缺陷修复方案制定。

本书针对水利水电枢纽水工建筑物具有空间体积庞大、结构复杂、涉水、安全要求高等特点，巡检研究工作主要聚焦于复杂空间结构下的巡检运动控制与感知采集技术，构建“空、天、地、水”一体化的泄洪消能建筑物智能巡检装备体系，如图 1.4 所示。

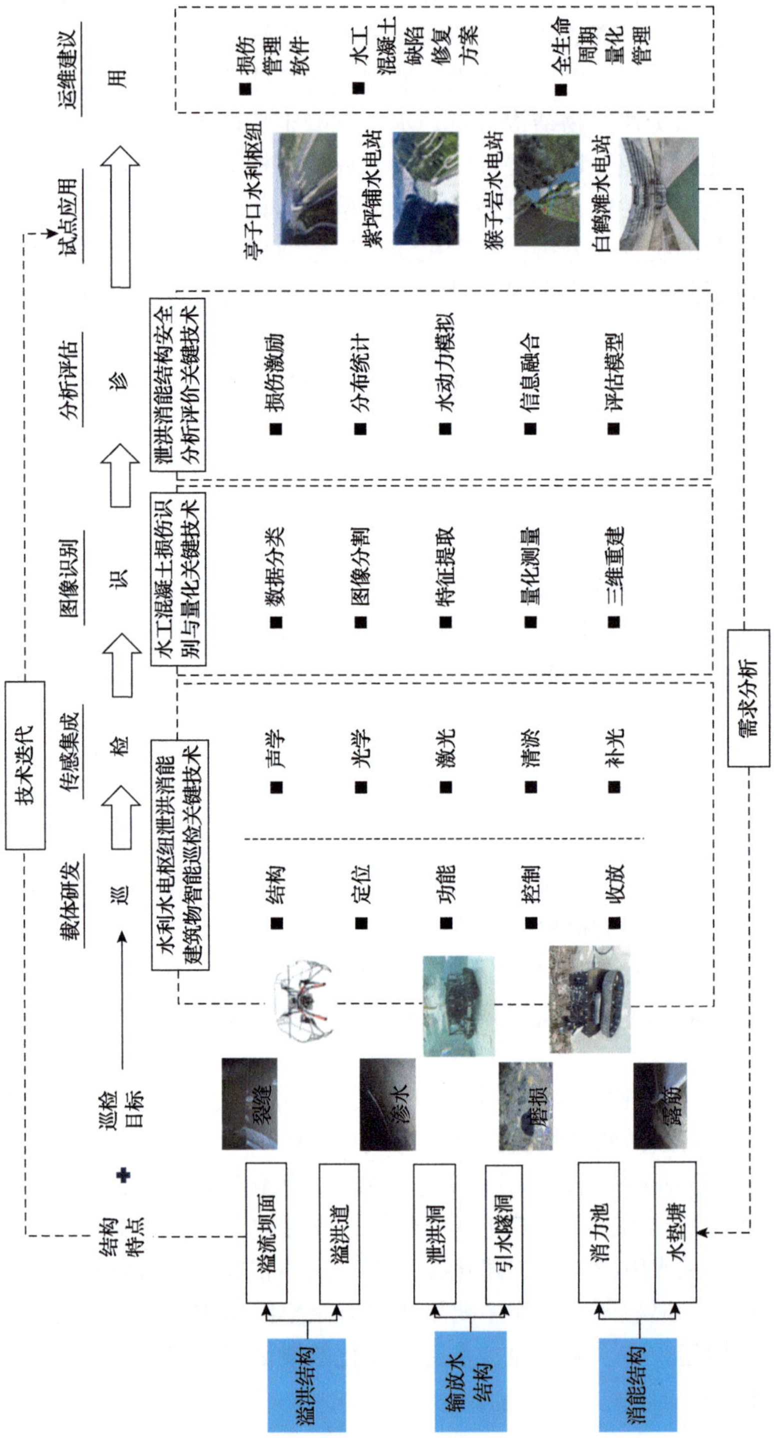

图 1.3　基于“巡、检、识、诊、用”的整体技术路线图

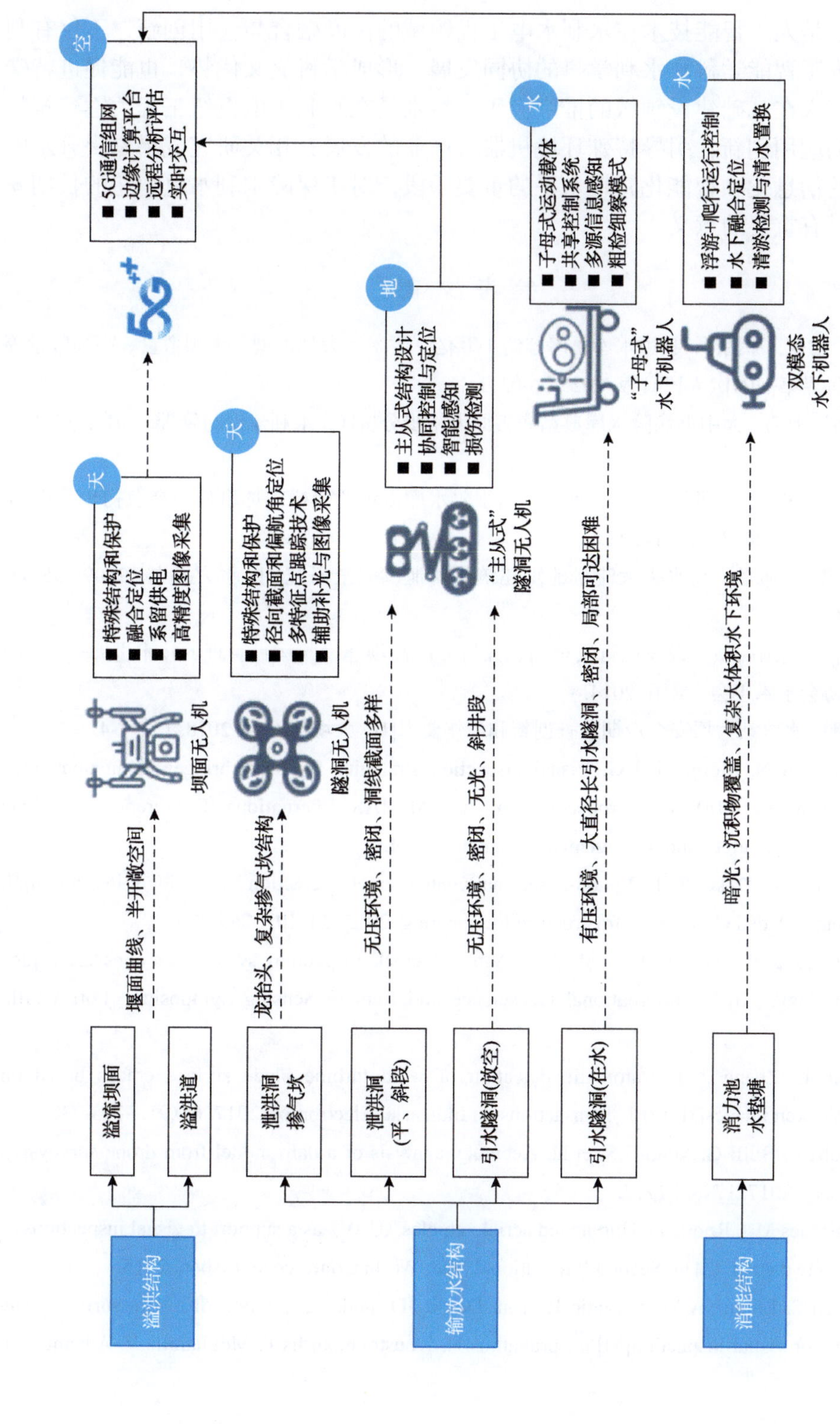

图 1.4 "空、天、地、水"一体化的泄洪消能建筑物智能巡检装备体系

本书是人工智能技术在水利水电工程领域的深度融合与应用创新，不仅有利于促进人工智能学科和水利学科的协同发展，形成学科交叉优势，也能促进特殊环境机器人在基础建设领域的推广应用，特别是在水利水电枢纽工程关键建筑物巡检中的应用创新，引导特殊环境机器人产业的发展；相关研究成果是提升水电站大坝的信息化和智能化管理水平的重要手段，对于保障水利水电枢纽的长期安全运行具有重要的意义。

参 考 文 献

[1] 王浩, 游仪, 邓剑洋. 我国水库总库容约 1 万亿立方米　大坝类型、大坝数量、高坝数量等位居世界第一[N]. 人民日报, 2025-06-03(1).

[2] 童学卫, 赵春. 大中型病险水库典型病害原因初步分析[J]. 水利建设与管理, 2015, 35(12): 66-70.

[3] 张秀丽, 沈海尧, 郑子祥, 等. 美国奥洛维尔水库溢洪道泄槽破坏事件简介及初步分析[J]. 大坝与安全, 2017, (1): 1-6,11.

[4] 戴会超, 许唯临. 高水头大流量泄洪建筑物的泄洪安全研究[J]. 水力发电, 2009, 35(1): 14-17.

[5] 郑守仁. 我国高坝建设及运行安全问题探讨[C]. 高坝建设与运行管理的技术进展——中国大坝协会学术年会, 贵阳, 2014.

[6] 聂广明. 水电站大坝安全定期检查创新和工作要求[J]. 大坝与安全, 2018, (5): 1-4.

[7] Hallermann N, Morgenthal G. Visual inspection strategies for large bridges using unmanned aerial vehicles (UAV)[C]. Proceedings of 7th IABMAS, International Conference on Bridge Maintenance, Safety and Management, Shanghai, 2014.

[8] Yeum C M, Dyke S J. Vision-based automated crack detection for bridge inspection[J]. Computer-Aided Civil and Infrastructure Engineering, 2015, 30(10): 759-770.

[9] Yu H, Yang W, Zhang H, et al. A UAV-based crack inspection system for concrete bridge monitoring[C]. IEEE International Geoscience and Remote Sensing Symposium, Fort Worth, 2017.

[10] Wang L, Zhang Z J. Automatic detection of wind turbine blade surface cracks based on UAV-taken images[J]. IEEE Transactions on Industrial Electronics, 2017, 64(9): 7293-7303.

[11] Ridolfi E, Buffi G, Venturi S, et al. Accuracy analysis of a dam model from drone surveys[J]. Sensors, 2017, 17(8): 1777.

[12] Henriques M J, Roque D. Unmanned aerial vehicles (UAV) as a support to visual inspections of concrete dams[C]. The Second International Dam World Conference, Lisbon, 2015.

[13] Angeli S, Lingua A M, Maschio P, et al. Dense 3D model generation of a dam surface using UAV for visual inspection[M]//Aspragathos N, Koustoumpardis P, Moulianitis V. Advances in

Service and Industrial Robotics. Cham: Springer International Publishing, 2019: 151-162.

[14] Buffi G, Manciola P, Grassi S, et al. Survey of the Ridracoli Dam: UAV-based photogrammetry and traditional topographic techniques in the inspection of vertical structures[J]. Geomatics, Natural Hazards and Risk, 2017, 8(2): 1562-1579.

[15] Khaloo A, Lattanzi D, Jachimowicz A, et al. Utilizing UAV and 3D computer vision for visual inspection of a large gravity dam[J]. Frontiers in Built Environment, 2018, 4: 31.

[16] 李扬, 马行东, 周鹏, 等. 小型无人机在西部水电工程地质灾害调查中的应用试验: 以官地水电站大桥沟泥石流为例[J]. 水电站设计, 2017, 33(2): 59-62.

[17] 胡亚东, 梅稚平, 崔中涛, 等. 小型无人机在某水电站危险源调查中的应用[J]. 水电站设计, 2017, 33(2): 56-58.

[18] 吴楠, 韩东. 无人机摄影测量在库区地质灾害安全检查中的应用[J]. 四川地质学报, 2016, 36(2): 316-319.

[19] 李斌, 罗自学, 陈金颖, 等. 无人机摄影测量在水电站库区地质灾害监测中的应用研究[J]. 自动化与仪器仪表, 2019, (5): 209-211, 227.

[20] 徐陈勇, 李云帆, 王喜春. 基于低空无人机的大坝渗漏安全检测技术研究[J]. 电子测量技术, 2018, 41(9): 84-86.

[21] Mikkola J, Viitala R. Cave-ins in the Päijänne Tunnel and their repair[J]. Tunnelling and Underground Space Technology, 2000, 15(2): 129-138.

[22] Pidić A, Aasbøe E, Almankaas J S, et al. Low-cost autonomous underwater vehicle (AUV) for inspection of water-filled tunnels during operation[C]. ASME International Design Engineering Technical Conferences and Computers and Information in Engineering Conference, Quebec City, 2018.

[23] Loisy F, François P, Douchet G, et al. Underwater inspection experiment for a long tunnel of EDF's hydroelectric facilities[C]. 1st International Conference on Applied Robotics for the Power Industry, Montreal, 2010.

[24] 汪天伟, 周红坤, 杨飞, 等. 一种水电站隧洞检查专用水下机器人的研制及应用[J]. 水电能源科学, 2019, 37(8): 174-176.

[25] 唐炉亮, 字陈波, 李清泉, 等. 大型水电工程百米级引水竖井的病害检测技术[J]. 测绘学报, 2018, 47(2): 260-268.

[26] 艾凯, 胡立明, 何迈. 水下电视在病险水库检测中的应用[J]. 长江科学院院报, 2003, 20(2): 54-56.

[27] 贝全荣. 水下工程检测技术及在堤坝上的应用[J]. 大坝与安全, 2004, (1): 37-39.

[28] 何秉顺, 丁留谦, 赵进勇, 等. 水下电视在西泉眼水库溢洪道水下检查中的应用[J]. 水利水电技术, 2007, 38(2): 87-89.

[29] Ridao P, Carreras M, Ribas D, et al. Visual inspection of hydroelectric dams using an

autonomous underwater vehicle[J]. Journal of Field Robotics, 2010, 27(6): 759-778.

[30] Neto E C, Sa R C, Holanda G C, et al. Autonomous underwater vehicle to inspect hydroelectric dams[J]. International Journal of Computer Applications, 2014, 101(11): 1-11.

[31] Yang Y, Hirose S, Debenest P, et al. Development of a stable localized visual inspection system for underwater structures[J]. Advanced Robotics, 2016, 30(21): 1415-1429.

[32] Shimono S, Matsubara O, Toyama S, et al. Development of underwater inspection system for dam inspection[C]. OCEANS 2015, Washington D.C., 2016.

[33] Shimono S. Evaluation of under water positioning by hanged ROV from USV[J]. International Journal of Modeling and Optimization, 2017, 7(4): 224-230.

[34] Sugimoto H, Moriya Y, Ogasawara T. Underwater survey system of dam embankment by remotely operated vehicle[C]. IEEE Underwater Technology (UT), Busan, 2017.

[35] Provencher L, Sarraillon S. The MASKI underwater inspection robot: A new generation ahead[C]. 4th International Conference on Applied Robotics for the Power Industry (CARPI), Jinan, 2016.

[36] Yu C Y, Xiang X B, Zhang J L, et al. Complete coverage tracking and inspection for sloping dam wall by remotely operated vehicles[C]. OCEANS 2017, Anchorage, 2017.

[37] Xiang D L, Chen R, Xue Z F, et al. Design and optimization of a novel swirling sucker for underwater wall-climbing robots[C]. IEEE 14th International Conference on Automation Science and Engineering (CASE), Munich, 2018.

[38] 张守楠, 李洪佳, 黄明辉. Falcon ROV 在小湾电站大坝检测中的应用[C]. 第六届中国国际救捞论坛, 西安, 2010.

[39] 李钟群, 孙从炎, 蒋晓旺, 等. 水下机器人在浙江省水库大坝检测中的初步应用[J]. 浙江水利科技, 2010, 38(3): 57-59.

[40] 杨超. 大坝机器人渗漏检测系统与定姿控制研究[D]. 杭州: 浙江大学, 2017.

[41] 王祥, 宋子龙. ROV 水下探测系统在水利工程中的应用初探[J]. 人民长江, 2016, 47(2): 101-105.

第 2 章　水下双模态智能巡检机器人技术

水下机器人是一种具有智能功能的潜水器，通过搭载不同的作业工具，完成特定领域的作业。设计潜水器对水下环境进行探索最早可以追溯到 1531 年的达·芬奇潜水钟罩，经过长期的研发和技术演变，目前已有大量水下机器人应用于水下环境的各个领域。根据作业空间、操控方式、动力特点，通常将水下机器人分为载人潜水器(HOV)和无人潜水器(unmanned underwater vehicle)，无人潜水器又可以进一步分为遥控潜水器(ROV)和自治式潜水器(AUV)，如图 2.1 所示。

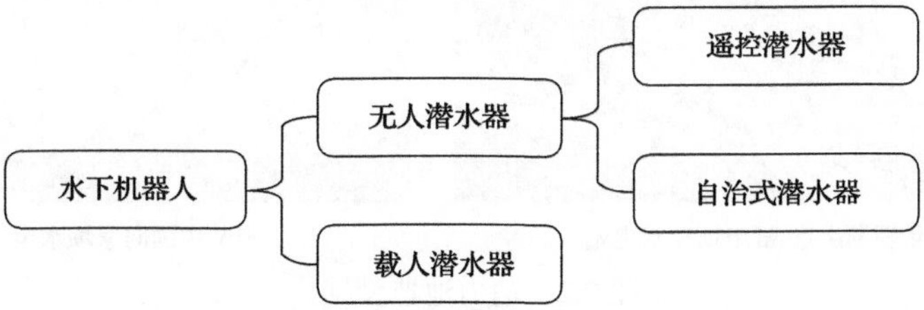

图 2.1　水下机器人分类

相对于以潜水员作为水下载体进行水下作业，水下机器人具有灵活性强、作业时间长、作业深度大和作业半径大的优势[1]，可以适应水工建筑物受限的作业环境。针对水工建筑物水下检测需求，综合不同水下机器人的特点，可定制化设计水下智能巡检装备和系统，满足工程实际应用。

2.1　消力池、水垫塘的结构特点和检测需求

2.1.1　消力池的结构特点

已有的泄洪消能形式主要包括挑流消能、底流消能、面流消能和戽流消能。底流消能虽然没有挑流消能应用广泛，但是其适应性强、流态稳定、冲刷轻微，且引起的泄洪雾化很小，对周边环境几乎无影响，在中低水头水电站中依然得到了较为广泛的应用。

消力池是泄洪建筑物下游产生底流式水跃的消能设施，能使下泄急流迅速变为缓流，一般可将下泄水流的动能消除 40%～70%，并可缩短护坦长度。从底流消能设施的工程实践来看，目前国外采用底流消能的高坝工程有俄罗斯的萨彦-舒申斯克水电站(最大坝高 242m，最大单宽流量 184$m^3/(s·m)$)，如图 2.2(a)所

示；印度的代赫里水电站(最大坝高 260.5m，其右岸溢洪道也采用了底流消能，最大单宽流量 $110m^3/(s·m)$)。在我国，目前采用底流消能的高坝工程有多个，例如已建的百色水电站(底流消力池与宽尾墩联合，最大坝高 130m，最大单宽流量 $178m^3/(s·m)$)；安康水电站(底流消力池与宽尾墩联合，最大坝高 128m，最大单宽流量 $254m^3/(s·m)$)；向家坝水电站，该水电站建设了世界上最大的两个消力池(采用高低跌坎底流消能，最大坝高 162m，最大单宽流量 $330m^3/(s·m)$)，如图 2.2(b)所示。

(a) 俄罗斯萨彦-舒申斯克水电站

(b) 中国向家坝水电站

图 2.2　消力池典型结构

以某水电站消力池为例，如图 2.3 所示，由于高速水流及其结构相互作用的复杂性，水流中夹带杂物冲刷、磨损、撞击等会造成消力池结构的冲磨，消力池趾墩-消力池进口斜坡段坡脚的墩形辅助消能建筑物和消能墩背后区域也容易发生空蚀破坏，需要定期检查。

(a) 底孔消力池

(b) 表孔消力池

图 2.3　某水电站消力池抽排水后的实景图

2.1.2　水垫塘的结构特点

水垫塘通常通过在下游修筑二道坝形成，属于新型的消能设施。水流的动能通过紊动剪切和扩散作用不断地传递给紊流脉动，用以紊动生成和耗散，引起塘内的大尺度漩涡区的滚动，在这种能量的传递、再分配过程中伴随因时均剪切作用引起的黏性耗散。这是一种安全经济的消能方式，主要运用在高拱坝泄洪消能中，现已经在二滩、溪洛渡、白鹤滩等工程中采用。

如图 2.4 所示，水垫塘底板可分为两种形式。一种为复式梯形断面底板(简称平面底板)。我国二滩双曲拱坝的水垫塘就采用了这种形式的底板。平面底板水垫塘主要依靠底板自重和锚固钢筋来保持底板稳定。另一种为复式反拱形断面底板(简称反拱底板)。反拱底板水垫塘利用河床基岩天然形状把底板做成拱形，利用拱形结构的力学特性将射流冲击荷载传递到两岸山体或拱座，充分发挥混凝土的抗压特性和拱结构的超载能力，提高了底板的整体稳定性[2]。某水电站反拱底板水垫塘现场环境照片如图 2.5 所示。

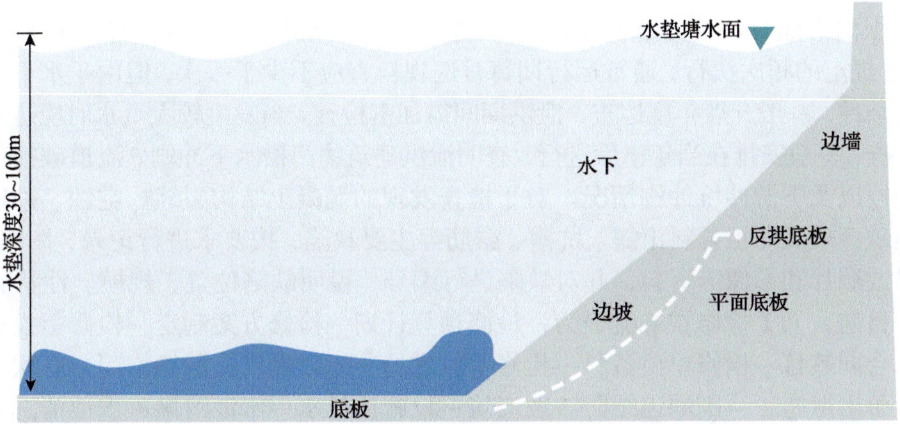

图 2.4　水垫塘截面结构示意图

图 2.5　某水电站反拱底板水垫塘现场环境照片

2.1.3 检测需求

对于水垫塘、消力池等关键消能设施，水下建筑物部分可供检测的工作面非常有限，传统的检测主要依靠人工潜水进行。水工建筑物结构复杂，水下流态复杂多变，潜水作业安全风险高，易对水下作业人员造成伤害。从检测质量上来看，传统检测更是无法对结构存在的缺陷和隐患及时进行检查，且需要对消力池和导墙水下部分等混凝土表面进行高分辨率的扫描检查，在扫描前，把表面附着水生物清理干净才不致影响检查效果。

具体开展检测的重点部位和指标包括：①水垫塘、消力池底板和两侧边墙的裂缝分布；②水垫塘、消力池底板、尾坎、消力墩和接缝、两侧边墙等部位粗骨料出露、破损、坑槽、露筋等；③消能设施末端基础回淘范围、深度，护坦和海漫的冲刷情况；④水垫塘、消力池内淤积物分布范围、堆积物形态和组成等。混凝土坝消力池日常巡查频次按照《混凝土坝安全监测技术规范》(DL/T 5178—2016)规定的频次执行，通常运行期每月巡视检查应不少于一次，但由于水下巡检的复杂性，一般开展年度巡查，泄洪期间需加密检查。当发生较大洪水时应进行专项检查，一般安排在当年汛后进行，查明泄洪建筑物门槽水下冲刷、流道破损位置和规模以及下游冲坑冲刷情况。对于检查发现的混凝土结构裂缝、空蚀、冲刷、破损破坏形成的粗骨料出露、坑槽、露筋等主要缺陷，按要求进行记录，附略图、素描或照片和影像等资料，并对缺陷进行编号，说明缺陷位置、规模、性状。

目前，人工检修常规流程为：检修预算计划→检修方案制定→检修招投标→检修合同签订→检修单位备料→检修单位进场→下放泄洪孔洞检修门→底坎或表坎下游围堰施工→围堰连续防渗墙浇筑→设施抽排水→水池清淤→水池清洗→缺陷检查和素描→缺陷分类和处理→检修作业→节点验收→完工验收→围堰拆除→充水投运→质量保障→竣工验收。检修时长视缺陷类型和大小确定，以中型电站为例，一般为3～6个月，且必须在汛期到来之前完工投运。现阶段急需高精度、高效率、全覆盖的巡检手段，支撑消力池的巡检工作。

2.2 水下双模态智能巡检机器人系统设计

水下智能巡检系统以水下双模态机器人为载体，搭载感知设备，替代人工进行水工建筑物巡检，适用于不排水状况下的消力池底板、导墙的混凝土表观缺陷巡检。该系统具备独有的沉积物清淤和置换装置，适用于低能见度、浑浊水体、杂质等消力池巡检作业环境中，可以及时精准掌握消力池混凝土的缺陷状态和健康状况。

水下双模态智能巡检机器人，也称为爬行式遥控潜水器(crawler-type remote-operated vehicle)[3]、水下浮游爬行式机器人(underwater crawling swimming robot)[4]。该水下机器人在 ROV 的基础框架上，配备了履带结构，具有水底爬行和水中浮游两种作业方式，可以根据巡检作业的要求，自由切换作业方式。Inoue 等[5,6]对水下双模态智能巡检机器人运动的稳定性进行了详细研究。Mori 等[4]对水下双模态智能巡检机器人的姿态控制方法进行了研究。目前，水下双模态智能巡检机器人已应用于水下考古[7]、船体检测[8]、水池检查[9]等多个场景。

水下双模态智能巡检机器人作业示意图如图 2.6 所示。部署在水面上的全球导航卫星系统实时运动测量(Global Navigation Satellite System-Real Time Kinematic, GNSS-RTK)基站(RTK 也经常称为载波相位差分)作为水面作业船定位的基准，静止布放在岸边或导墙边，将海事无线电技术委员会(Radio Technical Commission for Maritime Services, RTCM)协议信息发送给水面作业船。水面作业船接收到卫星信号和 RTCM 包信号，通过计算获得与基站之间的精确相对位置。水面作业船可将水下双模态智能巡检机器人带到作业区域并布放，水面作业船通过脐带缆和水下双模态智能巡检机器人进行通信和供能。水面作业船上的操作人员通过声学定位信息获得水下双模态智能巡检机器人的相对位置，通过控制单元对水下双模态智能巡检机器人进行动作控制。

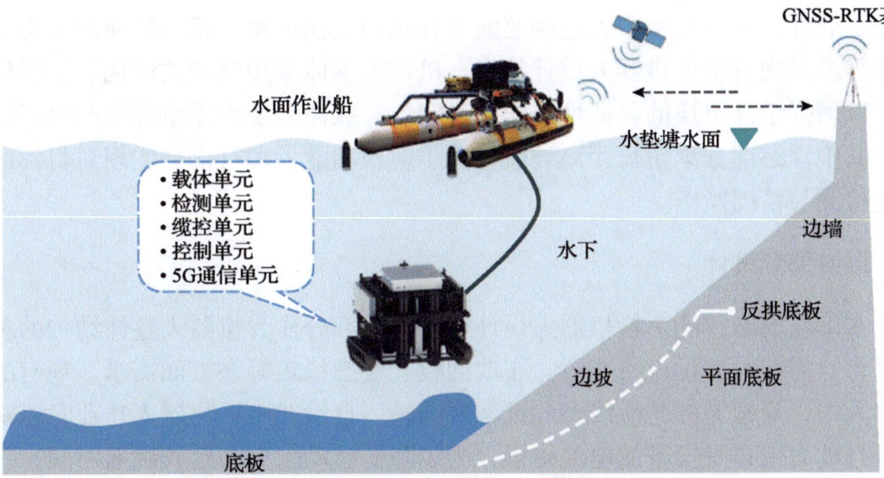

图 2.6　水下双模态智能巡检机器人作业示意图

水下双模态智能巡检机器人装有推进器、浮力单元、环境观测单元、冲淤单元和底盘单元等，如图 2.7 所示。在布放或遇到障碍物时，水下双模态智能巡检机器人进行水中浮游。在对水下混凝土进行巡检时，水下双模态智能巡检机器人在水下混凝土上爬行。环境观测单元由水下相机和补光灯组成，可以采集到前方的实况图像。在巡检时，可以通过冲淤单元将混凝土上的淤积物排开，并通过图像采集单元进行数据采集。

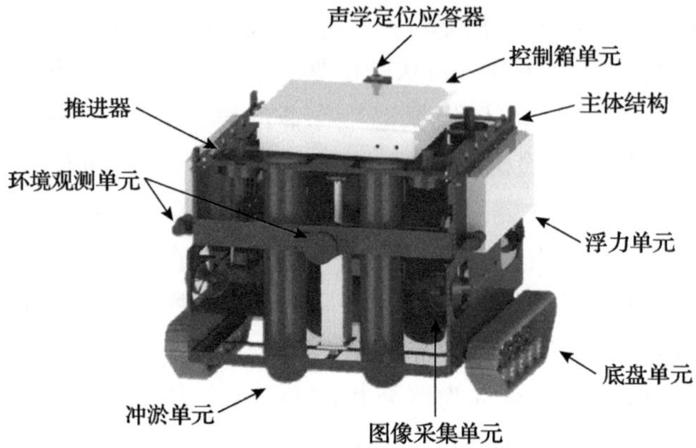

图 2.7　水下双模态智能巡检机器人实物图

2.3　水下双模态智能巡检机器人载体单元设计

为满足复杂水下结构巡检中多场景作业的需求，本章设计了一种具备浮游与爬行双模态能力的智能巡检机器人载体单元。该载体结构兼顾灵活机动性与多功能任务扩展性，具备在水中大范围巡航与在结构表面近距离爬行作业的能力。根据任务需求及现有水下机器人设计特点，机器人本体采用框架式结构、有缆供电形式，以增强组件更换的灵活性与作业稳定性。载体系统由浮游部分与爬行部分构成，其中浮游部分承担长距离导航与初步巡检功能，爬行部分实现对目标区域的贴壁检测与精细操作。

2.3.1　浮游部分设计

在水下双模态智能巡检机器人设计中，浮游部分作为机器人整体结构的基础承载平台，需同时满足设备布置、布放回收、姿态稳定等多方面需求。现有的水下机器人中，最常见的是流线型和框架式两种。自治式水下机器人作业时以观察为主，且动力由自身携带的电池提供，为了降低运动阻力和延长续航时间，多设计为流线型；观察型 ROV 也有部分设计为流线型。由于选择框架式结构作为浮游部分的设计方案，并采取有缆供电方式，在框架设计过程中需要对材料(如碳纤维、铝合金等)进行合理选择，设计合适的结构形式，并对所设计的结构进行强度校核。浮力调节模块安装在框架上，用于调节系统的浮力大小及浮心位置。整体结构布置应保证浮心高于重心，以提高悬浮和贴壁运行时的稳定性，为机器人在复杂环境中的高效作业提供结构保障。

1. 框架材质选择

在保证强度和刚度的前提下，机器人框架的质量要尽可能小，因而选用较高比强度和比刚度的材料作为框架主体。机器人常用的材料有钛合金、高强度钢、铝合金、碳纤维等，部分材料比强度、比刚度等性能参数如表 2.1 所示。

表 2.1　水下双模态智能巡检机器人常用的部分材料参数

材料	密度 ρ/(g/cm^3)	屈服强度 σ/MPa	弹性模量 E/GPa	比强度 (σ/ρ) /(MPa/(g·cm^{-3}))	比刚度 (E/ρ) /(GPa/(g·cm^{-3}))
钛合金 Ti75	4.5	630	110	140	24.4
高强度钢 921A	7.85	588	200	74.9	25.5
铝合金 6061-T4	2.7	228	69	84.4	25.6
铝合金 5456	2.7	145	70	53.7	25.9
碳纤维(3k 拉伸)	1.8	1700	120	944.4	66.7
碳纤维(3k 压缩)	1.8	1200	115	666.7	63.9

由表 2.1 可以看出，碳纤维材料纵向的比强度和比刚度远大于钛合金等金属，其横向参数远低于纵向参数。因此，碳纤维材料的比强度和比刚度性能具备很大优势，且密度最低，采用它作为框架主材料，能够有效减小机器人的整机质量。综合比较钛合金、高强度钢、铝合金几种金属材料的性能，铝合金的比强度和比刚度综合性能优异，且铝合金 6061-T4 经济性好，采用铝合金 6061-T4 制作钣金件，作为底部和上部转角处框架。

机器人在水下作业时，部分部件受到化学或者电化学的作用，容易被腐蚀[10]。碳纤维在水下不会被氧化，而铝合金 6061-T4 因为表面氧化产生致密的氧化膜而在水下具有良好的耐腐蚀性，二者可以作为机器人主体框架的理想材料。

2. 框架设计与强度校核

机器人浮游部分是其他部分安装的基础。作为机器人布放和回收时的主要承力装置，浮游框架上的吊装孔必须能够承载机器人的整机质量。浮游框架要便于内部模块的安装、维护，要具备足够的强度来保证作业时水下机器人的布放和回收，设计框架的形式如图 2.8(a)所示。

采用表 2.1 中纤度为 3k 的碳纤维(泊松比为 0.31)和铝合金 6061-T4(泊松比为 0.33)的相关参数，使用软件 SolidWorks Simulation 进行仿真分析。模型导入时忽略非必要的螺纹孔，综合考虑计算精度和效率，设定全局网格尺寸为 8mm，划分为非结构网格，网格划分结果如图 2.8(b)所示。

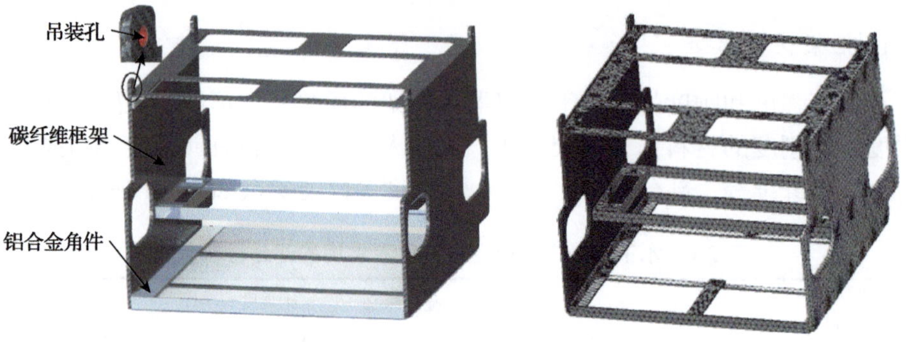

(a) 浮游框架　　(b) 框架网格划分

图 2.8　浮游框架和框架网格划分

机器人有三种典型工况：陆上水平静置、布放和水下作业，其中水下作业时，因为水中浮力的作用，框架承受的力很小。布放时的框架强度要求比陆上水平静置时高，因此在布放时进行框架的受力仿真。

机器人布放时，通过吊机将机器人整机吊起，此时浮游框架上端的吊装孔承载机器人整机质量，布放时吊装孔的安全系数取 5，即受到 3206N 的向上拉力和向框架内部的 1534N 的挤压力，其余部分受力为上表面受向下的主控箱的压力 81N，冲淤单元对下表面连接处的压力为 280N，框架及其上安装部件的重力为 124N，并且此时框架侧面和上表面的碳纤维受压缩。变形放大 47 倍之后，应力和形变如图 2.9 所示，此时最大应力出现在冲淤单元承重处，为 36.56MPa，最大形变出现在上盖板的中线处，为 1.75mm，应力和形变在允许范围内，框架整体设计满足要求。

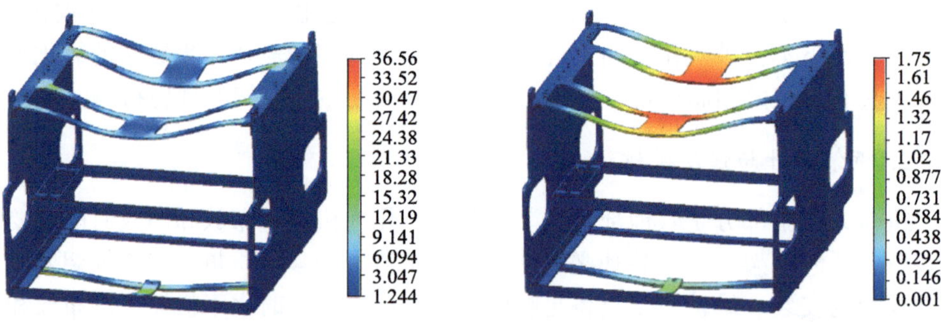

(a) 应力(单位：MPa)　　(b) 形变(单位：mm)

图 2.9　吊装时框架应力和形变

3. 浮力材料选型安装

在浮游框架上安装固体浮力块，通过浮力块来调整机器人水下浮力大小、水下浮心，保证机器人可以在水中正常运动。设计中将相对质量较大的履带底盘及其传动部分安装在机器人下部，整体密度小的浮力块和主控箱体安装在机器人上部，使得机器人浮心的位置在整机偏上方，增大了水中浮心与重心的高度差，以提升机器人浮游、爬行运行状态的稳定性[11]。

浮力材料的性能会影响到机器人水下作业的安全性[12]。一般水下浮力材料选用的要求为：①浮力材料的密度要较低并能承受作业深度的压强；②浮力材料需具备良好的机械加工性能，以及有较低的吸水率和较低的额定工作压力下的体积收缩率。

水下双模态智能巡检机器人采用聚氨酯材料作为浮力块，该材料具备优异的抗液压性能和闭孔结构，长期在水下停留时浮力损失和吸水率低，且在水下不导电。聚氨酯材料不仅机械加工性能良好，而且互相之间可以黏结。

浮力块的设计如下：①浮力块安装在碳纤维框架的上面，构成机器人整机外形；②浮力块位置可调，以便进行整机浮力中心的调节；③浮力块外形设计成长方体，以便于加工，降低加工成本。

经过设计，得到的浮游部分整机如图 2.10 所示。

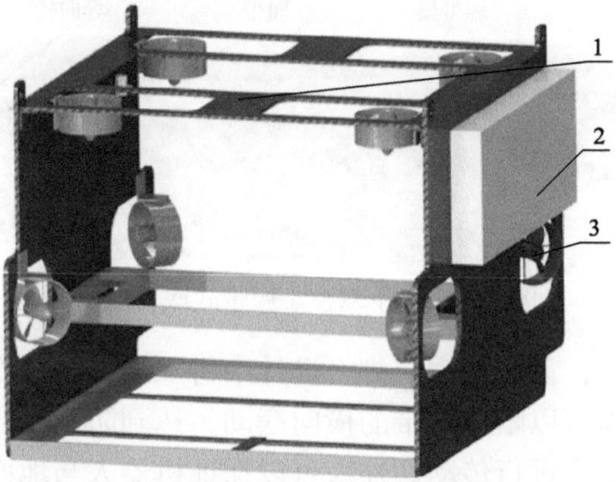

图 2.10　浮游部分整机

1-浮游框架；2-浮力块；3-推进器

2.3.2　爬行部分设计

爬行部分是实现水下双模态智能巡检机器人贴壁检测和结构近距离作业的关键模块，其设计需兼顾复杂地形适应性、牵引性能与系统稳定性。水下机器人爬行形式有轮式、腿式和履带式三种。轮式底盘操作简单，在平坦的路面运动速度快，但是容易打滑，不能适应复杂地形。腿式底盘几乎可以适应各种复杂地形，能够跨越障碍，但是运动速度较低，结构较为复杂，控制困难，在水下运动时由于重心原因容易侧翻，稳定性差。履带式底盘与底板的接触面积大、对地压强小，能更好地适应水下淤泥这样的松软地形，具备较好的牵引性能且不容易打滑[13]。综合比较三种形式的优缺点，结合国内外水下机器人大量使用履带式底盘的现状，选用履带式底盘作为水下爬行部件。此外，考虑到机器人要在陆地条件下完成搬运与布放，履带动力系统设计需要按照陆地爬坡能力进行负载计算。爬行部分设计主要包括履带式底盘设计、履带动力计算、水下电机设计等，以确保机器人在水下复杂环境中具备良好的运动性能与姿态控制能力。

1. *履带式底盘设计*

综合考虑机器人底盘应用需求和结构特点，特别是水下越障的要求，设计采用战车型履带式底盘。战车型履带式底盘的前端具有一定的接近角，后端具有一定的离去角，从而具备较好的越障能力。水下双模态履带式底盘结构如图 2.11 所示，底盘主要由履带架、主动轮、负重轮、导向轮和履带组成。为了满足水下防止氧化和减轻质量的要求并保证运动的灵活性，履带和各个轮子均采用橡胶材质，履带架采用不锈钢板，安装螺钉、轮心轴承等均采用不锈钢材质。

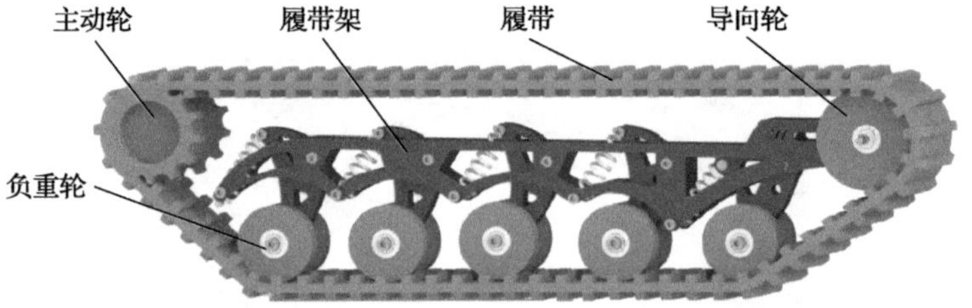

图 2.11　水下双模态履带式底盘结构

履带为内齿形式，齿形分为三排，设计中将双排负重轮安装至内齿空缺处，使负重轮旁边的内齿可以阻止履带的横向摆动，达到防止履带脱带的目的。履带上的内齿配合主动轮齿进行传动，外齿可以保证机器人与地面的摩擦，提高行驶摩擦力并增强越障能力。履带结构如图 2.12 所示。

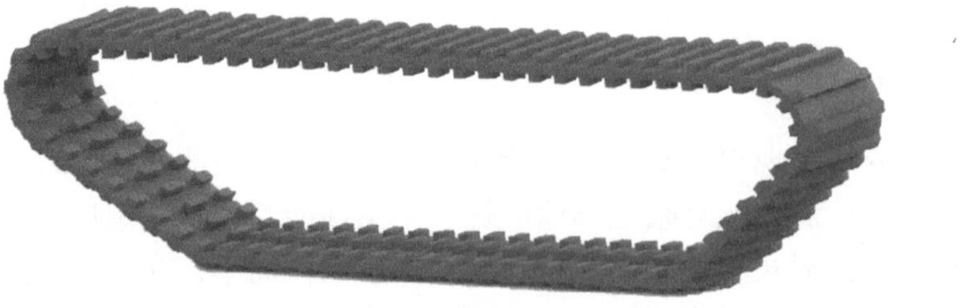

图 2.12　履带结构

2. 履带动力计算

按照设计指标，机器人陆地运动要达到 0.07m/s 的行驶速度、0.1m/s^2 的加速度。由于斜坡行驶受力大于平地行驶受力，设计底盘动力时按照陆上最大行驶坡度即爬 15°坡计算，履带在斜坡行驶受力分析如图 2.13 所示。

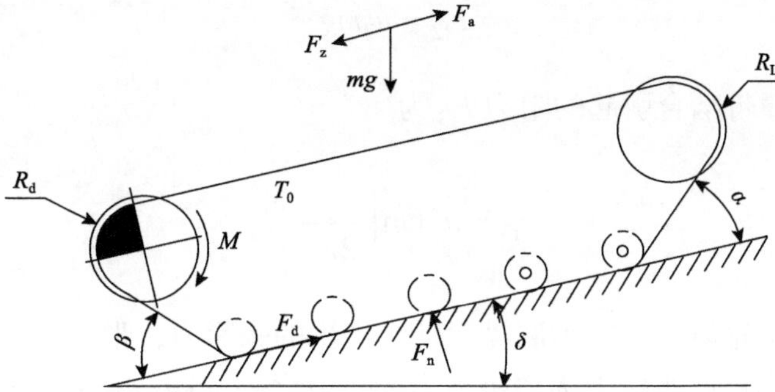

图 2.13　履带在斜坡行驶受力分析

此时机器人受力的平衡方程为

$$F_d = F_z + mg\sin\delta + F_a \tag{2.1}$$

式中，F_d 为底盘的牵引力；F_z 为行驶阻力；F_a 为机器人的惯性力；δ 为斜坡倾角，此处以 15°计算；$F_a = \mu mg$，μ 为加速度比例系数，取 0.03，g 为重力加速度。

机器人底盘的牵引力为

$$F_d = M / R_d \tag{2.2}$$

式中，M 为履带式底盘的驱动力矩；R_d 为主动轮半径。

机器人在硬质地面爬行，此时履带对地面无剪切作用，行驶阻力 F_z 为履带式底盘外部摩擦阻力和内部滚动阻力之和，即 $F_z = F_{fo} + F_{fi}$。

外部摩擦阻力 F_{fo} 为

$$F_{fo} = u_1 mg\cos\delta \tag{2.3}$$

式中，u_1 为外部摩擦阻力系数，取 0.03。

内部滚动阻力 F_{fi} 为

$$F_{fi} = F_{f1} + F_{f2} + F_{f3} \tag{2.4}$$

张紧力 T_0 在导向轮和主动轮上引起的阻力 F_{f1} 为

$$F_{f1}=\frac{2u_2T_0\left[R_d(2\pi-\alpha-\beta)+R_L(\alpha+\beta)\right]}{\pi} \tag{2.5}$$

式中，α 为导向轮履带夹角；β 为主动轮履带夹角；R_L 为导向轮半径。

张紧力 T_0 在负重轮上引起的阻力 F_{f2} 为

$$F_{f2}=u_2mg \tag{2.6}$$

主动轮与履带啮合引起的阻力 F_{f3} 为

$$F_{f3}=u_3\tan\left(\frac{\pi}{2Z_d}\right)T_0 \tag{2.7}$$

式中，Z_d 为主动轮齿数；T_0 为底盘运动中产生的张紧力，张紧力的增大会增加内部摩擦阻力，本章以张紧力为整机重力的二分之一，即 T_0=0.5mg 进行计算；u_2 为内部滚动阻力系数，取 0.04；u_3 为啮合处摩擦系数，取 0.08。

质量选取为 m=80kg，主动轮半径 R_d=0.04m，导向轮半径 R_L=0.04m，结合式(2.1)～式(2.7)，机器人陆地上平地行驶所需驱动力矩为 M=3.35N·m；爬 15°斜坡时所需驱动力矩为 M=6.05N·m。这里选用直流减速电机，其输出扭矩为 8.46N·m，输出轴转速为 33r/min。

3. 水下电机设计

为了给履带提供动力，水下机器人采用如图 2.14 所示的水下电机。

图 2.14　水下电机

水下底盘传动装置如图 2.15 所示。选用直流减速电机，把直流减速电机固定在电机外壳上，通过电机外壳上面的安装孔把电机外壳和直流减速电机固定在底座上。电机外壳与端盖之间通过 O 形密封圈实现静密封。对电机轴伸进行动密封是直流减速电机水下防护的重点[14]，普通电机轴的精度较低，无法满足密封要求，且轴伸较短，所以通过用联轴器连接电机轴和传动轴来延长电机轴，然后对改进设计的高精度传动轴进行机械密封，从而实现对普通电机的防水保护。采用不锈钢轴承，防止轴承在水下生锈，使用销钉对法兰轴和传动轴进行固定，法兰轴左端连接履带主动轮。

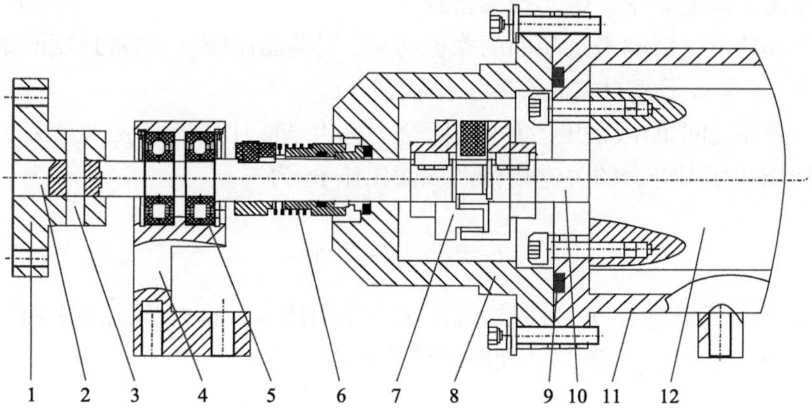

图 2.15　水下底盘传动装置示意图

1-法兰轴；2-传动轴；3-销；4-轴承座；5-轴承；6-机械密封；7-联轴器；8-端盖；9-密封圈；10-电机轴；11-电机外壳；12-直流减速电机

机器人在水下的密封问题是设计的重点，它决定着水下机器人能否正常作业。密封技术有两类，分别是静密封和动密封。在设计水下履带底盘传动部分时，动密封是不可忽略的一环。

底盘运动时电机轴的端面平均线速度小于 10m/s，密封轴径为 12mm，采用轻型机械密封，如图 2.16 所示。传动轴上开有 D 形槽，紧定弹簧座通过紧定螺钉拧紧到 D 形槽上进行固定。应用中弹簧处于压紧状态，通过弹簧上的力使动环受到向右的恒定压力。动环采用拨叉传动的方式，即紧定弹簧座和压力弹簧座、压力弹簧座和动环上分别做凹凸槽，借助凹凸槽的相互嵌合，使得紧定螺钉、紧定弹簧座、弹簧、压力弹簧座、动环密封圈和动环等随着传动轴一起旋转，静环和静环

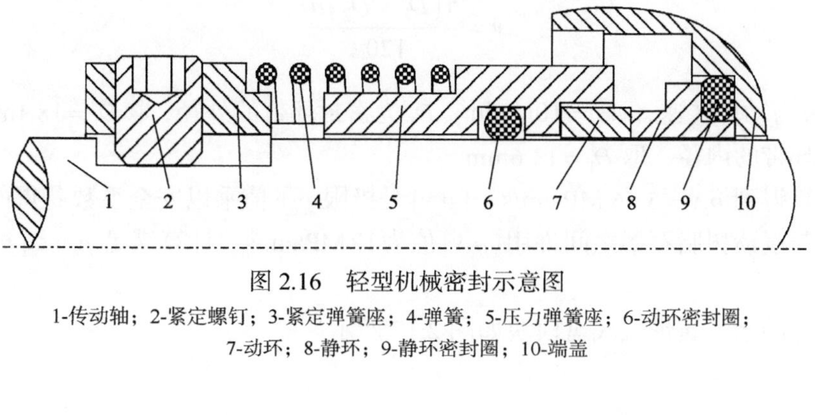

图 2.16　轻型机械密封示意图

1-传动轴；2-紧定螺钉；3-紧定弹簧座；4-弹簧；5-压力弹簧座；6-动环密封圈；7-动环；8-静环；9-静环密封圈；10-端盖

密封圈相对端盖静止。压力弹簧座与传动轴之间通过动环密封圈来实现动密封，静环和端盖之间通过静环密封圈进行静密封。静环材料为碳化钨，动环材料为浸渍树脂石墨，动、静环的接触表面加工成镜面，并通过弹簧压力进行补偿，始终保持两端面之间的紧密接触实现动密封。

压力和速度会影响密封端面的摩擦功率，用端面比压 p_c 和密封端面平均转速 v 的乘积 $p_c v$ 来表示密封端面实际工作状态。

动、静环之间单位面积上净剩的闭合力称为端面比压，用 p_c 来表示，它是衡量密封性能和使用寿命的关键指标。端面比压 p_c 为

$$p_c = p_s + p_e - p_m \tag{2.8}$$

式中，p_s 为弹簧比压；p_e 为密封流体压力作用比压，即外界流体作用在密封端面上的平均压力；p_m 为密封端面间流体膜的平均压力。p_s、p_e 和 p_m 计算如下：

$$\begin{cases} p_s = \dfrac{F_s}{A} \\ p_e = \dfrac{F_p}{A} = \dfrac{A_e p}{A} \\ p_m = \dfrac{F_m}{A} = \lambda p \end{cases} \tag{2.9}$$

式中，F_s 为弹簧力；F_p 为密封流体的推力；F_m 为密封端面流体膜的反力；A 为密封环带面积，即动环和静环的接触面积，此处取 $A = 448\text{mm}^2$；p 为工作介质压力，此处取 $p = 0.25\text{MPa}$；A_e 为密封流体对动环压力的有效作用面积，此处取 $A_e = 739.2\text{mm}^2$；λ 为反压系数，根据经验数值，当介质为水时取 λ=0.5 。

密封端面平均转速 v 为

$$v = \frac{\pi(D_1 + D_2)n}{120} \tag{2.10}$$

式中，n 为动环转速，取 $n = 10\text{r/min}$；D_1 为密封环带的外径，取 $D_1 = 18.1\text{mm}$；D_2 为密封环带的内径，取 $D_1 = 13.6\text{mm}$ 。

计算得到 $p_c v = 5.56$ MPa·m/s。$[p_c v]$ 是极限 $p_c v$ 值乘以安全系数获得的数值，碳化钨与浸渍树脂石墨之间许用 $[p_c v]$ 值为 12 MPa·m/s，计算满足 $p_c v \leqslant [p_c v]$ 的设计要求。

设计的水下履带式底盘模块如图 2.17 所示。

图 2.17　水下履带式底盘模块

2.4　水下双模态智能巡检机器人环境观测单元设计

为了在集成淤积覆盖、水体浑浊的环境下进行消力池、水垫塘结构物信息的采集，设计了含清淤置换模块、点云采集模块的“清淤-成像”一体化信息采集装置，点云采集模块由点云捕获装置和图像采集模块两部分组成，点云捕获装置置于清淤置换模块内，图像采集模块由 4 个摄像头组成，通过感知系统可观测水下环境，如图 2.18 所示。

图 2.18　水下双模态智能巡检机器人图像采集模块

2.4.1　清淤置换模块设计

消力池、水垫塘水下混凝土表面由于处于自然河道，不可避免会有淤积覆盖在混凝土表面，水体的浑浊程度也会影响水下可见距离。清淤置换模块用于在机器人的观测区域局部排开混凝土上的淤积，使图像采集模块可以获得混凝土表面的信息，而不受淤积和水浑浊的影响。

清淤置换模块由相互配合作业的冲刷机构、透明容器和升降机构组成，如图 2.19 所示。“清淤-成像”一体化信息采集装置设计示意图如图 2.20 所示。冲刷机构由滤网、导流管和推进器组成。4 个导流管对称设置在透明容器两侧。通过控制推进器的转速，将导流管顶部的水抽吸至透明容器底部，形成水射流冲击淤积。冲刷淤积会导致水体变浑浊，为了在浑浊的水下进行图像采集，设计透明容器，该部件采用透明亚克力板材料，透明容器中装入清水并在水箱上部安装水下相机、水下补光灯等单元。为了让透明容器尽量地贴近检测表面，配备升降机构用于上下调整透明容器在水中的位置，升降机构由防水推杆、导向轴和直线轴承组成，透明容器由防水推杆进行升降，以 4 根安装有直线轴承座的导向轴作为升降滑轨。

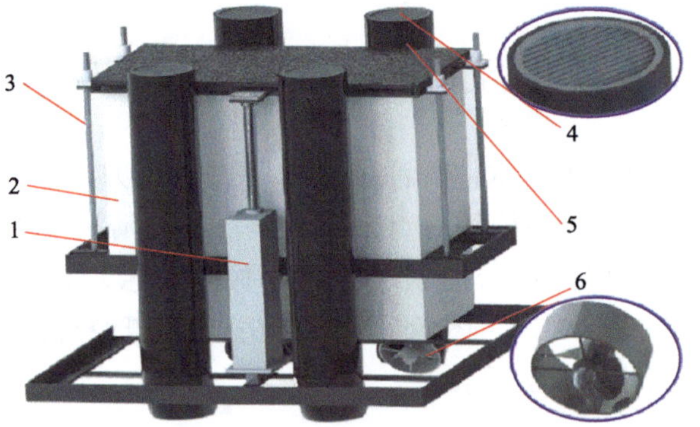

图 2.19　清淤置换模块结构示意图

1-防水推杆；2-透明容器；3-导向轴；4-滤网；5-导流管；6-推进器

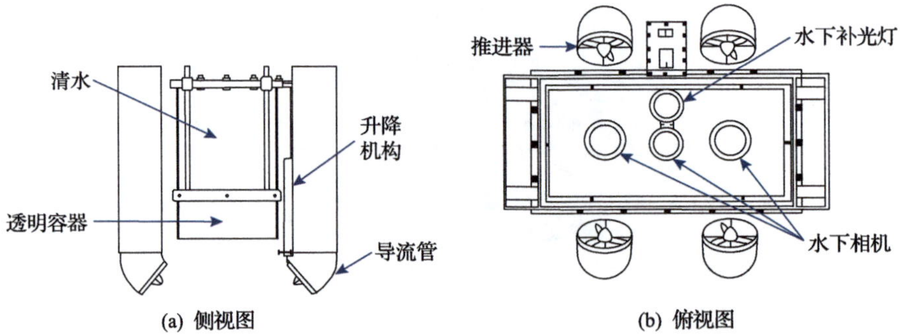

图 2.20　“清淤-成像”一体化信息采集装置设计示意图

“清淤-成像”一体化信息采集装置工作示意图如图 2.21 所示。由于受到淤积和浑浊的影响，采集单元无法直接对混凝土表面进行观测，如图 2.21(a)所示。4 个推进器开启后，水射流作用将淤积层变为悬浮状的浑水，此时也无法观测，如图 2.21(b)所示。升降机构将透明容器下降，由于透明容器内部清晰的水将透明容器外部浑浊的水排开，这样透明容器可以贴紧检测表面，检测单元可透过透明容器观测待检物体表面，如图 2.21(c) 所示。将推进器关掉，浑水逐步沉淀，透明容器已经贴紧待检物体表面，此时检测也不受影响，如图 2.21(d) 所示。

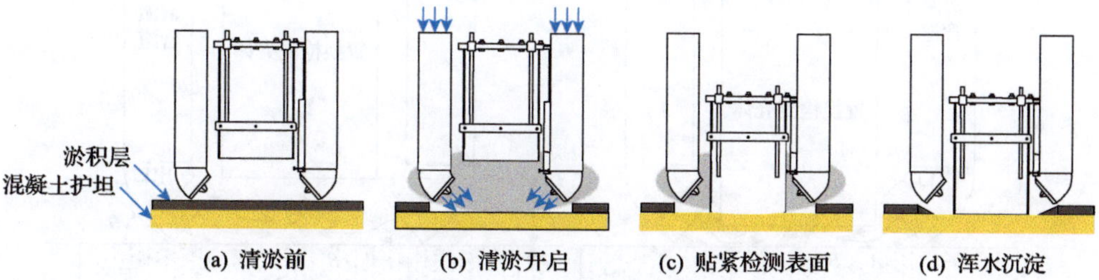

图 2.21　“清淤-成像”一体化信息采集装置工作示意图

在实际现场数据采集时，操作人员首先观察到的是混凝土表面的淤积。然后，操作人员打开清淤模块的两个推进器，淤积逐渐被冲走。当淤积完全清除时，可获得混凝土表面清晰的图像。“清淤-成像”一体化信息采集装置解决了混凝土表面存在淤积沉淀的问题，而且该传感系统不受水环境的浑浊影响，适用于水利水电枢纽水下混凝土采集的实际环境。

2.4.2　清淤置换模块检测效率分析

为提升浑浊水体、泥沙覆盖底板表观检测效率，以自研的清淤置换模块为对象，开展水底局部清淤检测效率研究。通过分析清淤置换模块的结构特点，建立淹没式水射流动力学模型，进行清淤数值模拟仿真，探明在 100mm 淤积厚度的情况下清淤置换模块具备的状态，可获得最佳检测效率，并通过实物试验验证泥沙清除效果。

1. 清淤置换物理模型

简化清淤置换模块如图 2.22 所示，其中清淤管道直径 d=100mm，清淤机构管道间距 l=350mm，冲刷角度 θ =45°，假设泥沙厚度 h_s 为均匀的 100mm，置换检测壳体与泥沙的间隙为 h。根据水下检测特殊工况要求，h 最低位取值为–100mm，最高位取值为 100mm，升降速度 v_1 为 20mm/s。

机器人清淤实际为淹没式水射流模型[15]，水流状态分为层流射流和湍流射流。结合文献[16]，$A(A')$ 阶段水流状态主要为层流射流，当置换检测壳体高于出口时，不考虑壁面剪切，在 B'阶段依然主要为层流射流，而后由于对称冲刷，会在 C'阶段形成复杂的湍流。当置换检测壳体阻挡出口时，在 B 阶段由于置换检测壳体与泥沙形成的狭小间隙会引起较为严重的能量损失，造成冲刷力下降，而后在 C 阶段产生复杂的湍流射流。

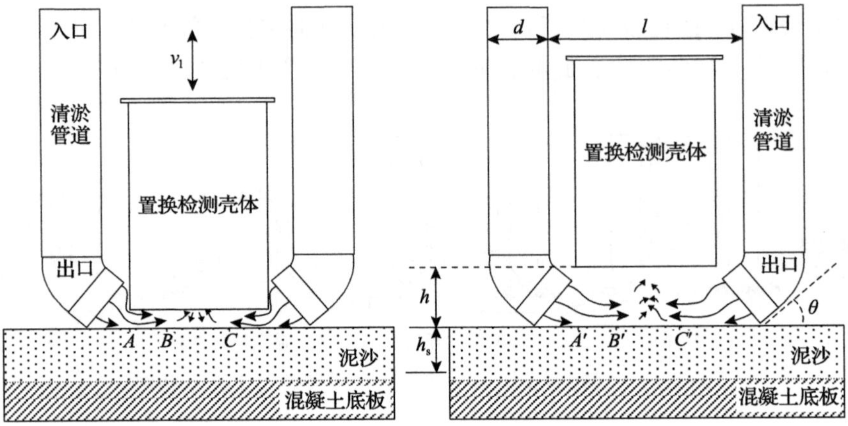

图 2.22　简化清淤置换模块

2. 构建清淤数学模型

1) 泥沙起动条件

淹没式水射流的水流剪切强度，又称为希尔兹(Shields)数[17]，通常表示为 Φ，Φ 越大表示泥沙的可动性越强，计算公式为

$$\Phi=\frac{\tau}{(\rho_s-\rho_f)gD} \tag{2.11}$$

式中，τ 为清淤时的临界剪切应力；ρ_s 为泥沙的密度；ρ_f 为水的密度；g 为重力加速度；D 为泥沙平均粒径。

临界剪切应力 τ 为

$$\tau=\rho_f u_{sc}^2=C_f\rho_f\frac{u_{fc}^2}{2} \tag{2.12}$$

式中，u_{sc} 为泥沙起动时的临界剪切速度，该速度与泥沙物理特性相关[18,19]；C_f 为水流与泥沙间的摩擦系数；u_{fc} 为泥沙起动时射流轴线上的临界速度。

根据袁庆晴[20]的总结，射流主体段中心轴线上的速度沿程变化关系为

$$\frac{u_m}{u_0}=\frac{6.2d}{x}\leqslant 1 \tag{2.13}$$

式中，u_m 为射流中心轴线上 m 点的速度；u_0 为水流从管口射出时中心轴线上的初速度；x 为轴线上 m 点到管道极点的距离；d 为清淤管道出口直径。

射流主体断面上的流速 u_x 呈高斯(Gauss)正态分布，有

$$\frac{u_x}{u_m}=\exp\left(-\frac{r_x^2}{b_w^2}\right)\leqslant 1 \tag{2.14}$$

式中，r_x 为主体断面上流速点 x 与中心轴线的距离；b_w 为射流断面特征半厚度，取 $b_w=0.114x$。

要使得泥沙产生运动，需要临底沙床面上水流速度 u_s 大于或等于泥沙起动时的临界剪切速度，即

$$u_s \geqslant u_{sc} \tag{2.15}$$

2）基于欧拉（Euler）模型的数值模型

Euler 模型在计算二维定点射流冲刷问题时，具有较好的精度，适用于冲刷较为剧烈的清淤开始前几秒和后续泥沙较缓慢变化的过程[20,21]。

液相和泥沙相连续方程如式（2.16）与式（2.17）所示：

$$\frac{\partial}{\partial t}(\alpha_f\rho_f)+\nabla\cdot(\alpha_f\rho_f v_f)=0 \tag{2.16}$$

$$\frac{\partial}{\partial t}(\alpha_s\rho_s)+\nabla\cdot(\alpha_s\rho_s v_s)=0 \tag{2.17}$$

式中，下标 f、s 分别表示液相和泥沙相；α_f、α_s 为两相的体积分数，且 $\alpha_f+\alpha_s=1$；ρ_f、ρ_s 为液相和泥沙相的密度；v_f、v_s 为液相和泥沙相的流速；∇ 为拉普拉斯算子。

液相和泥沙相的动量方程为

$$\frac{\partial}{\partial t}(\alpha_f\rho_f v_f)+\nabla\cdot(\alpha_f\rho_f v_f v_f)=-\alpha_f\nabla P+\nabla\cdot\tau_f+\alpha_f\rho_f g+K_{sf}(v_s-v_f) \tag{2.18}$$

$$\begin{aligned}&\frac{\partial}{\partial t}(\alpha_s\rho_s v_s)+\nabla\cdot(\alpha_s\rho_s v_s v_s)\\&=-\alpha_s\nabla P-\nabla P_s+\nabla\cdot\tau_s+\alpha_s\rho_s g+K_{fs}(v_f-v_s)+S_{vs}\end{aligned} \tag{2.19}$$

式中，P 为液相和泥沙相的共用压力；τ_f、τ_s 为液相和泥沙相的应力张量；$K_{fs}=K_{sf}$ 为相间动量交换系数；S_{vs} 为泥沙相的源项；P_s 为泥沙相的压力，与泥沙颗粒间的物理特性有关。

两相的应力张量可表示为

$$\tau_f=\alpha_f\mu_f(\nabla v_f+\nabla v_f^{T})+\alpha_f\left(\lambda_f-\frac{2}{3}\mu_f\right)\nabla\cdot v_f I \tag{2.20}$$

$$\tau_s = \alpha_s \mu_s \left(\nabla v_s + \nabla v_s^T \right) + \alpha_s \left(\lambda_s - \frac{2}{3} \mu_s \right) \nabla \cdot v_s I \tag{2.21}$$

式中，μ_f、μ_s 分别为液相和泥沙相的黏性系数；λ_f、λ_s 为液相和泥沙相的体积黏度，不考虑泥沙相体积膨胀影响，可取 $\lambda_s = 0$；I 为单位张量。

对于式(2.21)中泥沙相黏性系数 μ_s，考虑碰撞、运动和摩擦阻力后有如下关系式：

$$\mu_s = \mu_{s,col} + \mu_{s,kin} + \mu_{s,fr} \tag{2.22}$$

式中，$\mu_{s,col}$ 为考虑碰撞影响的黏性系数；$\mu_{s,kin}$ 为考虑运动影响的黏性系数；$\mu_{s,fr}$ 为考虑摩擦阻力影响的黏性系数[20]。

3. 数值仿真分析

1)建立仿真模型

建立如图 2.23 所示的清淤置换模块仿真模型，图中流体域长 1500mm，高 726.5mm。采用 2D Euler 多相流模型进行仿真，设置水、泥沙两相，初始状态时底部充满泥沙，监测区泥沙体积为 0.0418m^3，湍流模型以标准 k-ε_0 模型进行计算，求解方法选择 Coupled。其他参数设置如表 2.2 所示。

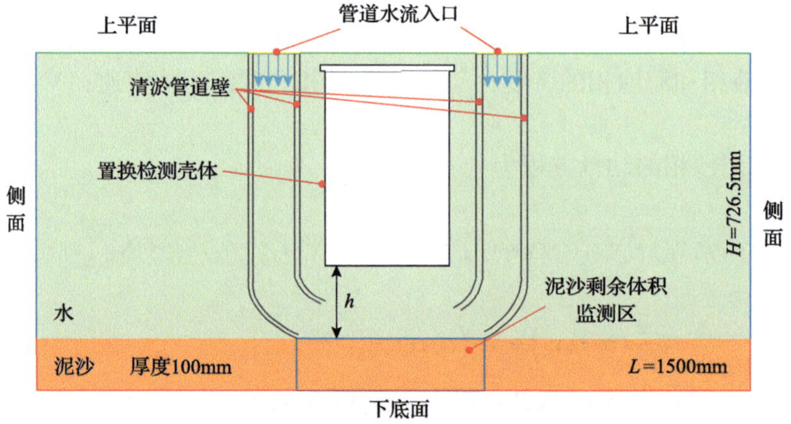

图 2.23　清淤置换模块仿真模型

表 2.2　仿真模型参数设置

对象	边界类型	参数类型	参数值
水	液体水	密度	998.2kg/m^3
泥沙	泥沙	密度	1650kg/m^3
		黏性系数	0.65kg/(m·s)

续表

对象	边界类型	参数类型	参数值
上平面	压力入口	压力大小	0Pa
侧面	压力出口	压力大小	0Pa
管道水流入口	速度入口	水相速度	0.7m/s
		泥沙相速度	0m/s
下底面	壁面	—	—
清淤管道壁	壁面	—	—
置换检测壳体	壁面	—	—
计算参数	—	时间步数	500
	—	时间步长	0.01s
	—	最大迭代数	20

2）仿真结果分析

仿真总时长为 5s，仿真结果如图 2.24 所示。由图可知，当 h 值较小时，置换检测壳体阻挡了清淤管道出水口流出的水射流，使得水射流在置换检测壳体位置提前转变为湍流状态，水射流只有部分直接作用于底部泥沙，导致清除泥沙效果减弱。随着 h 值的增加，置换检测壳体阻挡减少，水射流可直接作用到泥沙表面，清除效果显著提升。

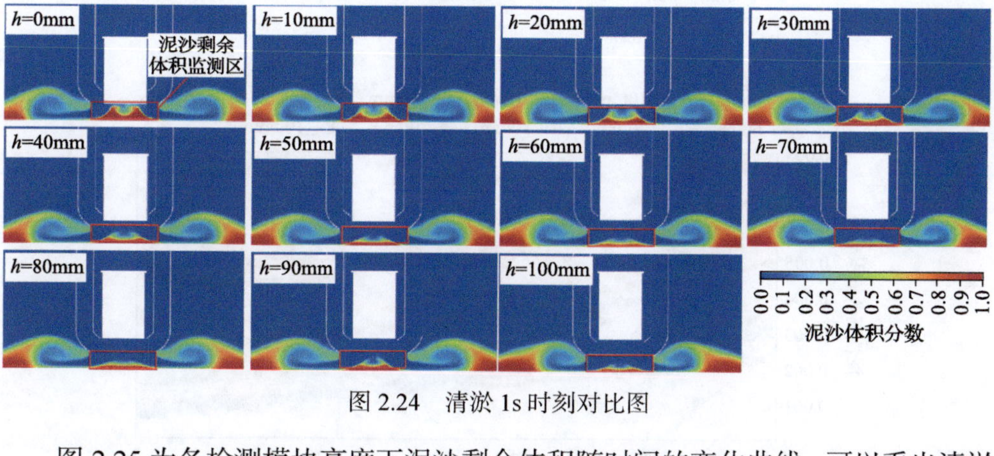

图 2.24　清淤 1s 时刻对比图

图 2.25 为各检测模块高度下泥沙剩余体积随时间的变化曲线，可以看出清淤速率总体呈现随 h 增大逐渐增大的趋势。由图 2.25(a)可知，0.25s 内，各个高度下泥沙清淤速率最高并且清淤速率相近；0.25s 后，总体呈现 h 值越大清淤速率越大的规律，但清淤速率最大的是 h=70mm。由图 2.25(b)可知，1s 后，所有 h 值

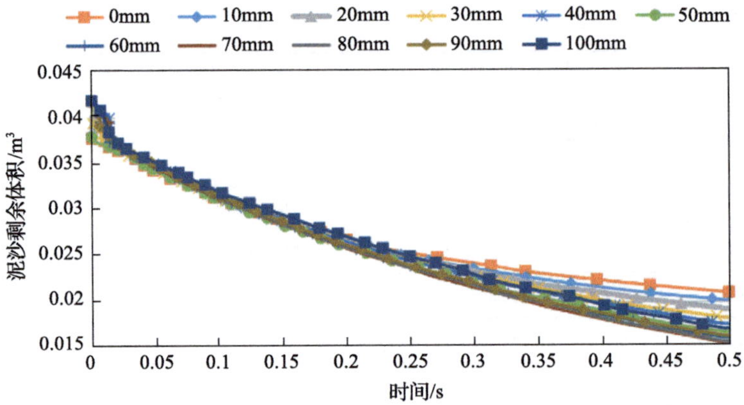

(a) 0.5s时间内

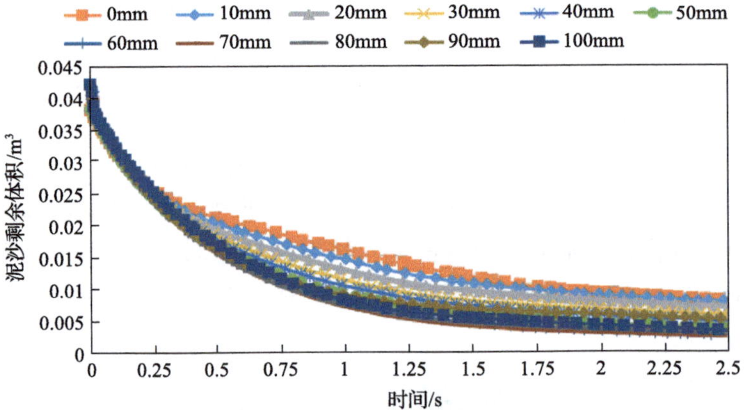

(b) 2.5s时间内

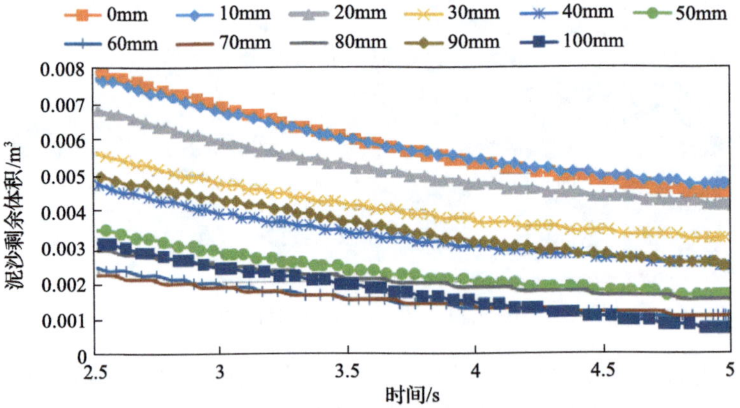

(c) 2.5~5.0s时间内

图 2.25　各检测模块高度下泥沙剩余体积随时间变化曲线

情况的清淤速率逐渐减小，h=70mm 的清淤速率依然最大，但 h=90mm 的清淤速率开始出现大幅降低且数值与 h=40mm 几乎相等的情况。由图 2.25(c)可知，2.5s 后，总体依然保持 h 越大清淤速率越大、时间越长清淤速率缓慢减小的趋势，但 h=90mm 却表现出与 h=40mm 保持几乎相等清淤速率的特殊情况。

由图 2.26 可知，由于清淤管道为对称布置，清淤 5.0s 后在置换检测壳体底部与地面之间产生了高压稳定涡流，h 值越小涡流影响越强，因此该空间水流速度低导致不能持续高效地将泥沙带出，最终形成泥沙的剩余。进一步对比分析，假设忽略管道出口与置换检测壳体间的小间隙，随着 h 增加，清淤管道对泥沙的实际有效出口截面积在增大，且水流方向也从垂直向下变为 45°方向，如图 2.26 右侧云图所示。又因为流量不变时，出口管径越小流速越快，所以出口截面变化与水流方向的共同作用，造成 h=90mm 时的清淤检测效率反而小于 h=70mm 时，所以呈现出了图 2.25 所示的变化趋势。

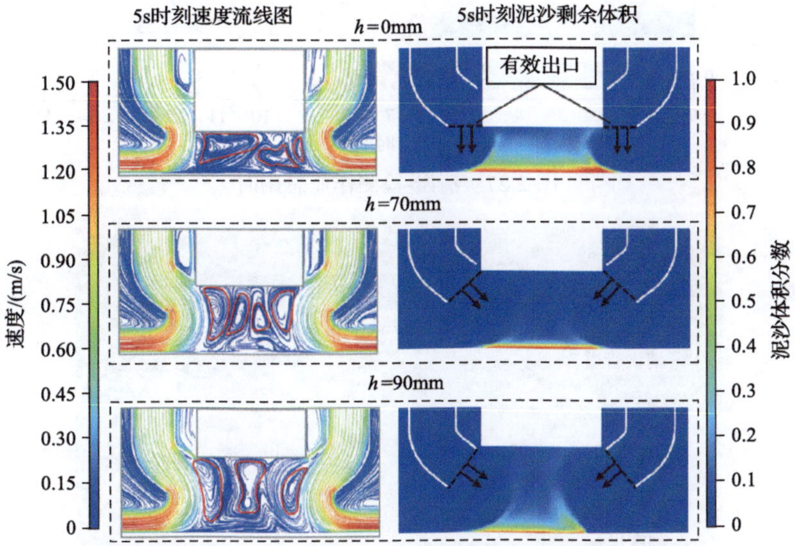

图 2.26 水流速度流线与泥沙剩余体积分析图

假设清淤至泥沙剩余 10%时，置换检测壳体开始下降至最低位进行检测工作，则清淤-检测作业总用时如图 2.27 所示。通过统计分析，可知 h 取值为 60mm 时，清淤-检测作业时间最短，为 9.56s。

4. 试验测试分析

设置如图 2.28 所示的实物试验，试验水池长度为 1.2m，宽度为 1.0m，高度为 0.8m，置换检测壳体采用亚克力材质，清淤管道的内径为 100mm，管内各安装一个推进器，可提供 0.7m/s 的管道入口流速，为便于观察底部粒径 1～2mm 的天然水晶细沙，每次试验初始泥沙厚度均为 100mm。

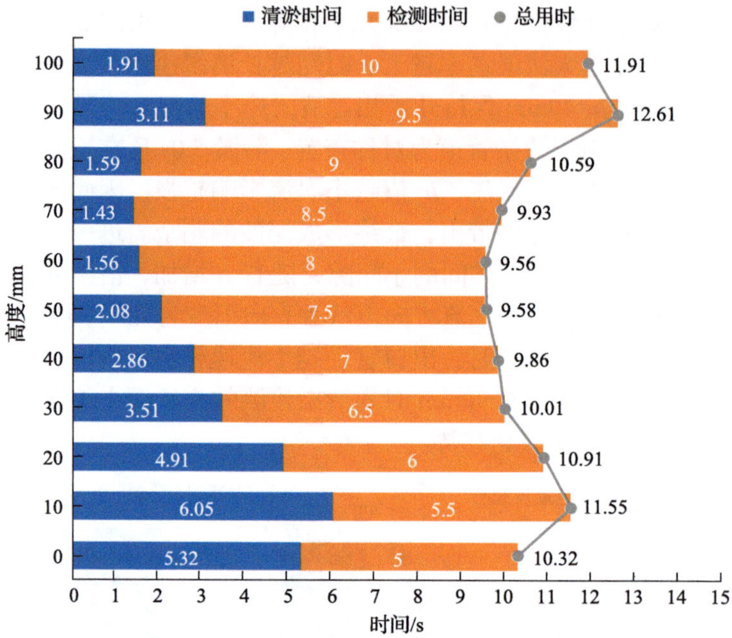

图 2.27　清淤-检测作业总用时

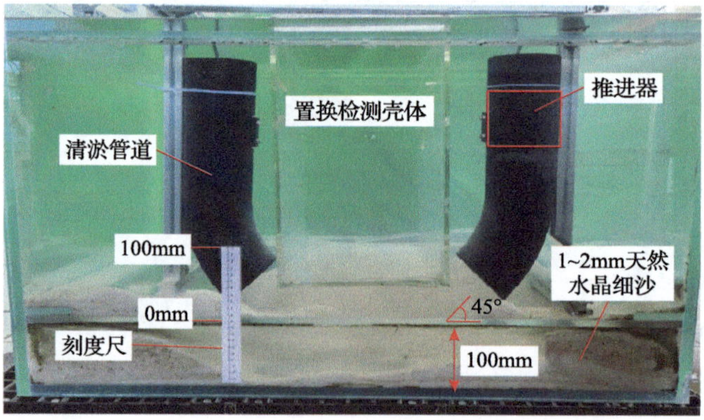

图 2.28　试验装置图

试验过程中发现当 h=0mm 时(见图 2.29)，若底部泥沙铺设不均匀或升降机构控制不精确，将存在置换检测壳体压住泥沙导致清淤困难的现象。如果应用于实际检测，河湖底泥具有黏度，很有可能导致置换检测壳体检测面污损，因此实际使用中需要避免 h=0mm 的情况。

图 2.30 为部分试验结果，可见各检测高度下的清淤效果明显，所有情况都可以实现置换检测壳体底部区域的淤积泥沙清除，泥沙剩余量差异不大。试验结果与仿真分析结果基本吻合，证明了清淤置换模块设计合理，可以实现底部局部淤积

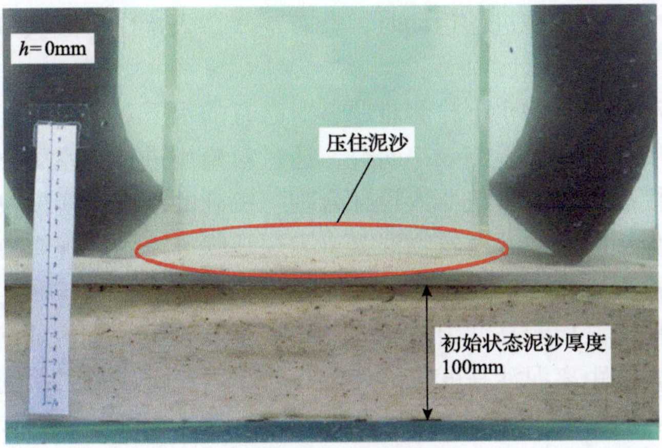

图 2.29　清淤前（h=0mm）

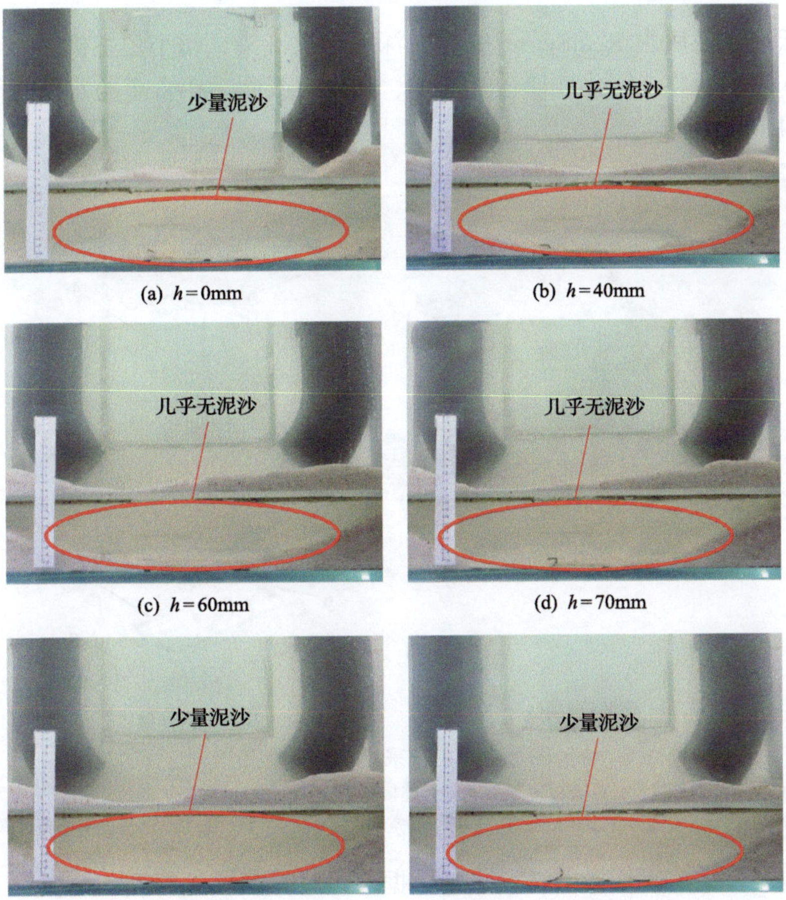

(a) $h=0$mm　(b) $h=40$mm

(c) $h=60$mm　(d) $h=70$mm

(e) $h=90$mm　(f) $h=100$mm

图 2.30　试验结果对比

的清除。试验中也发现推进器运动时，会有空气掺入水中形成大量气泡，对试验结果产生干扰。

针对泄洪消能建筑物水下检测难题，对已有的水下双模态智能巡检机器人清淤置换模块开展局部清淤检测效率研究，通过对模块进行一系列分析及对比试验发现，水下双模态智能巡检机器人设计合理，搭载的清淤置换模块可以解决浑浊水体、积淤底板工况下检测建筑物混凝土表观缺陷等难题。现有模块的清淤检测效率随着置换检测壳体离沙高度增加呈现抛物线规律，对于泥沙厚度 100mm 的工况，理论上最佳清淤检测高度为 60mm，用时为 9.56s。根据内陆河湖底泥特点，置换检测壳体底部距离泥沙高度应该大于 0mm，以免造成清淤检测效率降低或置换检测壳体观测面污损。

2.4.3　点云采集模块设计

点云采集模块由 RealSense SR300 深度相机镜头、超小型主机（Next Unit of Computing, NUC）、钢化玻璃透光面罩、密封橡胶圈、铝合金防水外壳等组成，如图 2.31 所示。

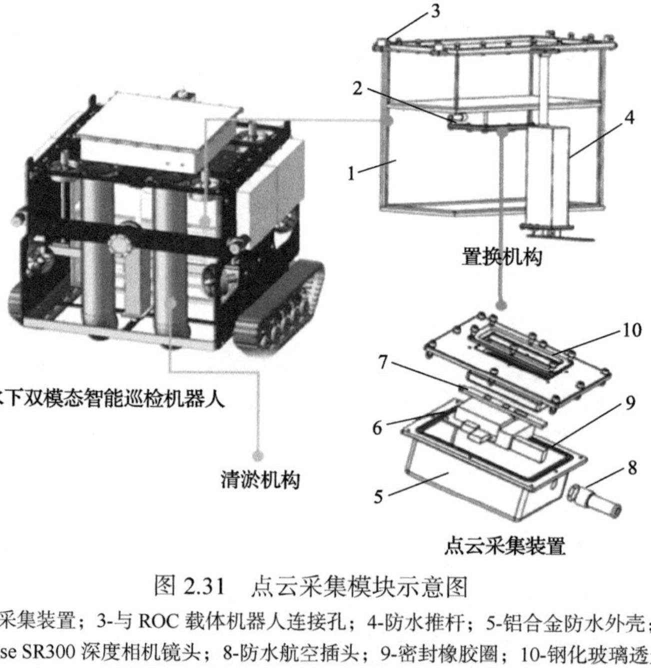

图 2.31　点云采集模块示意图

1-有机玻璃；2-点云采集装置；3-与 ROC 载体机器人连接孔；4-防水推杆；5-铝合金防水外壳；6-超小型主机；7-RealSense SR300 深度相机镜头；8-防水航空插头；9-密封橡胶圈；10-钢化玻璃透光面罩

利用点云采集模块获取畸变点云数据，通过算法矫正得到非畸变点云数据，获取数据流框架如图 2.32 所示。

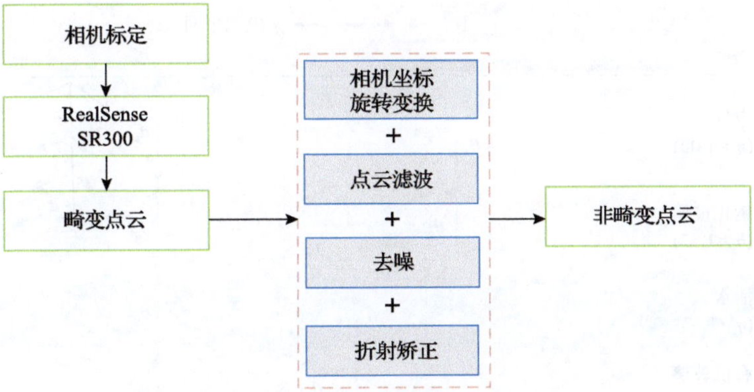

图 2.32　非畸变点云获取数据流框架

深度相机将近红外光主动投射到需要检测物体表面，形成调制的三维图像，该三维图像由摄像头探测实现成像。采用 RealSense SR300 深度相机镜头，成像平面为 640×480 像素，垂直视野角度为$55°\pm 2°$，水平视野角度为$71.5°\pm 2°$。在相机置于清淤置换模块的同时相机获取图像的视野范围也随之被确定。一般情况下，深度相机镜头的光轴方向ν与各个折射介质表面法线向量 n 并不平行，光轴方向与法线不平行时，需要将深度相机旋转，旋转轴方向为

$$q = \frac{\nu \times n}{|\nu \times n|} \tag{2.23}$$

旋转角余弦值为

$$\cos\gamma = \frac{\nu \cdot n}{|\nu| \cdot |n|} \tag{2.24}$$

通过旋转校准使虚拟光轴与折射介质表面法线共轴，基于修正后的光学模型搭建深度相机理想光学模型。将每个成像像素点看成照射在成像平面的一束光线。现假设一束光线从深度相机近红外光源发出，透过清淤置换模块照射池底，将光线折射模型简化到二维平面，如图 2.33 所示。

投射到检测平面的每束光线需要穿过清淤置换模块内各个介质平面，到达检测物体表面的每束光线依次穿过空气、钢化玻璃、清水、有机玻璃、浊水，最后到达目标点，接收相机所获得的点云图像是经过 4 次折射后的点云数据。

已知检测平面到钢化玻璃的距离为d_{a}，钢化玻璃的厚度为d_{g}，钢化玻璃底面到有机玻璃上表面的距离为d_{s}，有机玻璃的厚度为d_{p}，光线在不同介质中的折射率为$\eta_x(x=\mathrm{a,g,s,p,w})$。光线从检测平面照射到钢化玻璃入射平面时，入射角为

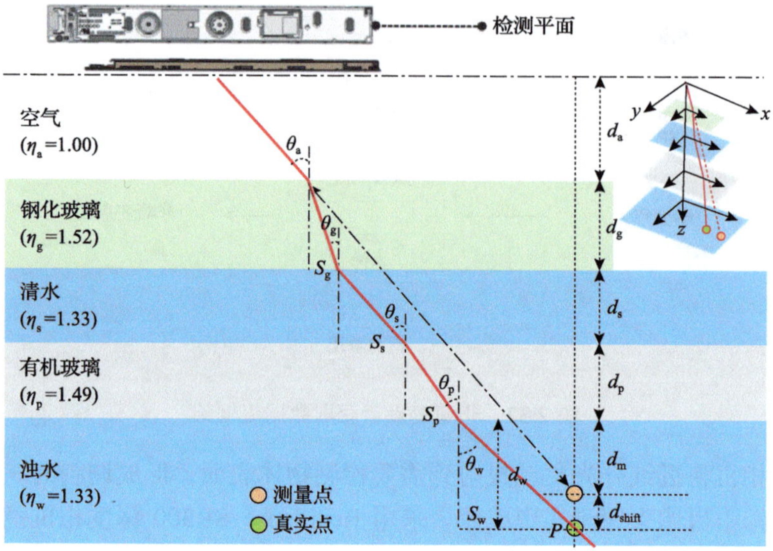

图 2.33　水下成像折射模型

θ_a，在钢化玻璃表面产生折射，满足斯涅尔定律：

$$\frac{\sin\theta_a}{\sin\theta_g}=\frac{\eta_g}{\eta_a} \tag{2.25}$$

经过折射的光线并不沿原来的光路继续传播，光线在钢化玻璃中沿折射光线传播，钢化玻璃出射面产生折射偏移为 S_g：

$$S_g=d_g\tan\theta_g \tag{2.26}$$

式中

$$\tan\theta_g=\frac{\eta_a\sin\theta_a}{\sqrt{\eta_g^2-(\eta_a\sin\theta_a)^2}} \tag{2.27}$$

透射过钢化玻璃的光线从钢化玻璃出射面到达清水入射面，清水中光线的入射角为 θ_s，光线在钢化玻璃与清水置换装置界面产生折射，满足斯涅尔定律：

$$\frac{\sin\theta_g}{\sin\theta_s}=\frac{\eta_s}{\eta_g} \tag{2.28}$$

清水置换装置中产生的折射偏移量为 S_s：

$$S_{\mathrm{s}} = d_{\mathrm{s}} \tan\theta_{\mathrm{s}} \tag{2.29}$$

式中

$$\tan\theta_{\mathrm{s}} = \frac{\eta_{\mathrm{g}} \sin\theta_{\mathrm{g}}}{\sqrt{\eta_{\mathrm{s}}^2 - \left(\eta_{\mathrm{g}} \sin\theta_{\mathrm{g}}\right)^2}} \tag{2.30}$$

光线透射过清水置换装置从清水出射面到达有机玻璃入射面，有机玻璃中光线的入射角为θ_{p}，光线在清水与有机玻璃界面产生折射，满足斯涅尔定律：

$$\frac{\sin\theta_{\mathrm{s}}}{\sin\theta_{\mathrm{p}}} = \frac{\eta_{\mathrm{p}}}{\eta_{\mathrm{s}}} \tag{2.31}$$

有机玻璃中产生折射的折射偏移量为S_{p}：

$$S_{\mathrm{p}} = d_{\mathrm{p}} \tan\theta_{\mathrm{p}} \tag{2.32}$$

式中

$$\tan\theta_{\mathrm{p}} = \frac{\eta_{\mathrm{s}} \sin\theta_{\mathrm{s}}}{\sqrt{\eta_{\mathrm{p}}^2 - \left(\eta_{\mathrm{s}} \sin\theta_{\mathrm{s}}\right)^2}} \tag{2.33}$$

透射过有机玻璃的光线穿过清水置换装置下方的水环境最终到达水下建筑物混凝土表面，光线在有机玻璃和浊水之间产生折射，折射角为θ_{w}，并满足斯涅尔定律：

$$\frac{\sin\theta_{\mathrm{p}}}{\sin\theta_{\mathrm{w}}} = \frac{\eta_{\mathrm{w}}}{\eta_{\mathrm{p}}} \tag{2.34}$$

浊水中产生折射的折射偏移量是

$$S_{\mathrm{w}} = d_{\mathrm{w}} \tan\theta_{\mathrm{w}} \tag{2.35}$$

式中

$$\tan\theta_{\mathrm{w}} = \frac{\eta_{\mathrm{p}} \sin\theta_{\mathrm{p}}}{\sqrt{\eta_{\mathrm{w}}^2 - \left(\eta_{\mathrm{p}} \sin\theta_{\mathrm{p}}\right)^2}} \tag{2.36}$$

此时深度相机镜头所获取的点云图像是畸变后的图形，实际点云图像深度值更大。

通过深度相机镜头拍摄的点云坐标求取实际的点云深度位置，已知深度相机镜头所拍摄到的虚像点 P 距离有机玻璃的高度为 d_{w} ，真实深度与深度相机镜头拍摄的深度值之间存在一个矫正高度 d_{shift} 。成像点的反向延长线与空气的入射平面相交于同一点，由光线折射的几何关系可得

$$S_{\mathrm{g}} + S_{\mathrm{s}} + S_{\mathrm{p}} + S_{\mathrm{w}} = \frac{d_{\mathrm{g}} + d_{\mathrm{s}} + d_{\mathrm{p}} + d_{\mathrm{m}}}{\dfrac{1}{\tan\theta_{\mathrm{a}}}} \tag{2.37}$$

式中，d_{m} 为检测点到有机玻璃的真实高度；S_{w} 为浊水中产生折射的折射偏移量：

$$S_{\mathrm{w}} = d_{\mathrm{m}} \tan\theta_{\mathrm{w}} + d_{\mathrm{shift}} \tan\theta_{\mathrm{w}} \tag{2.38}$$

光线从检测平面出发到达被检测点，穿过多个介质层导致相机拍摄图像中存在深度畸变，其与水下实际检测点之间的真实深度的转换关系式可表示为

$$\begin{cases} d_{\mathrm{shift}} = \left(d \tan\theta_{\mathrm{a}} - \left(S + d_{\mathrm{m}} \tan\theta_{\mathrm{w}}\right)\right) / \tan\theta_{\mathrm{w}} \\ d = d_{\mathrm{g}} + d_{\mathrm{s}} + d_{\mathrm{p}} + d_{\mathrm{m}} \\ S = S_{\mathrm{g}} + S_{\mathrm{s}} + S_{\mathrm{p}} \end{cases} \tag{2.39}$$

光线在各个介质中折射导致点云图像畸变，点云数据中的每个点都具有深度值，不同点所对应的畸变深度值不同，每个畸变点坐标加上相应的矫正高度 d_{shift} ，即可恢复畸变点云的真实深度值。将深度相机成像的二维平面模型与畸变点云平面、非畸变点云平面、矫正后的点云平面组合在一起，得到相机成像截面图与各个点云平面之间的对应关系。

图 2.34(a)为深度相机成像的前视图。图 2.34(b)为平面分布示意图，包括畸变的深度平面、矫正的平面、畸变深度图像等。畸变点云包含两个明显特点：①经过多层介质平面后点云图像产生了凹陷型畸变，视野深度变浅；②畸变后的点云图像可视化面积相较于非畸变点云图像可视化面积减小。

利用畸变点云的上述特点可得到畸变程度的判断标准：畸变点云图像可视化面积尽量大，畸变点云需要矫正的高度尽可能小。畸变程度小的三维点云图像可得到更多的有效点与视野面积。将畸变点云投影到空间坐标平面，深度相机成像平面为 640×480 像素，每个坐标所在横行或纵行的畸变是不相同的，将横行或纵

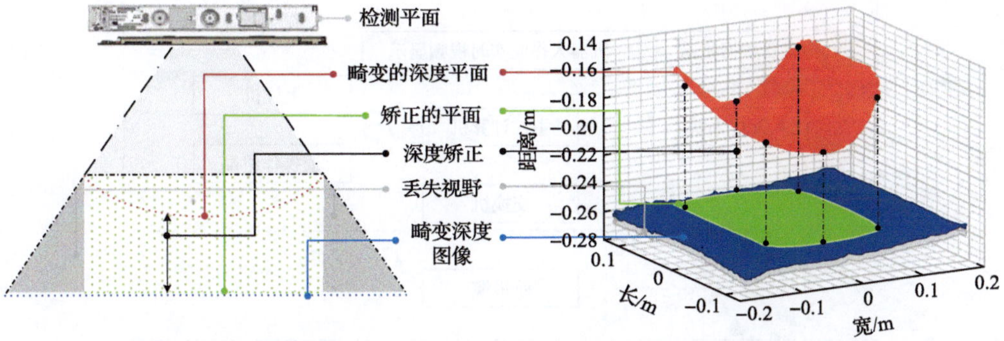

(a) 深度相机成像的前视图　　(b) 平面分布示意图

图 2.34　深度相机成像模型与其获取的畸变点云和非畸变点云

行上的坐标拟合成畸变矫正函数再扩展到三维空间，畸变点云将得以矫正。光线在多介质平面中穿透导致光路不再沿空气中入射角方向传播，光线经过多介质平面造成可视化面积减小，并没有可靠的方法可以改变这个物理现象，但通过调节相关参数可以减小多介质平面的折射对可视化面积的影响。

2.5　水下双模态智能巡检机器人控制单元设计

水下机器人的控制体系结构是从开源的 ArduSub 系统扩展而来的，控制架构由水下和水上两个部分组成，并且两个部分采用以太网控制传输协议/因特网互联协议(transmission control protocol/internet protocol, TCP/IP)进行数据交换。

在水下部分，在 Pixhawk 控制器中实现水下机器人运动控制算法，Pixhawk 控制器可输出八通道脉冲宽度调制(pulse width modulation, PWM)信号来独立控制 8 个 ROV 推进器。此外，Pixhawk 控制器还输出另外 4 个通道的 PWM 信号，以控制在清淤置换模块中使用的推进器。Pixhawk 控制器使用集成电路间通信总线(inter-integrated circuit, IIC)从压力传感器获取压力数据。Raspberry Pi 控制器通过两个通用串行总线(universal serial bus, USB)端口与相机和 Pixhawk 控制器通信。Raspberry Pi 控制器负责在水上控制计算机和 Pixhawk 控制器之间交换命令，并通过 USB 将摄像机的视频信号传输到水上控制计算机。

在水上部分，通过操纵杆将操作控制命令发送到控制计算机。控制计算机上主要运行两个软件：一个是控制站软件；另一个是图像采集软件。控制站软件的主要功能是实时监视和控制水下机器人。图像采集软件用于实时观测混凝土的数据采集，观察沉积物的清除状态，记录工作视频并收集混凝土的图像数据。

水下双模态智能巡检机器人控制单元示意图如图 2.35 所示。

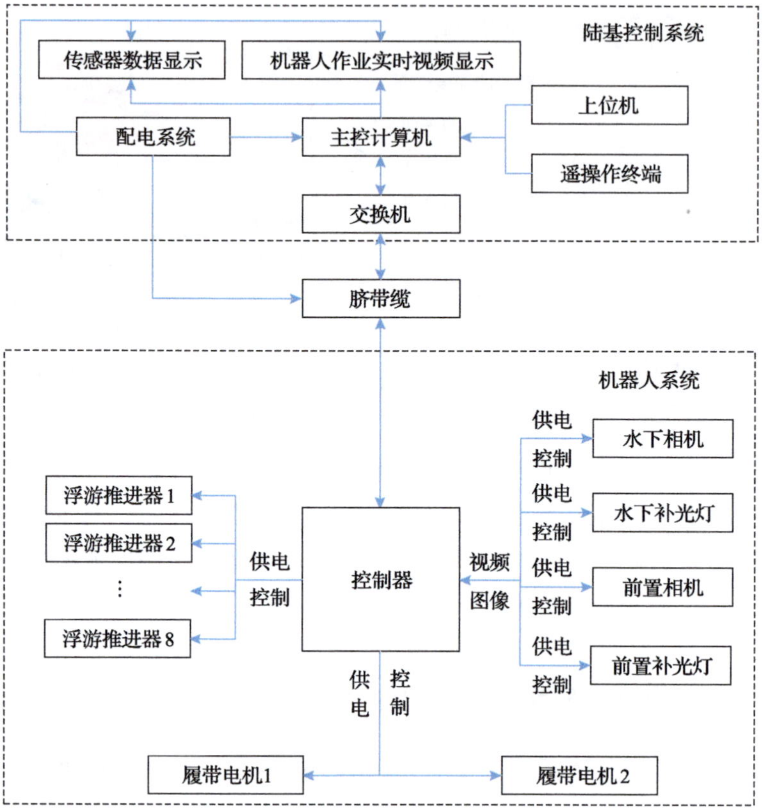

图 2.35　水下双模态智能巡检机器人控制单元示意图

2.5.1　缆控部分设计

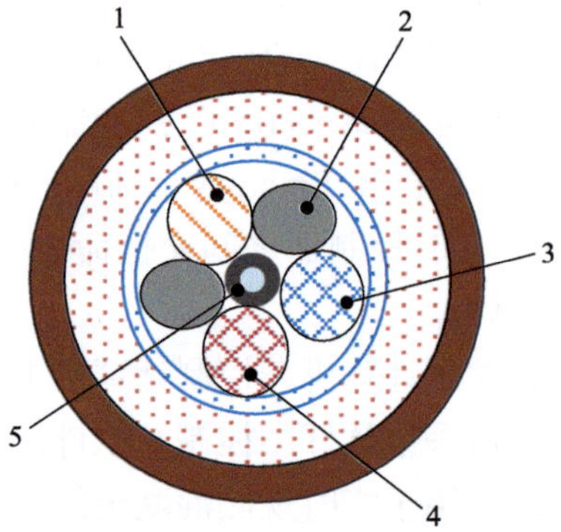

图 2.36　脐带缆切面图

1-八芯网络线；2-凯芙拉纤维层；3，4-电芯导线；5-填芯

脐带缆给水下双模态智能巡检机器人提供电能，供机器人作业；传递计算机端的控制信号，使机器人完成作业任务；传递图像数据，将机器人采集的图像数据传递至主控计算机。

机器人所用零浮力脐带缆由八芯网络线、电芯导线、增强纤维抗拉层、填芯等组成，如图 2.36 所示。其中，八芯网络线采用抗拉 G657 网线，用于通信传输控制信号；电芯导线采用银镀铜线，电阻小，具备良好的导电性能；脐带缆内部有凯芙拉纤维层，具备强大的抗拉能力；内层护套采用发泡材料，外层护套采用黄色聚氨酯，具备良好的防水耐磨性能。

绕线机(见图 2.37)具有收放线功能，同时将锂电池提供的 48V 直流电压升高到 380V 直流电压(高压电能传输可以减小脐带缆上的压降)；绕线机也具有过载保护功能，当水下机器人消耗的功率大于绕线机所能提供的最大功率时，绕线机就会跳闸保护整个电路的输出。绕线机底部搭载万向轮，能更方便地移动绕线机。绕线机端也带有控制信号接口，水下机器人的控制网络接口、与水声定位的网络接口、主控计算机直接连接绕线机上的网络接口就能实现对水下机器人的控制。

图 2.37　绕线机

2.5.2　供电部分设计

机器人采用有缆供电的方式。机器人本体需要 24V 电压，如果直接以 24V 电压进行电力输送，脐带缆上的电阻会产生较大的压降，线缆压降导致机器人端接收到的电压远远小于 24V。机器人采用高压直流供电方式，在母船上使用 48V 直流电源供电，48V 直流电经过升压模块升高至 380V，380V 的高压直流电通过脐带缆传输给机器人。

电源系统由供电系统和电源管理系统组成，如图 2.38 所示。供电系统用于实现

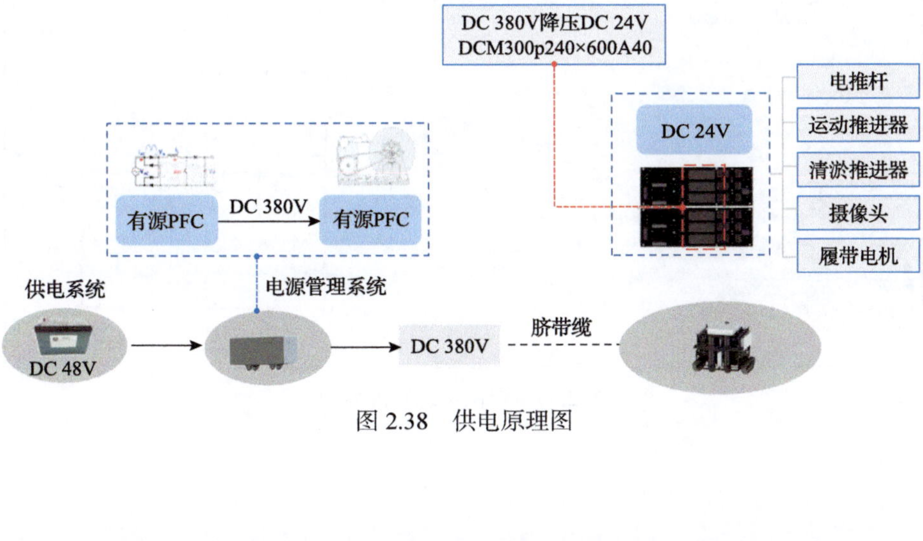

图 2.38　供电原理图

高效、远距离、安全稳定的电能传输；电源管理系统用于对供电状态进行实时监控与管理，提供过压、欠压、短路、过载、漏电等多种保护机制。使用有源功率因数校正(power factor correction, PFC)电路将 48V 直流电转换成 380V 直流电，通过供电绞车将 380V 直流电传输给水下机器人本体，水下机器人本体使用 DCM300p240×600A40 芯片将 380V 直流电转换成 24V 直流电供给电推杆、运动推进器、清淤推进器、摄像头和补光灯等设备。电源管理系统内部还集成全面、完善的保护功能，如漏电保护、短路保护、输出过压保护和欠压保护等。

2.5.3　定位部分设计

为了获得机器人采集数据的位置信息，设计了 GNSS-RTK 和水声定位系统相融合的水下定位方式。此方案在水面上布放 GNSS-RTK 基站，在作业船的前后分别布置两个 GNSS-RTK 的测量单元，在基站建立的 $o_N - x_N y_N$ 坐标系下，可以获得作业船的相对位置和朝向。在作业船的四周分别布设短基线水声定位系统的换能器，机器人上布置水声定位的应答器。在以作业船为中心建立的 $o_B - x_B y_B$ 坐标系中，通过水声定位的数据，可以获得机器人的坐标$\left(x_{B(R)}, y_{B(R)}, z_{B(R)}\right)$。

定位系统软件界面如图 2.39 所示，整体界面主要由串口通信模块、双 RTK 移动端坐标模块、地图边框标定模块、水声定位应用程序接口(application

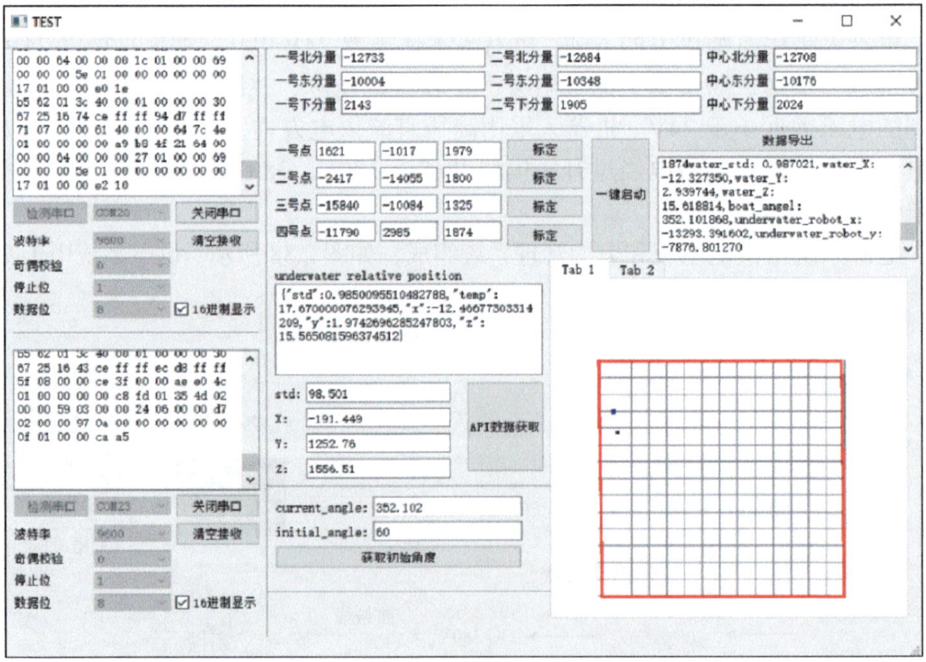

图 2.39　定位系统软件界面

programming interface, API）数据获取模块、数据导出模块等部分构成。其中，串口通信模块以十六进制实时显示 1#RTK、2#RTK 移动端的接收信息，涉及 RTK 定位信息、水声定位信息、数据精度等内容；双 RTK 移动端坐标模块显示两个 RTK 移动端在 RTK 大地坐标系下相对于 RTK 基准站的中心点坐标信息；地图边框标定模块则是绘制出作业区域的数字地图，数字地图能够依据实时获取的 RTK 信息给出作业船在地图中的准确位置，以蓝点表示，同时，依据水声定位信息给出水下机器人的相对位置，以黑点表示；水声定位 API 数据获取模块获取的信息包含作业船的角度信息、水下机器人相对于作业船的位置信息、水声定位精度等；在数据导出模块中一号点、二号点、三号点、四号点等类似信息标定了作业区域地图边界的四个顶点，water_std、water_X、water_Y 和 water_Z 指机器人相对船的精度、X 坐标、Y 坐标和水深，boat_angel 是船角度信息，船头正对坝面时为 90°，underwater_robot_x 和 underwater_robot_y 即为所求的水下机器人在作业区域地图中的坐标信息。

2.6　水下双模态智能巡检机器人通信网络技术

5G 为网联无人机/车/船赋予实时超高清图像传输、远程低时延控制、永远在线等重要能力，提升运行效率；5G+机器人通过云端共享计算、存储、数据和智能，可降低成本，助力机器人规模化部署。这些典型应用均有望扩大工业领域的服务范围，提高智能化水平。

2.6.1　应用方案

本节提出基于 5G 的泄洪消能建筑物安全风险防控系统，集成 5G、机器人、人工智能等在能源风险防控领域的前沿关键技术，充分利用多接入边缘计算（multi-access edge computing, MEC）与 5G 通信的增强型移动宽带（enhanced mobile broadband, eMBB）、超可靠低时延通信（ultra-reliable low-latency communication, uRLLC）的技术优势，提升已有智能巡检与评估技术体系，如图 2.40 所示。该系统由“三平台+一组网”构成，四部分组成和功能如下：

（1）终端操控平台，即现场端（端），包含巡检机器人载体，以及对巡检载体和任务载荷进行监控和操纵的控制站/地面站。现场端的核心功能是实现巡检工作的高可靠性控制、保障与其他平台节点间的实时通信与响应。

（2）边缘监控平台，即电厂端（边），包含能够对巡检现场工作进行实时监视和控制的各类通信与监控装置，以及移动边缘计算服务器部署。电厂端的核心功能是实时支撑和指导现场端的巡检工作，在一定条件下有能力实现现场巡检的接管，同时承担数据汇总、存储和边缘计算功能。

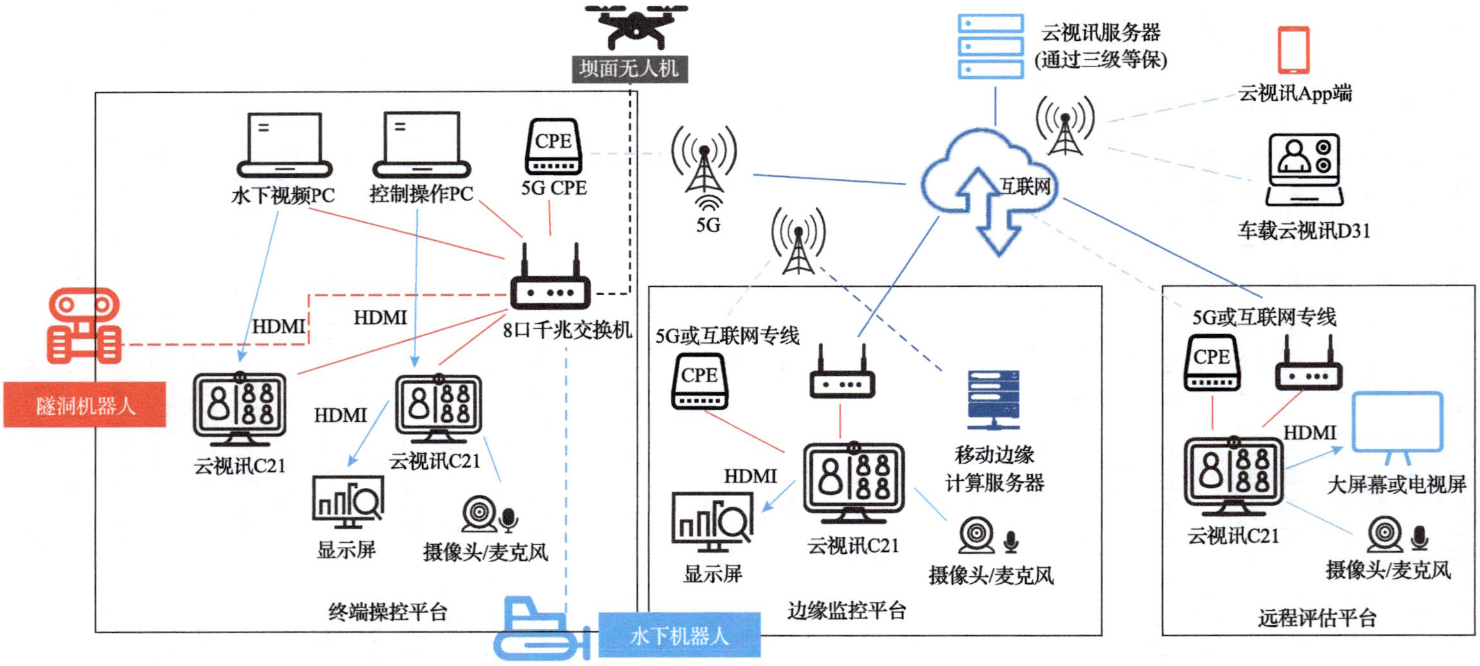

图 2.40　基于5G的泄洪消能建筑物安全风险防控系统构架图

HDMI为high-definition multimedia interface, 高清多媒体接口；PC为计算机；App为application，应用程序；三级等保指国家信息安全等级保护三级认证

(3)远程评估平台，即远端(云)，包含远程专家系统，以及高性能计算服务器部署。远端的核心功能是提供巡检评估工作的智力与算力支持，通过在远端(如研究机构会议室)集聚水力学、水工结构工程专家开展对现场端、电厂端的远程技术支持与作业指导，完成关键时段、区域的巡检任务。远端作为评估工作的中枢，还需通过直接或间接运行高性能计算平台提供复杂模拟计算与多源数据融合评价工作所需的算力。

(4)5G 通信组网，即网端(网)，包含电厂端 5G 基站部署、5G 用户驻地设备(5G customer premises equipment, 5G CPE)模组、通信线路和云视讯服务等。网端的核心功能是保障各平台 5G 通信的流畅，以及保障各专业人员间的移动互联、实时通信需求。

通过“三平台+一组网”的有机融合，打造终端算力上移、云端算力下沉的“云-边-端”三体协同的系统构架，实现基于 5G 的泄洪消能建筑物安全风险防控系统。

2.6.2　5G 通信组网

5G 基站是 5G 网络的核心设备，提供无线覆盖，实现有线通信网络与无线终端之间的无线信号传输。5G 基站按覆盖范围的不同分为宏基站、微基站和皮基站。其中，宏基站覆盖范围在 200m 以上，微基站覆盖范围在 100m 左右，皮基站用于室内覆盖，覆盖范围为几十米。5G 基站有源天线单元(active antenna unit, AAU)采用大规模多输入多输出(massive multiple-input multiple-output, massive MIMO)技术，设备功率增大，5G 基站功率约为 4G 基站的 3～4 倍，水电站的厂用电可为 5G 基站提供稳定易得的电力支持。

除了 5G 基站，组网关键辅助设备还包括 5G CPE 与云视讯 C21 终端，如图 2.41 所示。5G CPE 是本探索应用中重要的网络连接设备。5G CPE 实现 5G 和以太网之间的转换，使以太网设备具有 5G 联网能力，具备真无线、高速率、全覆盖、低延

(a) 5G CPE　　(b) 云视讯C21终端

图 2.41　5G 组网关键辅助设备

时等主要特征。云视讯 C21 终端是一种集语音、图像、数据于一体的交互式的多媒体信息业务的终端。云视讯专网提供远程终端推流服务，方便移动端的实时远程查看。中国移动云视讯的业务具有端到端的安全架构，提供完备的安全策略。

2.6.3 远程分析评估系统

远程分析评估系统旨在解决跨厂区、跨地域、多人协作、现场专业人员稀缺等问题。对于远端，专家通过 5G CPE 和云视讯 C21 终端将远程画面通过 HDMI 投影在大屏幕上，并通过摄像头和麦克风采集专家的视频、音频信息，实现现场作业和远程专家的双向互联互通。远程专家可以实时掌握现场巡检的情况，同时将指导建议通过视频和语言的方式发送给现场作业人员，以及时调整作业方案和计划，系统构架如图 2.42 所示。

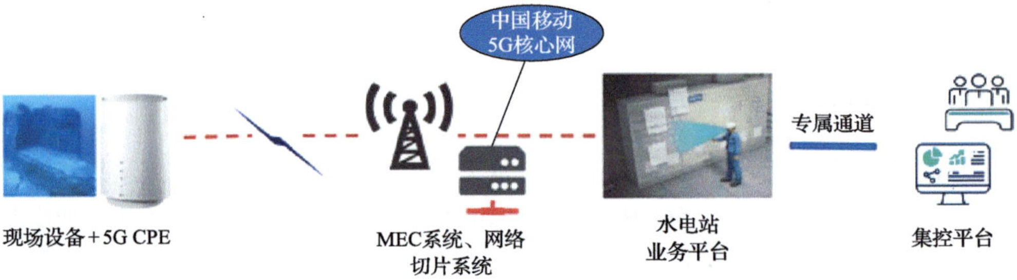

图 2.42 基于 5G 的远程实时分析评估系统

在远端，计算能力是对边缘计算的补充，承载着安全服务、策略训练、全生命周期管理、大数据分析等核心任务，众多的节点都汇于高性能计算平台，协同完成全生命周期管控、人工智能的训练和海量数据的计算。

参考文献

[1] 王祥，宋子龙. ROV 水下探测系统在水利工程中的应用初探[J]. 人民长江，2016，47(2)：101-105.

[2] 张发茂. 反拱水垫塘底板缝隙流场三维数值模拟及底板结构非线性静力分析[D]. 西安：西安理工大学，2009.

[3] Inoue T, Shiosawa T, Takagi K. Dynamic analysis of motion of crawler-type remotely operated vehicles[J]. IEEE Journal of Oceanic Engineering, 2013, 38(2): 375-382.

[4] Mori H, Kikuchi T. Performance verification of underwater crawling swimming robot with attitude changing function[J]. Electronics and Communications in Japan, 2017, 100(10): 70-81.

[5] Inoue T, Katsui T, Tahara J, et al. Experimental research on movability characteristic of crawler driven ROV[C]. OCEANS, Quebec City, 2008.

[6] Inoue T, Katsui T, Murakami H, et al. Preliminary research on the thruster assisted crawler system for a deep sea ROV[C]. OCEANS, Bremen, 2009.

[7] Wood S, Harris W, Ismail T, et al. Hybrid robot crawler/flyer for use in underwater archaeology[C]. OCEANS, San Diego, 2013.

[8] Ferreira C Z, Conte G Y C, Avila J P J, et al. Underwater robotic vehicle for ship hull inspection: Control system architecture[J]. ABCM Symposium Series in Mechatronics, 2014, 6: 622-632.

[9] Kohut P, Giergiel M, Cieslak P, et al. Underwater robotic system for reservoir maintenance[J]. Journal of Vibroengineering, 2016, 18(6): 3757-3767.

[10] 蒋新松, 封锡盛, 王棣棠. 水下机器人[M]. 沈阳: 辽宁科学技术出版社, 2000.

[11] 宋辉. ROV 的结构设计及关键技术研究[D]. 哈尔滨: 哈尔滨工程大学, 2008.

[12] 张德志. 国内外高强度浮力材料的现状[J]. 声学与电子工程, 2003, (3): 45-47.

[13] 张奇峰, 张运修, 张艾群. 深海小型爬行机器人研究现状[J]. 机器人, 2019, 41(2): 250-264.

[14] 刘子俊, 崔皆凡. 海洋机器人用水下电机的深水密封研究[J]. 机器人, 1997, 19(1): 61-64.

[15] 薛万云. 固液两相流运动机理研究及两相流模型在工程中的应用[D]. 武汉: 武汉大学, 2014.

[16] Finnemore E J, Franzini J B. 流体力学及其工程应用[M]. 10 版. 钱翼稷, 周玉文, 等译. 北京: 机械工业出版社, 2006.

[17] 郭威. 水下冲洗与抽吸功能复合型作业工具研究[D]. 武汉: 华中科技大学, 2020.

[18] 杨扬, 庞重光, 金鹰, 等. 长江口北槽黏性细颗粒泥沙特性的试验研究[J]. 海洋科学, 2010, 34(1): 18-24.

[19] 乔光全, 张金凤, 张庆河. 温度对黏性泥沙絮凝影响的机理研究[J]. 泥沙研究, 2017, 42(2): 35-40.

[20] 袁庆晴. 水下移动射流开沟成形的数值模拟研究[D]. 上海: 上海交通大学, 2019.

[21] 李勇, 余锡平. 基于两相紊流模型的悬移质泥沙运动数值模拟[J]. 清华大学学报(自然科学版), 2007, 47(6): 805-808.

第 3 章　高水头溢流坝智能巡检机器人技术

溢流坝是水电站重要的泄洪基础设施，受地震、洪涝、气候变化和长期服役的影响，坝面处易形成裂缝损伤。定期的坝面结构安全检测可保障水利水电枢纽健康稳定运行。根据裂缝的形态和表观特征，可以推断出裂缝演变的潜在原因，为结构健康诊断提供合理的指导。实际工程应用中，通过人工搭设脚手架、高空吊篮等方式进行巡检仍然是坝面结构安全巡检的常用方法，但这些传统方法存在风险高、耗时长、成本高的问题，且根据人眼来判断裂缝损伤的方法存在主观性强、准确率低的问题。智能化、信息化和人工智能技术的发展，为水电站高立面结构的检测提供了有效方法。本章介绍高水头溢流坝(溢洪道)无人机智能巡检系统，用于不完全开敞空间的溢流面、泄流面混凝土表观缺陷高效采集与精准识别分析。

3.1　高坝立面结构特点和巡检需求

3.1.1　溢流坝(溢洪道)的结构特点

溢流坝一般由混凝土或浆砌石筑成，按坝型可分为溢流重力坝、溢流拱坝、溢流支墩坝和溢流土石坝。溢流土石坝仅限于溢流面和坝脚有可靠防护设施、单宽流量比较小的低坝。溢流重力坝是溢流坝中修建较多、运行经验丰富的坝型，如图 3.1 所示。溢流坝设计重点包括：①有足够的溢流前沿长度和泄流能力以满足

图 3.1　溢流坝典型结构类型(溢流重力坝)

防洪要求；②水流平顺，坝面无不利的负压或振动；③下泄水流不造成危害性冲刷。高水头溢流坝泄洪流速可达 30～40m/s 或更大，下游河床单宽消能功率可达几万甚至几十万千瓦。从溢流或泄洪段到下游消能设施设计要解决空蚀和磨蚀、掺气和雾化、轻型结构的振动、河床和岸坡的冲刷等一系列高速水流问题。要选择合适的坝顶和堰面曲线形式，既具有较大的泄流能力，又拥有稳定的水流形态和免遭空蚀破坏、容易施工的体形。较好的消能形式和尺寸对枢纽各建筑物的安全运行具有重要意义。

溢洪道是用于宣泄规划库容所不能容纳的洪水，保证坝体安全的开敞式或带有胸墙进水口的溢流泄洪建筑物。溢洪道一般不经常工作，却是水库枢纽中的重要建筑物。溢洪道按泄洪标准和运用情况，分为正常溢洪道和非常溢洪道。正常溢洪道用以宣泄设计洪水，如图 3.2(a)所示；非常溢洪道用于宣泄非常洪水，如图 3.2(b)所示。按其所在位置，分为河床式溢洪道和岸边溢洪道。溢洪道通常由五个主要部分组成：引流段(进水渠)、控制段、泄流段(泄槽)、消能防冲设施和出水渠。作用在溢洪道底板上的荷载复杂，浮力包括渗透压力、脉动压力、底板上凸出体产生的上举力，以及下游消力池水深与水跃段内压力差，因此抗浮稳定计算是设计中的重要步骤。

(a) 正常溢洪道　　(b) 非常溢洪道

图 3.2　溢洪道典型结构

3.1.2　巡检需求和重点

现场检查应全面、准确、及时地反映建筑物的安全状况。水电站运行单位日常巡检需结合自身建筑物布置、结构特点、运行性态和现场检查的类别，制定适合于本电站的现场检查技术规程。

混凝土坝的下游坝面巡检通常关注混凝土破损、冻融破坏、疏松，裂缝，施工缝渗水、析钙，伸缩缝开合、错动、渗水等缺陷或异常；溢流坝的过流面巡检应关注混凝土结构的裂缝、渗水、析钙等，表面破损、脱落、剥蚀和粗骨料出露、坑槽、露筋等缺陷或异常。但由于一些溢流坝过流面起始段受到宽尾墩的约束，会形成不规则的受阻空间。溢洪道的安全监测检查工作应包括仪器监测和巡视检查两部分。仪器监测项目可根据工程建设条件，结合大坝监测项目综合确定。

在一些水利水电枢纽设计布置中，溢流坝面、溢洪道等建筑物通常会邻近坝后式发电厂房的输配电设备线路，安全要求高。因此，需要针对性地研发用于高空立面结构巡检的溢流坝面无人机智能巡检系统。为了满足精度要求，应着重考虑裂缝这一典型缺陷的有效采集与识别，以提升巡检系统的适应性。

3.2　坝面无人机智能巡检系统和关键技术

3.2.1　坝面无人机智能巡检系统组成

高水头溢流坝(泄洪道)无人机智能巡检系统，是一种用于不完全开敞空间的溢流面、泄流面混凝土表观缺陷高效采集与精准识别分析的巡检系统。该系统通过突破结构优化、融合定位、缺陷识别等一系列关键技术，可有效满足水电站高安全性与高稳定性要求、半开敞复杂空间巡检要求以及应对巡检数据精细复原与量化管理工作。

坝面无人机智能巡检系统主要由系留无人机、系留供电系统和系留线缆三部分组成，如图 3.3 所示。其中，系留供电系统主要包括绕线机系统、大功率升压电路和大功率降压电路部分。智能巡检系统工作时，系留供电系统通过系留线缆给系留无人机进行长时间供电。系留供电系统的绕线机系统会根据系留无人机飞行距离收放系留线缆。通过控制无人机飞行和云台相机图像采集，实现坝面安全且长航时巡检。典型的坝面无人机和搭载传感器主要参数如表 3.1 所示。

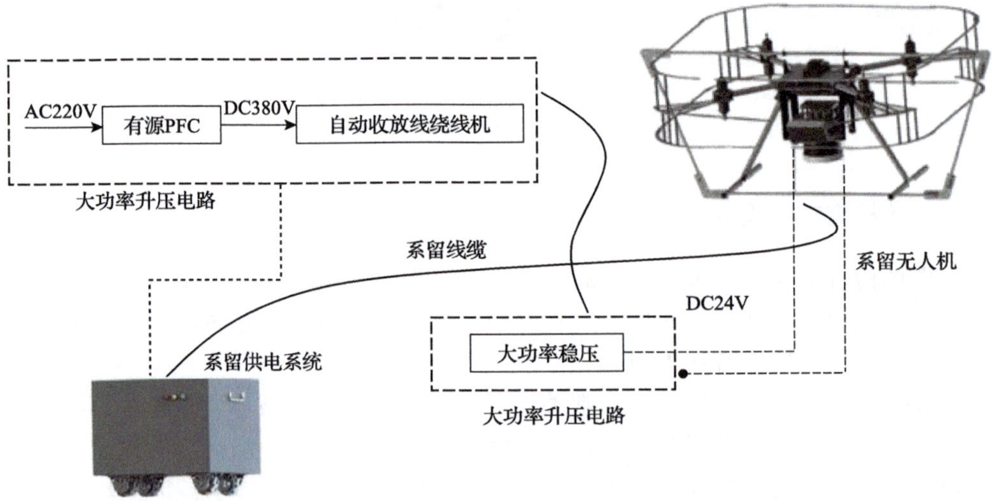

图 3.3　坝面无人机智能巡检系统组成

表 3.1　典型的坝面无人机和搭载传感器主要参数

参数	指标
最大起飞重量	5.20kg
飞机尺寸	4 轴 8 旋翼；轴距 550mm；12in（1in=2.54cm）桨叶
最大飞行时间	＞2h（系留供电）
最大飞行距离	100m
定位方式	GPS/视觉惯性测量单元融合定位
图像传感器	互补金属氧化物半导体器件（CMOS）：1/1.23in；总像素：1271 万
镜头	3.5 倍光学变焦镜头 F：3.85～13.4mm 最小拍摄距离：1～3mm（近焦-远焦） 水平视场角：25°～82° 最大抓拍分辨率：4024×3036 像素 最大视频分辨率：25FPS（3840×2160 像素）

注：图像传感器仅考虑可见光相机；FPS 为 frames per second，每秒帧数。

3.2.2　坝面无人机结构与控制关键技术

1. 坝面无人机本体结构形式与设计优化

结合坝面（包括溢流坝面、溢流坝过流面和宽尾墩等）环境特征、巡检需求和控制算法，坝面无人机本体结构的形式应充分考虑环境适应性和防护要求，呈现多种结构形式。

1）饼形结构

饼形结构的坝面无人机本体结构设计比较直接，封闭圆形保护罩可以全方位避免无人机桨叶与障碍物高速碰撞，同时系留线缆引导和受力结构、保护架和连接架配合可以确保系留线缆安全接入和高强度受力。饼形坝面无人机本体结构设计如图 3.4 所示。

2）球形结构

球形结构的坝面无人机本体结构设计考虑无人机保护架采用外围可自由转动的对半球防碰撞缓冲结构形式，以减小作业过程中无人机失控而碰撞障碍物导致的设备损坏概率。同时，考虑到坝面现场巡检操作区域限制，巡检溢流坝过流面时无人机操作需采用自上而下的形式。因此，采用 D 形旋转结构设计以满足球形无人机多角度系留供电作业。无人机机架结构采用 4 轴 8 旋翼的设计形式，能够在同等飞机尺寸下实现理论上 2 倍的升力，避免了复杂结构设计所导致的重量偏大，从而防止出现动力过饱和的现象。球形坝面无人机本体结构设计与样机如图 3.5 所示。

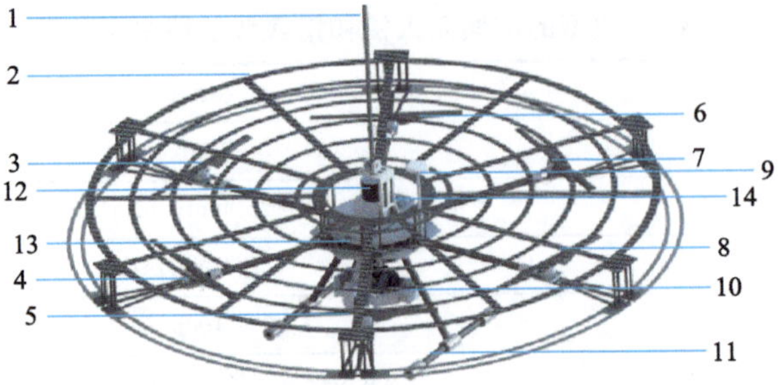

图 3.4　饼形坝面无人机本体结构设计

1-系留线缆引导和受力结构；2-圆形保护罩；3～8-动力系统；9-GPS；10-云台相机；11-支撑脚架；12-激光雷达；13-飞控系统；14-保护架和连接架

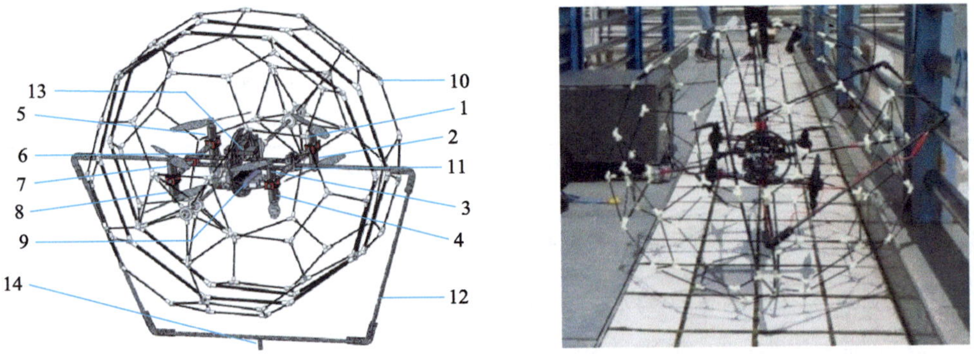

图 3.5　球形坝面无人机本体结构设计与样机

1～8-动力系统；9-大功率降压电路；10-球形保护结构；11-图像采集装置；12-D 形旋转结构；13-飞控系统；14-系留线缆接口

3）环形结构

环形坝面无人机本体结构设计充分吸收饼形、球形坝面无人机本体结构设计的优点，如具有保护作用的支撑脚架、4 轴 8 旋翼无人机机架结构、可多角度系留的 D 形旋转结构等，采用简约开放式的设计模式，以在凸显融合定位算法作用的同时保留结构保护特性，将半球保护结构简化为双层方形框保护结构，扩大摄像头视野同时减轻无人机重量。环形坝面无人机本体结构设计与样机如图 3.6 所示。

2. 坝面无人机控制系统

结合坝面巡检需求和环境特征，考虑无人机结构设计所要求的控制特性和载荷能力限制，综合功能需求设计坝面无人机控制系统硬件和控制系统框架，如图 3.7 所示。

为满足坝面无人机控制系统功能，兼顾设备成本、体积、重量、功耗、兼容性和可集成度，坝面无人机控制系统硬件设计如图 3.8 所示。控制系统硬件设计主要包括三个模块。

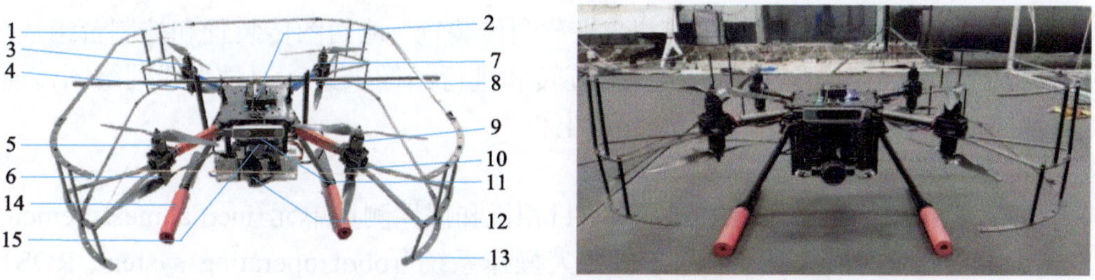

图 3.6　环形坝面无人机本体结构设计与样机

1-双层方形框保护结构；2-飞控系统；3～10-动力系统；11-大功率降压电路；12-图像采集装置；13-D 形旋转结构；14-支撑脚架；15-嵌入式 PC

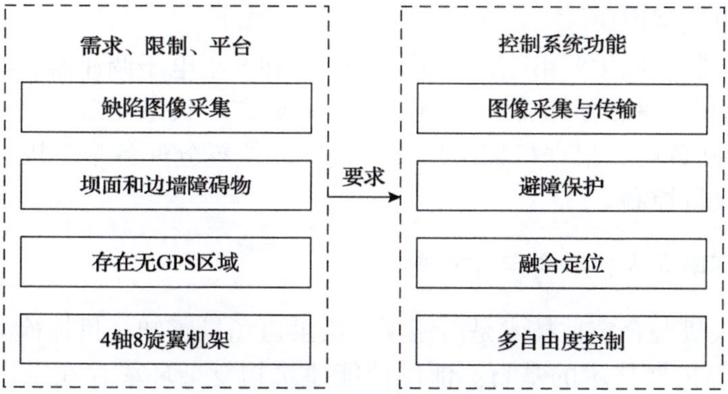

图 3.7　坝面无人机控制系统功能

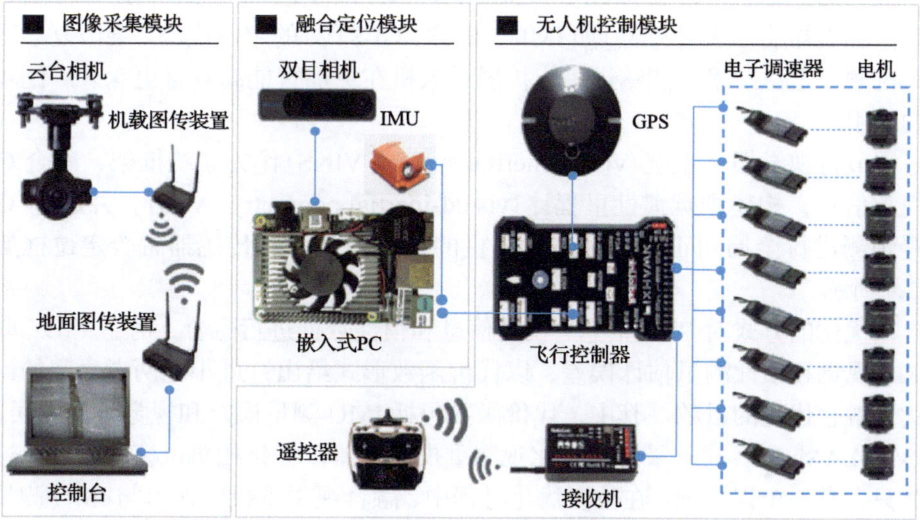

图 3.8　坝面无人机控制系统硬件设计图

1）图像采集模块

图像采集模块主要由云台相机、机载图传装置、地面图传装置和控制台组成。通过控制台可远程操作云台相机俯仰旋转和进行图像采集，通过无线网络图传通信可在控制台实时显示云台相机视角图像。

2）融合定位模块

融合定位模块主要由嵌入式PC、双目相机和惯性测量单元（inertial measurement unit, IMU）组成。嵌入式 PC 基于机器人操作系统（robot operating system, ROS）实时采集双目相机和 IMU 的数据，运行视觉惯性同步定位与地图构建（visual-inertial simultaneous localization and mapping, VI-SLAM）算法，实现无 GPS 环境无人机定位。

3）无人机控制模块

无人机控制模块主要由飞行控制器、GPS 和 8 组电子调速器、电机等组成。通过飞行控制器搭载的惯性测量单元进行实时姿态角状态反馈，运行双闭环比例-积分-微分控制算法，根据机架结构和电机安装位置分配各个电机控制量，实现无人机稳定飞行控制。

3.2.3　复杂环境无人机融合定位方法

坝面无人机融合定位技术是溢流坝、溢洪道场景感知、目标检测、路径规划和协同控制等拓展技术的基石。泄洪消能建筑物复杂环境存在磁场信号干扰和 GPS 信号不稳定等因素限制，惯性测量、激光雷达与视觉定位会随时间的累积产生数据的漂移，导致在弱 GPS 或无 GPS 环境下的定位存在不可控环境因素干扰[1,2]，需要融合多种传感器（如 IMU、相机、GPS 等）的定位优势。突破复杂环境无人机融合定位技术，能够进一步扩展无人机在更加智能高效且更深入广泛场景中的应用。

本节将视觉惯性系统（visual-inertial system, VINS）作为系统框架，融合 GPS 与视觉信息，构建视觉惯性里程计（visual-inertial odometry, VIO），并通过 GPS 位置预测进行全局纠正，实现对无人机的位姿估计。多传感器融合定位框架如图 3.9 所示。

以优化的方式对 RTK 信息、视觉信息和惯性数据进行融合，构建 VID，联合 RTK、视觉和惯性测量估计误差，以代价函数形式给出，最小化两者之间的误差以达到融合优化的目的。其中，代价函数包括 IMU 测量误差和视觉重投影误差。在 VI-SLAM 中，通常采用最小化观测重投影误差以优化相机位姿的方法，这种方法只含有一个误差项。在位姿优化过程中，融合视觉重投影误差与 IMU 测量误差，将 IMU 数据作为视觉位姿估计的约束条件，同时利用 GPS 的全局位置观测信息进行系统位姿误差纠正。

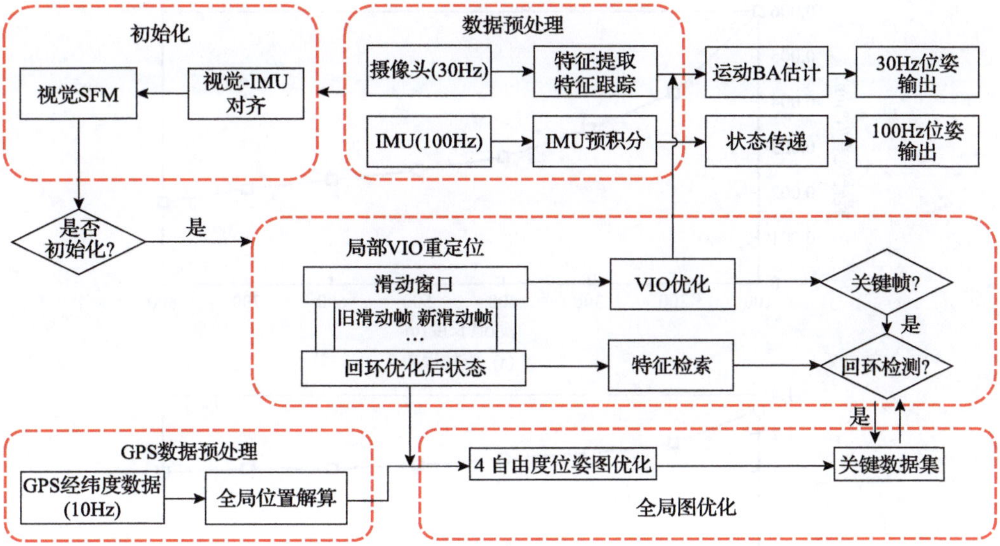

图 3.9　多传感器融合定位框架

BA 为 bundle adjustment，光束平差

1. 双目视觉-IMU-GPS 三传感器数据获取

分别将双目视觉、IMU、GPS 传感器接入主机系统，并进行数据获取测试。数据获取分别如图 3.10 所示，若传感器的数据出现图中的效果，则表示传感器正常工作。

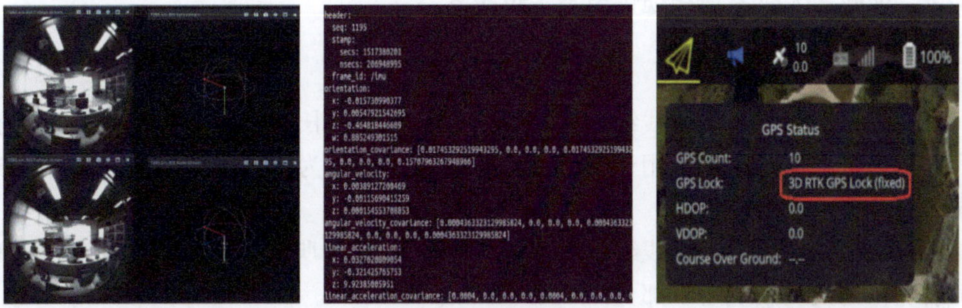

(a) 双目数据获取　(b) IMU数据获取　(c) GPS数据获取

图 3.10　多传感器数据获取

2. 数据集仿真测试

仿真数据来自 KITTI 数据集，其为包含双目视觉、IMU、GPS 信息的数据集，通过算法处理数据估计位姿。试验数据仿真的误差曲线如图 3.11 所示。

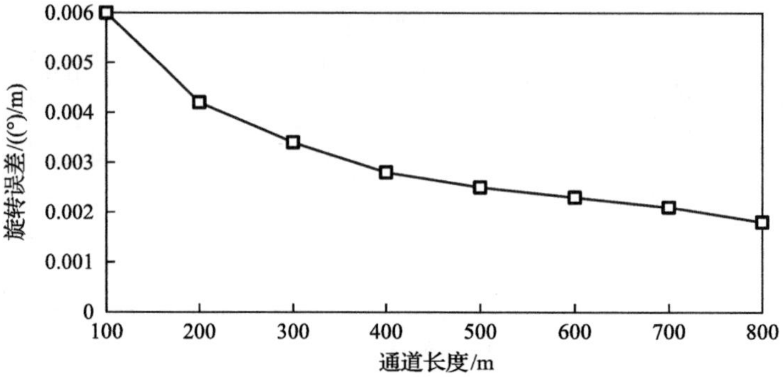

(a) 旋转误差

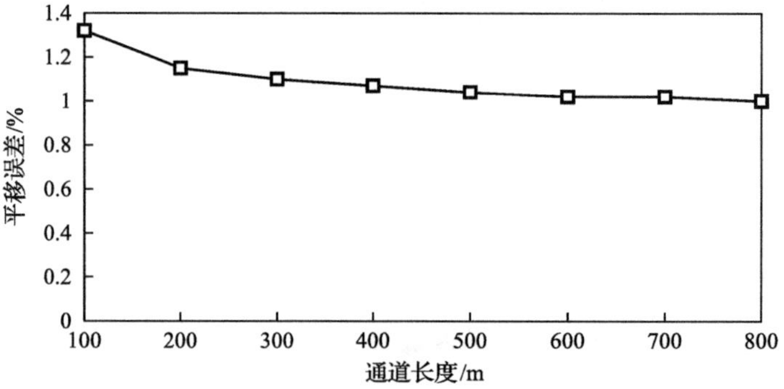

(b) 平移误差

图 3.11 试验数据仿真的误差曲线

3.2.4 坝面无人机系留线缆供电与定位技术

1. 系留线缆供电技术

系留无人机通过系留线缆连接地面供电系统，可长时间留空执行作业。目前系留无人机已被广泛地应用于各领域执行复杂任务，为电力巡检、灾后搜救、隧洞勘探等带来了很多便利。

自校正的系留无人机线缆定位系统结构如图 3.12 所示，整个定位系统分为地面系统和无人机系统两个部分。

多个传感器的使用增加了系留无人机的负载，需要极大地增大系留无人机的动力。当系留无人机的功率过大时，系留线缆上的压降不可忽视，系留线缆上的能量损耗和散热会引出新的研究问题[3,4]。因此，地面系统着重考虑直流逆变器和绕线机的融合，直流逆变器是把 220V 交流供电逆变成 380V 直流供电，利用高压减少传输过程的能量耗损，绕线机用于系留线缆的收放线和记录系留线缆的长度，在绕线机的末端配有张力传感器，以对系留无人机上三维拉力传感器获得的

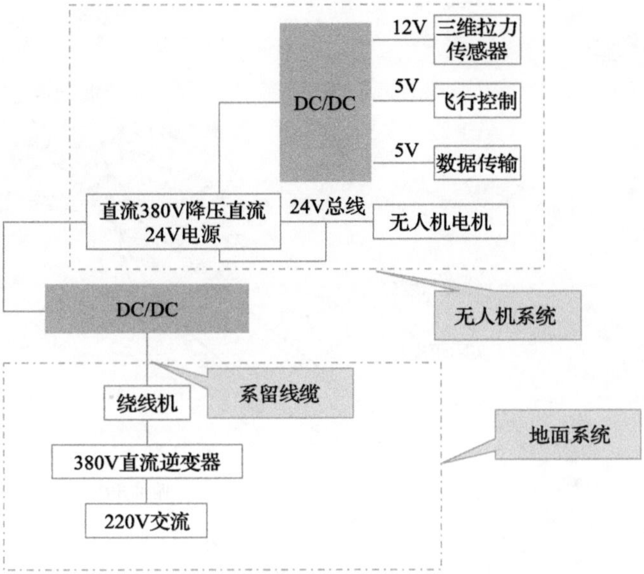

图 3.12　自校正的系留无人机线缆定位系统结构

拉力大小进行数据纠正。

2. 系留线缆定位技术

系留线缆定位是一种全新的定位方式[5]。通过绕线机和带三维拉力传感器的系留无人机实现了定位数据自校正，利用绕线机末端张力传感器和系留无人机端三维拉力传感器获取的数据计算得到系留无人机的相对空间位置。

1)空间位置模型

在系留无人机飞行过程中，随着线缆长度的增加，系留线缆对飞行姿态和位置的影响越来越大，因此有必要研究系留线缆在空中的重量和受力模型，不能直接忽略。通常为计算简便，把模型中系留线缆与绕线机之间当作直线距离而忽视了系留线缆的实际状态，导致在测试中系留线缆因重力造成的弯曲无法在模型中体现。为了尽量还原实际情况，可以把系留线缆弯曲的状态看成悬链曲线，利用系留线缆建立悬链线模型，如图 3.13 所示。

利用几何方法可以估计系留无人机与绕线机之间的直线距离[6]。系留无人机系统由搭载三维拉力传感器的系留无人机、硅胶线缆、地面绕线机三个部分构成，通过测定线缆长度 L_s 、俯仰角 θ_s 、无人机端拉力 T 、绕线机方位角 ϕ_s ，以绕线机为坐标原点建立惯性坐标系，将测定的物理量输入用 MATLAB 软件建立的数学模型中，从而获得系留无人机相对绕线机的空间坐标位置。

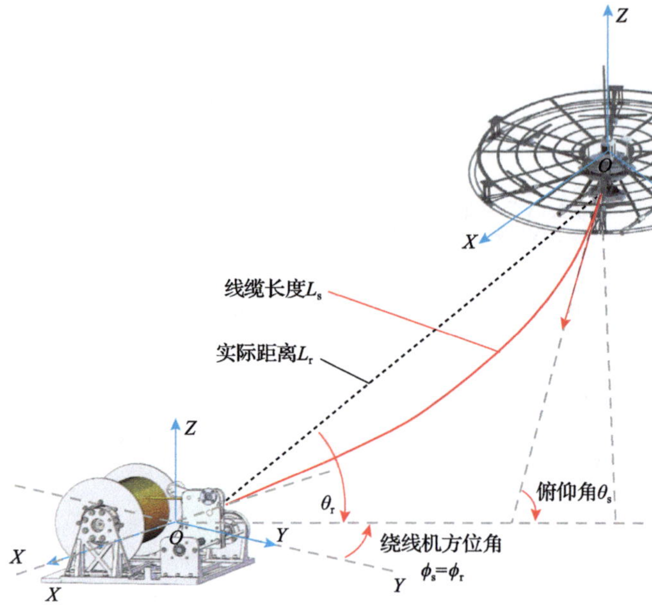

图 3.13　自校正的系留无人机线缆定位模型

把系留无人机线缆定位系统看作悬链线模型，此时系留无人机通过绕线机末端配备的编码器，能够测量线缆长度。因此，把绕线机的末端当作空间坐标系的原点。

系留无人机的空间坐标位置在图模型中表示为

$$\begin{cases} x = L_r \cos\theta_r \sin\phi_r \\ y = L_r \cos\theta_r \cos\phi_r \\ z = L_r \sin\theta_r \end{cases} \tag{3.1}$$

式中，L_r 为系留无人机到绕线机的直线距离，由悬链线模型估计获得；θ_r 为 L_r 与 XOY 平面的夹角，由悬链线三角函数关系获得；ϕ_r 为绕线机与初始位置的方位角，系留无人机偏离 ZOY 平面时，线缆将带动绕线机一起转动，绕线机旋转的方位角可以根据绕线机相对初始位置旋转角度的偏移测得。

2) 系留无人机受力分析

系留无人机悬停在空中时，受力如图 3.14 所示。系留无人机满足如下平衡方程：

$$\begin{cases} F\cos\beta = T\cos\theta_s \\ F\sin\beta = T\sin\theta_s + G \end{cases} \tag{3.2}$$

式中，F 为系留无人机的驱动力，由螺旋桨产生；T 为系留无人机上线缆拉力大小；G 为系留无人机的重力；β 为驱动力与水平方向的夹角；θ_s 为俯仰角。

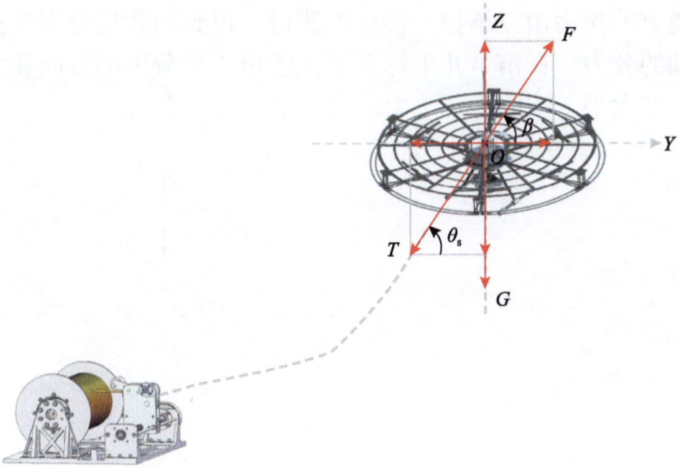

图 3.14　悬停受力分析

简化可得

$$
\begin{cases}
F = \dfrac{G}{\sin\beta - \cos\beta\tan\theta_s} \\
T = \dfrac{G}{\cos\theta_s\tan\beta - \sin\theta_s}
\end{cases}
\tag{3.3}
$$

系留无人机线缆用悬链线模型表示，系留线缆上的受力分析如图 3.15 所示。

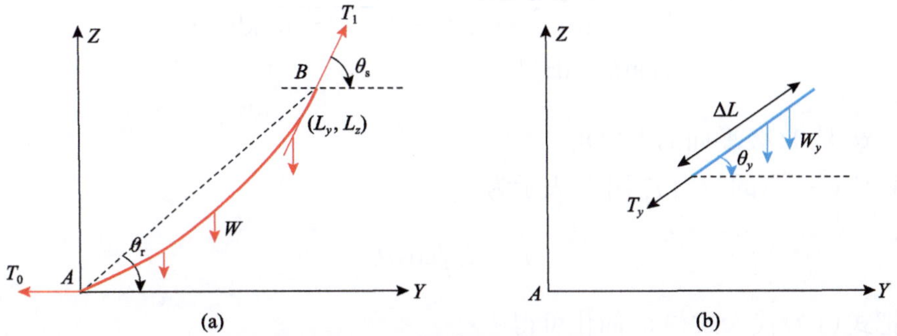

图 3.15　系留线缆自然受力图

B 点表示系留无人机端三维拉力传感器末端，A 点表示绕线机末端。系留线缆上的受力平衡方程可表示为

$$
\begin{cases}
T_1\cos\theta_s = T_0 \\
T_1\sin\theta_s = W
\end{cases}
\tag{3.4}
$$

式中，T_1 为系留无人机驱动力大小；T_0 为绕线机端的拉力；W 为系留线缆的重力。

系留线缆上的拉力由三维拉力传感器测得，得到的数据分别是笛卡儿坐标系下每个坐标轴的分力。在笛卡儿坐标系下，已知 3 个分力的方向和大小，可以计算合力的方向和大小。空间中 3 个力的合成如图 3.16 所示。

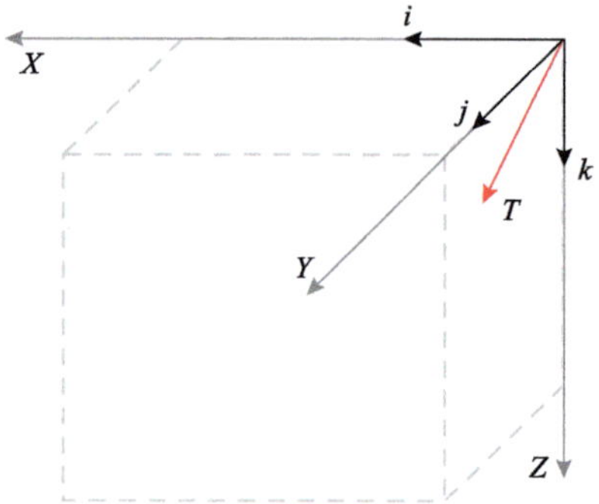

图 3.16　系留线缆三维自然受力图

利用三维拉力传感器进行力的合成，可以间接获得系留无人机上的拉力和俯仰角。系留无人机上的拉力和系留线缆上的拉力大小相等方向相反：

$$T = T_1 \tag{3.5}$$

系留线缆上任意一小段的受力情况可表示为

$$\begin{cases} \mathrm{d}/\mathrm{d}y \cdot \left(T_y \sin\theta_y\right) = \mathrm{d}/\mathrm{d}y W_y \\ \mathrm{d}L = \sqrt{(\mathrm{d}y)^2 + (\mathrm{d}z)^2} = \sqrt{1 + (\mathrm{d}z / \mathrm{d}y)\mathrm{d}y} \\ \tan\theta_y = \mathrm{d}z/\mathrm{d}y \end{cases} \tag{3.6}$$

式中，θ_y 是 YOZ 平面的方位角。

将任意一点的拉力 T_y 用 T_0 表示为

$$T_y = T_0 / \cos\theta_y \tag{3.7}$$

把式(3.7)代入式(3.6)简化可得

$$\begin{cases} \dfrac{\mathrm{d}}{\mathrm{d}y}\left(T_0 \tan\theta_y\right) = \dfrac{\mathrm{d}}{\mathrm{d}y} W_y = \gamma \mathrm{d}L \\ \gamma = \rho V g \end{cases} \tag{3.8}$$

式中，γ 为系留线缆的单位质量；ρ 为系留线缆的密度；g 为重力加速度；$\mathrm{d}L$ 为任意一小段的缆长；V 为任意一小段线缆的体积。

系留线缆上每一小段的长度用弧长公式表示为

$$\mathrm{d}L=\sqrt{1+(\mathrm{d}z/\mathrm{d}y)^2}\,\mathrm{d}y \tag{3.9}$$

系留线缆长度 L_s 用弧长积分可得

$$L_s=\int_0^{L_y}\sqrt{1+(\mathrm{d}z/\mathrm{d}y)^2} \tag{3.10}$$

将式(3.10)代入式(3.9)，并做微分处理可得

$$\frac{\mathrm{d}}{\mathrm{d}z}\left(\frac{\mathrm{d}z}{\mathrm{d}y}\right)=\frac{\rho g}{T_0}\sqrt{1+(\mathrm{d}z/\mathrm{d}y)^2}\,\mathrm{d}y \tag{3.11}$$

对式(3.11)进行积分整理后可得到悬链线方程：

$$\begin{cases} z=a\cosh(y/a) \\ a=T_0/\gamma \\ \cosh(x)=(\mathrm{e}^x+\mathrm{e}^{-x})/2 \end{cases} \tag{3.12}$$

式中，$\cosh(\cdot)$ 为双曲余弦函数。

对式(3.12)求导：

$$\frac{\mathrm{d}z}{\mathrm{d}y}=\tan\theta_y=\sinh\left(\frac{y}{a}\right) \tag{3.13}$$

将式(3.13)代入式(3.10)得到系留线缆长度：

$$L_s=\int_0^{L_y}\sqrt{1+\left(\sinh\left(\frac{y}{a}\right)\right)}\mathrm{d}y=a\sinh\left(\frac{L_y}{a}\right) \tag{3.14}$$

式(3.14)是通用表示形式，系留无人机连接线缆端的角度为 θ_s，因此可得到系留无人机悬链线输入模型的数学表达式为

$$\begin{cases} \tan\theta_s=\sinh\left(\frac{L_y}{a}\right) \\ L_s=a\cdot\sinh\left(\frac{L_y}{a}\right)-a\cdot\sinh(0) \\ L_z=a\cdot\cosh\left(\frac{L_y}{a}\right)-a\cdot\cosh(0) \end{cases} \tag{3.15}$$

模型输入最关键的参数是系留线缆拉力的大小和方向。系留线缆拉力的大小与方向都能通过系留无人机端三维拉力传感器获得，但是系留线缆在空中会受到非线性力的干扰，如风力和系留线缆质量非均匀等。因此，在绕线机末端增加了

张力传感器，张力传感器所在地面端获得的张力大小在理论上与系留无人机端拉力大小的水平分量是相同的，但实际测量获得的数据却有一定的偏差。为了减小这种偏差，系留线缆的拉力大小用两个传感器的平均值进行矫正。这样能保证所获得的数据尽可能准确，从而提高系留无人机系留线缆定位的精度。

3）基于拉力传感的系留无人机与测试试验

（1）基于拉力传感的系留无人机。

三维拉力传感器采用 VARIENSE 公司的 FSE103（如图 3.17 所示），直径为 39mm，质量为 40g，拉力为 0～80N，最小精度为 0.01N。在三维拉力传感器受力区施加量程范围内的力，可通过上位机读取笛卡儿坐标系下 3 个坐标轴上力的大小。为了统一坐标系，在安装三维拉力传感器时应使 3 个坐标轴与以绕线机为原点建立的坐标轴保持一致。三维拉力传感器精度较高，在实际使用过程中微小的受力变化也能被三维拉力传感器捕获。同时，在受力区没有受到外力时三维拉力传感器存在噪声数据。如图 3.18 所示，为了消除噪声干扰对真实数据的影响，在测量之前需要对噪声数据进行预处理。三维拉力传感器未受力时取 1000 个噪声的数据求取平均值，用 n_0 表示求平均值前的噪声数据，三维拉力传感器受系留线缆拉力时的测量数据用 N 表示，那么测量数据的真实值可用 $N-n_0$ 表示。

图 3.17　三维拉力传感器

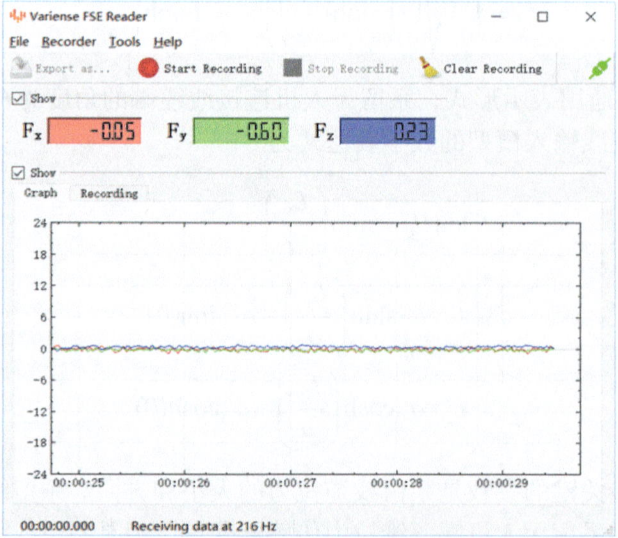

图 3.18　三维拉力传感器噪声

系留无人机使用DJI F450机架，三维拉力传感器悬挂于系留无人机底部重心位置，系留线缆通过螺纹螺栓与硅胶线缆连接。系留线缆末端与地面绕线机相连接，绕线机可控制系留线缆长度变化，使系留线缆始终处于悬链线模型状态。

(2)绕线机与系留线缆。

绕线机可通过控制系留线缆上的张力大小使系留线缆能够自动收放。为了使试验效果明显，系留线缆选择密度较大的硅胶线缆，并且硅胶线缆不是完全均匀的。为了减小线缆密度不均匀产生的误差，这里采用多点测量取平均值的方式获得线缆密度。线缆密度计算公式为

$$\begin{cases}\rho = \dfrac{m}{V_t} \\ V_t = \pi r^2 L\end{cases} \tag{3.16}$$

式中，m为线缆的总质量；V_t为线缆的总体积；r为线缆半径；L为线缆总长。

(3)试验测试与分析。

悬链线模型位置估计的定位数据需要与系留无人机在室内所处空间位置的真实值对比从而获得定位精度。系留无人机试验场地由3.2m×4m×2.8m的行架柱和安全网搭建。系留无人机在室内的真实位置采用室内GPS测定，室内GPS由5个基站和一个GPS调节器组成，在试验场地的4根行架柱与系留无人机上分别固定一个GPS基站。室内GPS调节器与PC连接，其定位稳定性高，不易受外界环境影响，室内的定位误差在2cm以内。

由于绕线机不能自由旋转，也就不能实现绕线机与系留线缆偏角的测量，在试验过程中做以下约束，以便于试验数据的处理。

①绕线机的角度固定，不能在任意位置偏转，即不需要考虑绕线机被系留线缆拖拽的方位角。

②系留无人机空间位置估计过程中忽略系留无人机的飞行姿态(横滚、俯仰、偏航)，把系留无人机当成质点。

③坐标系的选取，以绕线机为原点建立笛卡儿坐标系，系留无人机的位置是相对于坐标原点的空间位置。

在试验场地中分别测量系留线缆长度为1.2m、1.8m、2.4m、3.0m时的数据。为了验证该定位方法的有效性，将室内GPS获取的数据表示系留无人机的期望位置，悬链线模型下得到的数据表示估计位置。

当线缆长度为1.2m时，系留无人机位置变化时发生变化的物理量只有三维拉力传感器上拉力的大小和方向。图3.19显示悬链线模型位置估计下系留无人机在10次测量中位置的变化情况。

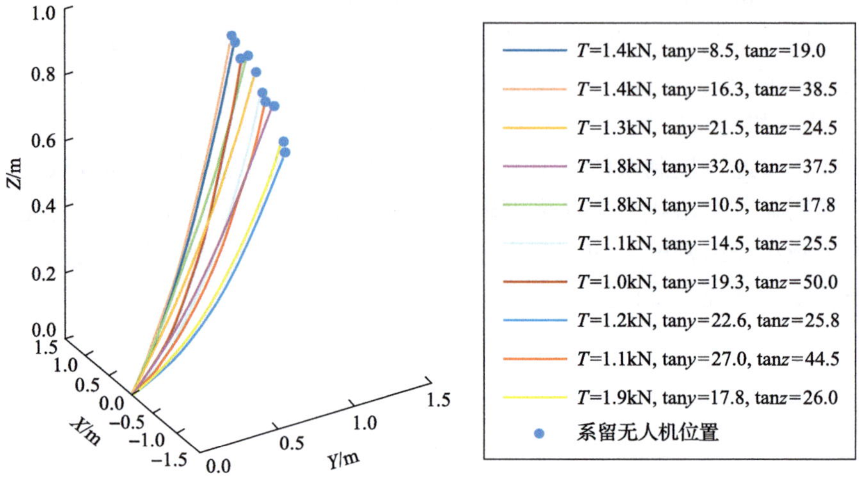

图 3.19　线缆长度为 1.2m 时的位置估计

把系留无人机的空间位置在 *YOZ* 平面上投影，对比期望位置与估计位置的误差如图 3.20 所示。红色圆点表示 RTK 获得的期望位置，蓝色圆点表示悬链线模型的估计位置，黑色椭圆表示每一组期望值与估计值的距离范围，椭圆中红色圆点与蓝色圆点距离越近则误差越小。10 次试验中，测量误差取平均值，*Y* 方向的误差为 5.193%，*Z* 方向的误差为 6.341%。

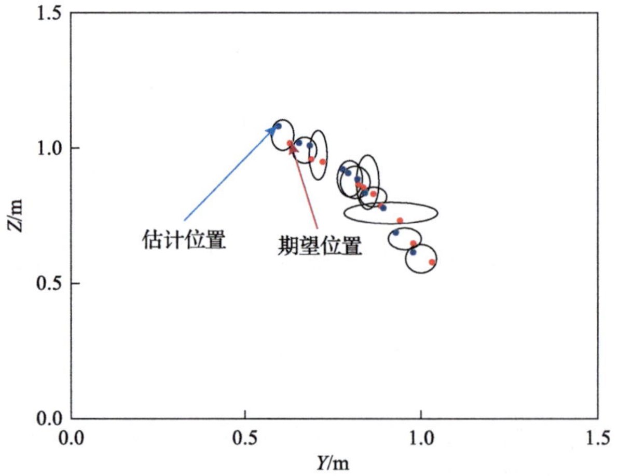

图 3.20　线缆长度为 1.2m 时的误差对比

线缆长度为 1.8m 时，悬链线模型估计位置如图 3.21 所示。期望位置与估计位置误差比较如图 3.22 所示。

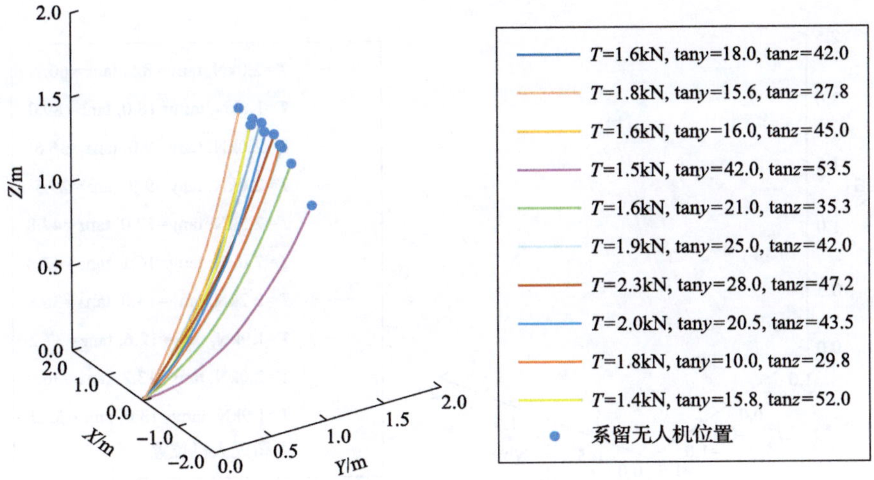

图 3.21 线缆长度为 1.8m 时的位置估计

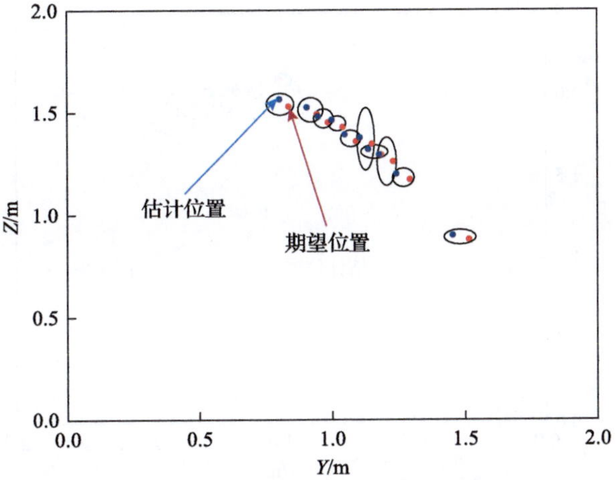

图 3.22 线缆长度为 1.8m 时的误差对比

线缆长度为 1.8m 的 10 次试验中，测量误差取平均值，Y方向的误差为 4.034%，Z 方向的误差为 2.326%。该组数据下系留线缆 Y 方向的跨度为 0.8～1.6m，系留线缆的弯曲程度在该组数据中跨度较大，但并没有导致该模型下系留无人机估计位置的跳变，表明悬链线模型对系留无人机空间位置的估计与悬链线的弯曲程度无关。

线缆长度为 2.4m 时，悬链线模型估计位置如图 3.23 所示。期望位置与估计位置误差比较如图 3.24 所示。

线缆长度为 2.4m 的 10 次试验中，测量误差取平均值，Y方向的误差为 2.359%，Z 方向的误差为 1.022%。

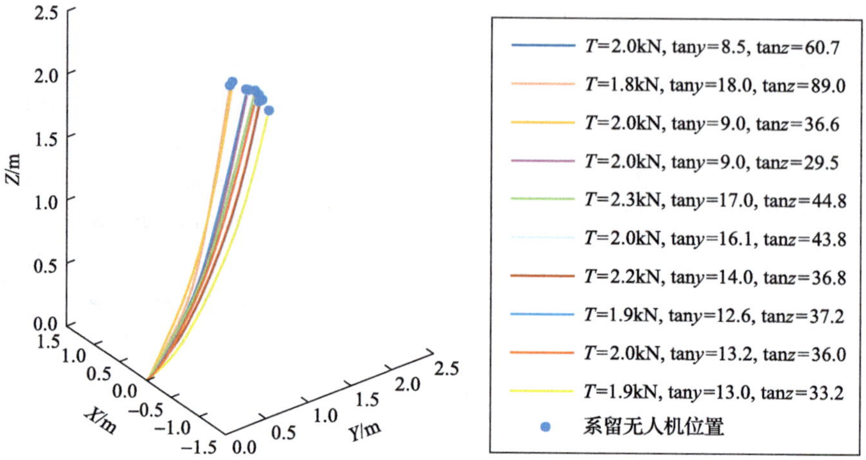

图 3.23　线缆长度为 2.4m 时的位置估计

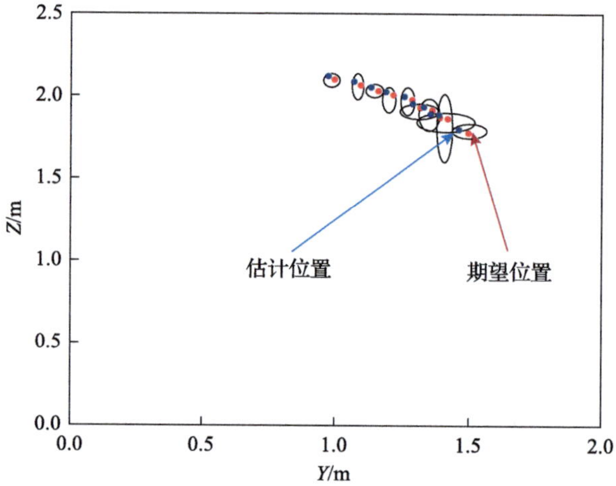

图 3.24　线缆长度为 2.4m 时的误差对比

线缆长度为 3.0m 时，悬链线模型估计位置如图 3.25 所示。期望位置与估计位置误差比较如图 3.26 所示。

线缆长度为 3.0m 的 10 次试验中，测量误差取平均值，Y 方向的误差为 3.103%，Z 方向的误差为 4.206%。

将在 4 种不同线缆长度下测定的数据与室内 GPS 测定的数据对比，平均误差为 3.573%，误差距离为 0.1071m。系留无人机在室内的期望位置是确定的，估计位置具有不确定性，不同线缆长度下的估计位置与期望位置的偏差如图 3.27 所示。以期望位置为中心，以误差值为半径作球，估计位置在该范围内波动。

将基于拉力传感的系留无人机线缆定位试验结果与文献[5]使用的 Fotokite Pro 无人机线缆定位结果进行对比，可见其定位误差由 0.3675m 缩小到 0.1071m，定位精度提升了 70.86%。

未来工作中将结合流体力学分析等进一步丰富力学模型以提高定位精度。随着系留线缆长度的增加，系留线缆对系留无人机飞行姿态和位置的影响越来越大，非线性扰动对系留无人机的影响不可忽视，可利用深度强化学习建立系留无人机非线性扰动模型，使系留无人机能够自适应系留线缆上的非线性外力造成的影响，从而提高定位精度。

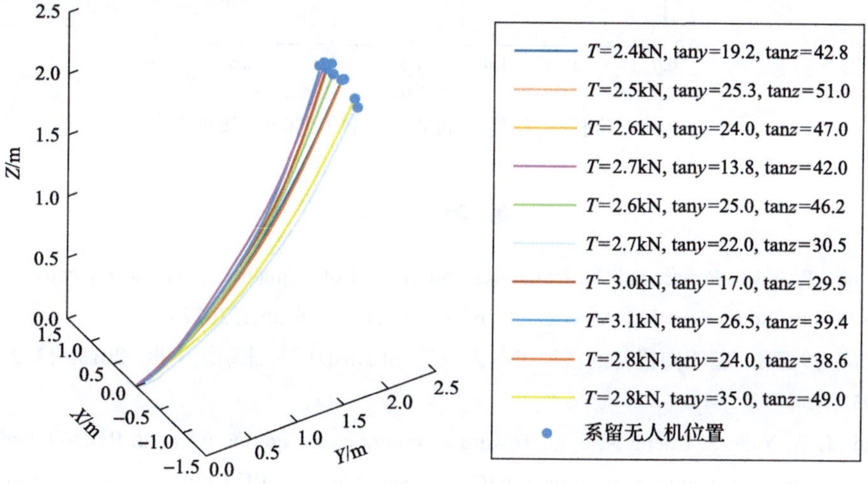

图 3.25　线缆长度为 3.0m 时的位置估计

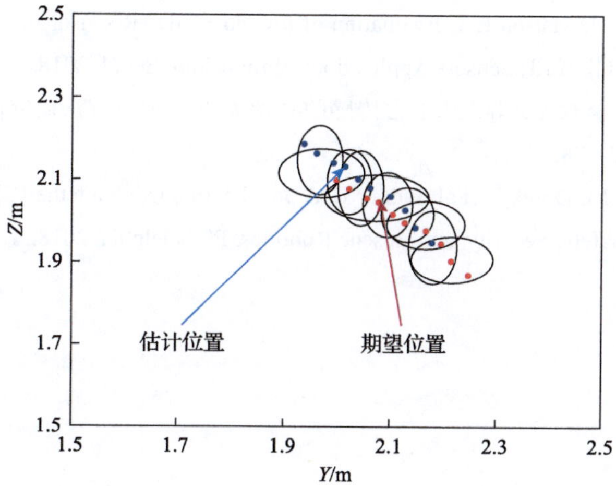

图 3.26　线缆长度为 3.0m 时的误差对比

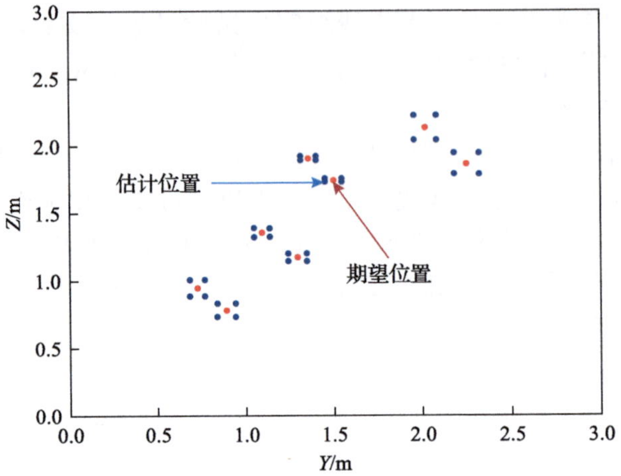

图 3.27　不同线缆长度下的估计位置与期望位置的偏差

参 考 文 献

[1] Kotaru P, Wu G F, Sreenath K. Dynamics and control of a quadrotor with a payload suspended through an elastic cable[C]. American Control Conference, Seattle, 2017.

[2] 张毅, 沙建松. 基于图优化的移动机器人视觉 SLAM[J]. 智能系统学报, 2018, 13(2): 290-295.

[3] Tang L W, Yang S, Cheng N, et al. Toward autonomous navigation using an RGB-D camera for flight in unknown indoor environments[C]. Proceedings of IEEE Chinese Guidance Navigation and Control Conference, Yantai, 2014.

[4] Jeong N, Hwang H, Matson E T. Evaluation of low-cost LiDAR sensor for application in indoor UAV navigation[C]. IEEE Sensors Applications Symposium, Seoul, 2018.

[5] 林海涛, 张华, 李永龙, 等. 基于力传感的系留无人机定位方法研究[J]. 智能系统学报, 2020, 15(4): 672-678.

[6] Xiao X S, Fan Y M, Dufek J, et al. Indoor UAV localization using a tether[C]. IEEE International Symposium on Safety, Security, and Rescue Robotics, Philadelphia, 2018.

第4章　复杂隧洞智能巡检机器人技术

作为重大水利水电工程关键构筑物的水工隧洞，其长期安全稳定运行直接关系到水资源优化调度、能源电力生产等的综合效益。受复杂地形地质条件影响，水工隧洞具有洞线长、洞径大、水压高、结构形式多样等特点，长年运行会出现裂缝、磨损和掉块等典型缺陷，极大地影响工程安全。传统人工放空检查存在作业风险高、检测周期长和数据随机性大等问题，在人工智能与信息技术的创新应用驱动下，采用智能巡检机器人开展水工隧洞安全检测，是行业重要的发展趋势。本章围绕复杂隧洞智能巡检机器人相关技术展开研究，为复杂隧洞智能巡检机器人研发提供技术支持。

4.1　复杂过流水工隧洞结构特点和检测需求

我国水资源时空分布不均，近年来水利调水、水电引水、城市调洪等隧洞工程越来越多，如锦屏二级水电站 4 条引水隧洞平均长度为 16.67km，开挖直径为 12.4～14.4m，衬砌后洞径为 11.2～11.8m，最大埋深为 2525m 左右；南水北调西线工程输水线路穿过巴颜喀拉山，各种布置方案的单条隧洞长度多在 100km 以上，最长的为 243.8km。国外深埋长大水工隧洞工程发展很快，世界上最长的已建成的水工隧洞是美国纽约特拉华水工隧道（Delaware Aqueduct），长 137km；芬兰的派延奈（Paijanne）水工隧洞长 120km，是由 Paijanne 湖至大赫尔辛基的输水隧洞，截面积为 13.8～18m^2。

水工隧洞深埋地下，地质条件十分复杂，除承受较大的围岩压力外，还要承受较高的外水压力和内水压力。随着这些大、长、深埋隧洞逐渐投入运营，隧洞常年面临活动断裂、软岩大变形、高地应力、高地温和高外水压等，长期安全稳定运行极为重要。然而在水工隧洞设计、建设阶段普遍未考虑在运行阶段开展智能巡检的需要，如何对运行阶段的水工隧洞开展精准、高效的检测是水工隧洞安全运维的关键技术问题。

复杂的结构形式是制约水工隧洞检测的因素之一。引水发电系统的水工隧洞通常包括上平段、斜井段和下平段，其中大坡度斜井段通常难以覆盖，更无法形成客观、精准、完整的检测结果，难以及时、全面地发现和消除引水隧洞结构存在的缺陷和隐患，严重制约了引水隧洞的运维和管控。行业常规检测均是将隧洞定期放空开展人工巡检，洞内无光、有积水，检测工作费时费力，且检测成本高、数据随机性大、规范程度低、信息孤岛严重、时效性差、安全风险高，不可避免地存在漏检和盲区；与此同时，充水、放水过程中应力的急剧变化对水工隧洞结构影响较大，可能使混凝土衬砌发生应力破坏等问题。

随着智能机器人技术的发展，机器代替人进行水工建筑物安全巡检在水利水电行业得到广泛应用。国外较早开展研究与实践，Aquatic Sciences 公司率先提出了充水管道和隧洞的远程检测概念，并在隧洞中应用 ROV 搭载声呐和水下摄像设备进行了不间断距离 10km 的严重塌陷区域的水下检测[1]，打破了距离纪录，但至今仍未解决大断面、三维数字化全覆盖检测的问题。Loisy 等[2]在法国将水下机器人引入长距离引水隧洞检测中，通过在隧洞中检测获取到了大量声呐和视觉图像；Carneiro 等[3]针对引水隧洞检测任务，研发了一种缆控遥操作的新型 ROV，采用水下摄像机和声呐来检测混凝土壁面的破损情况和堆积物，并通过仿真试验与实物试验，验证了新型 ROV 在引水隧洞应用中的可操控性；来记桃[4]将有缆遥控潜水器水下检测技术应用在锦屏二级水电站引水隧洞中，采用实时三维成像声呐和光学摄像相结合的方法，完成了大直径长引水隧洞表观全覆盖水下综合检测；王文辉等[5]研制出可在高水头引水隧洞超过 2km 距离范围稳定航行检测的水下机器人，通过现场试验和在多个水电站的实际应用证明了水下机器人在引水隧洞远距离航行检测时的稳定性；杨文果等[6]提出了一种基于惯性导航系统与前视声呐组合的引水隧洞机器人巡检定位方法；Wang 等[7]结合引水隧洞的巡检成果，分析了引水隧洞裂缝、钙化等典型损伤特征和分布规律；文献[8]～文献[11]也分别对机器人巡检在引水隧洞中的应用进行了研究。相关研究成果总结了引水隧洞的特点和巡检的难点，攻克了机器人巡检的部分关键技术，也取得了初步的探索性创新成果。

图 4.1(a)为水电站一典型引水隧洞洞线，沿纵轴线分为上平段、上弯段、斜井段、下弯段、下平段，其中斜井段的角度为 60°。引水隧洞放空后，存在多种因复杂环境条件造成的损失，主要包括露筋、冲坑、无光、积水、湿滑、倾斜、渗水和喷溅等，如图 4.1(b)所示。本章基于引水隧洞巡检的现状和存在的问题，开展适用于引水隧洞结构安全智能巡检机器人的关键技术研究。通过实现量化、全面、精准的引水隧洞过流断面的结构缺陷检测，能够基于数字化检测成果和混凝土缺陷智能分析方法，量化表观缺陷，构建巡检结构缺陷数据库管理系统，支撑后期运维管理和结构安全健康评估。

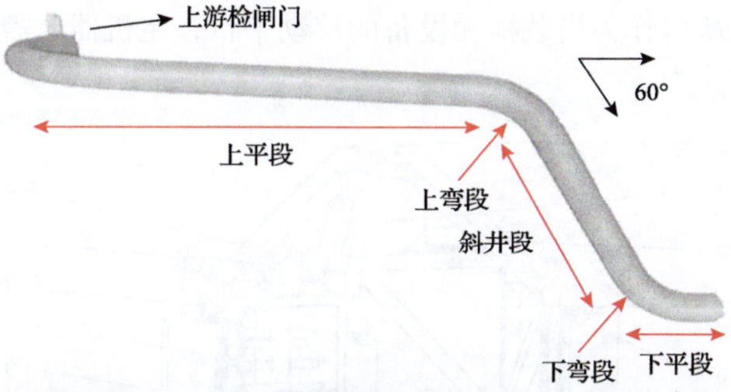

(a) 引水隧洞复杂结构

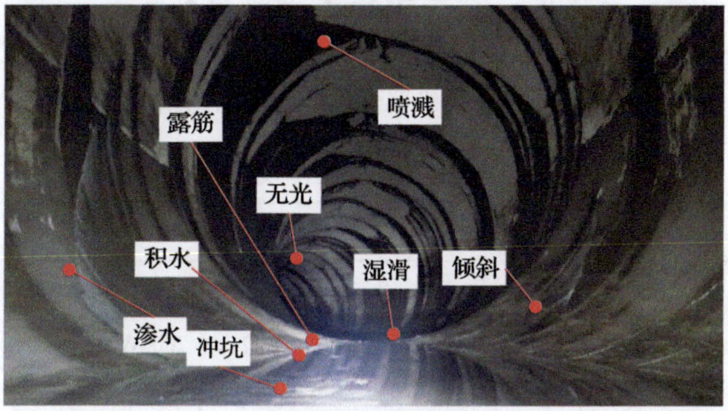

(b) 引水隧洞复杂环境

图 4.1　引水隧洞复杂结构与环境

4.2　引水隧洞主从式检测机器人结构设计

引水隧洞主从式检测机器人系统主要分为主机器人、从机器人、定位系统模块、线缆盘等四部分。

引水隧洞主从式检测机器人总质量小于 200kg(不含自动绕线机)，长度不大于 3m，宽度不大于 1.5m，总高度不大于 2m。主从式检测机器人水平段最大移动速度不低于 0.5m/s，斜井段最大移动速度不低于 0.2m/s，从机器人能在 60°斜井段上移动检测；巡航作业时间不低于 6h；主机器人防护等级不低于 IP55，从机器人防护等级为 IP67；主从式检测机器人自带补光设备，在 8m 距离照明区域内光照强度不低于 100lx。

4.2.1　主机器人

图 4.2 为主机器人整体结构示意图，表 4.1 给出了其主体技术指标。由于引水隧洞环境复杂，存在无光、湿滑、渗水、喷溅等工况，地面常年湿滑，人员进出

安全风险极高，所以作为搭载检测设备的移动平台，主机器人需要兼备可靠移动能力和地面适应能力。

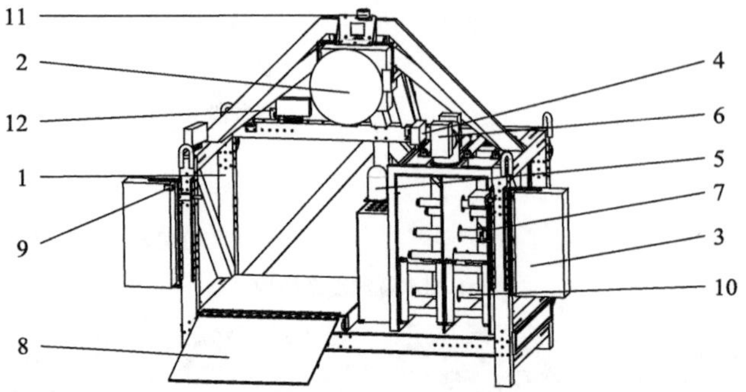

图 4.2 主机器人整体结构示意图

表 4.1 主机器人主体技术指标

图 4.2 中序号	项目	参数	数量
1	主机结构	尺寸为 2200mm×1300mm×2040mm	1 个
2	塔吊灯	DC 24V；2000W	1 个
3	两侧方灯	DC 24V；200W	2 个
4	照明灯	DC 12～60V；108W	4 个
5	云台相机	具有 1 个 RS-485 接口、1 个 RJ-485 接口，单独供电 DC 12V；2A，18W	1 个
6	车载云台相机	具有 1 个 RS-485 接口、1 个 RJ-485 接口，单独供电 DC 12V；2A，60W	1 个
7	摄像头	400W，像素焦距 4mm，红外的可视范围为 30m	3 个
8	安全门	940mm×10mm×100mm（$L \times W \times H$）	1 扇
9	电子锁	DC 12V/320mA；承受拉力：2.8kN	1 个
10	机械受力结构体	直径：50mm	18 个
11	水平雷达	DC 5V；1A，5W	1 个
12	竖直雷达	DC 5V；1A，5W	1 个

4.2.2 从机器人

从机器人作为巡检系统的核心检测单元，整体为 IP67 防护等级，如图 4.3 所示，结构主要包括轮式底盘、控制模块、密封外壳和检测模块。隧洞中存在渗水，汇集到斜井段后形成了高速冲刷水流，导致斜井段的检测受水流和洞壁渗水干扰而变得非常困难。另外，下平段的结构设计特点使得下平段前端有深度约为 1m 的积水。

图 4.3　从机器人

针对以上工况，从机器人轮式底盘在提供足够、稳定动力和搭载空间的前提下，以减轻整体重量为目标，材质多选用先进的铝合金和碳纤维，底盘的支架内部为空心设计，后端的支架内部利用 L 字形传动设计方法安装两台 40W 的电机，在为从机器人提供动力的同时可以降低机器人整体的重心，电机输出轴旋转密封采用机械式密封，在低转速情况下可以达到 25MPa 的耐压密封性能，支架各个部位均按 IP67 防护等级设计要求对电机进行密封保护，保证其在水流冲击的斜井段及有积水的下平段均能可靠运行。结构设计中将检测模块等抬升至离地 20cm 的高度，减小机器人迎水面面积，降低斜井段水流对检测模块作业的影响，也避免了从机器人受到较大的水流冲击力而对主机器人的拖拽。

4.2.3　定位系统模块

本节以隧洞环境的几何纹理特征和渗漏特性为基础，构建激光-视觉-惯性传感器融合定位系统以及多传感器融合和维度分析模型，深入研究三维激光雷达、视觉摄像头和惯性传感器离线标定方法，结合惯性信息去除激光点云运动畸变并提取隧洞线面点云特征进行融合定位，提取视觉特征并结合帧间惯性约束信息构建光流法视觉里程计进行定位，综合视觉和激光观测残差雅可比矩阵，基于黑塞(Hessian)矩阵的特征值大小判断位姿估计的维度退化状态，整体技术方案如图 4.4 所示。

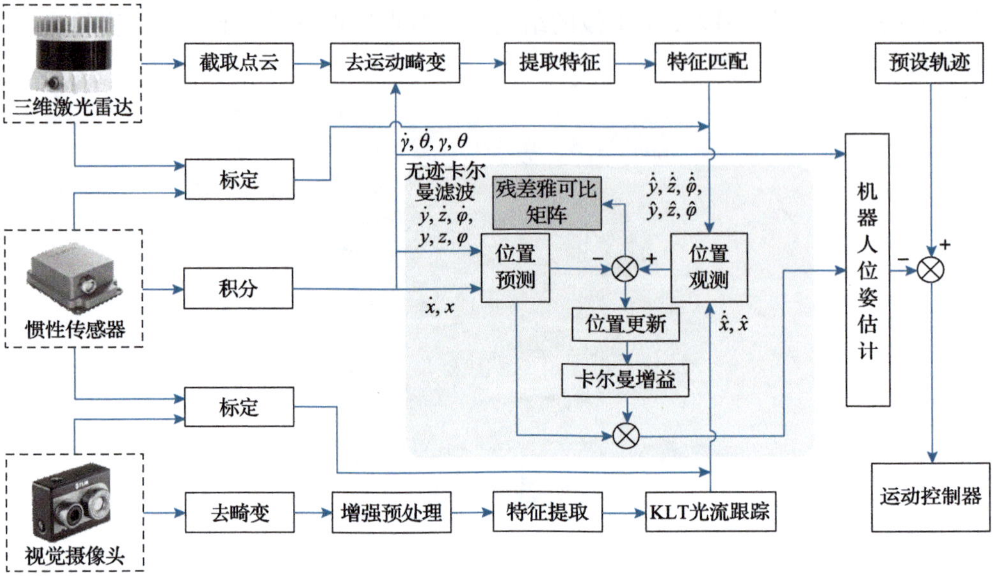

图 4.4　多传感器融合定位技术方案

KLT 为 Kanade-Lucas-Tomas，卡纳德-卢卡斯-托马斯

1. 基于激光点云特征的洞径向截面和偏航角定位技术

在此提出基于激光点云特征的洞径向截面和偏航角定位技术。考虑到与激光雷达中心一定距离的点云的稀疏性，以机器人当前位置(激光雷达中心)为基准，沿巡检路径方向(前进/后退)各截取长度 L 的区间，仅使用该区间内的点云数据(P_0)进行特征分析，如图 4.5 所示。同时，圆柱形模型拟合指定范围内的点云数据作为局部地图 O_1 中的一段，当隧洞洞径变化或隧洞走向改变时，可以适当减

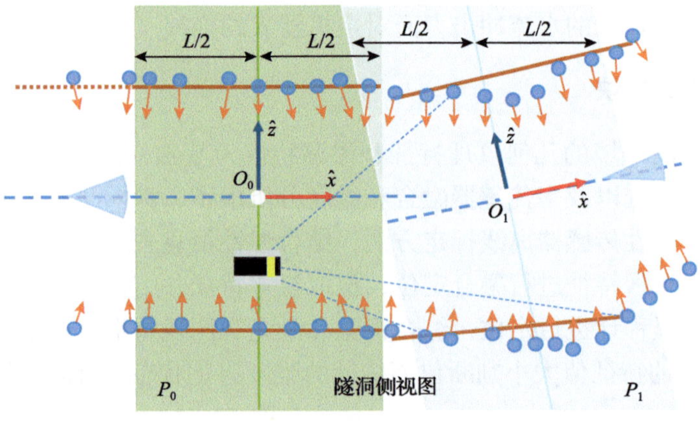

图 4.5　隧洞内一定范围前后帧激光点云匹配

小 L 提高近似吻合度，将局部坐标 O_0 转化到起始坐标 O_1 下，构建观测模型对航迹预测进行优化。

根据激光扫描间隔内 IMU 的动态信息对扫描周期内的点云进行运动畸变去除，计算点云曲率值并提取特征点；利用 IMU 运动约束构建扫描帧间位姿变换初始估计，将后帧点云转化到前帧点云空间并进行特征匹配；根据匹配特征之间的距离与位姿变量关系构建优化目标函数，迭代优化位姿变量；最后根据航迹推测方法融合 IMU、激光里程计位姿以提高位姿输出频率，实现隧洞径向截面位置和偏航角估计。

2. 叠加可见光图像的 KLT 跟踪技术

在此提出可见光图像的 KLT 跟踪技术。对视觉摄像头输出的叠加图像先后进行直方图和自适应阈值处理，获得增强后的黑白特征图像，然后对其进行基于加速分割测试的特征(features from accelerated segment test, FAST)提取和 KLT 光流跟踪。

假设两帧叠加图像灰度值不变，则有

$$I(x,y,t)=I(x+\mathrm{d}x,y+\mathrm{d}y,t+\mathrm{d}t) \tag{4.1}$$

式中，$I(x,y,t)$ 为在时间 $\mathrm{d}t$ 后移动到第二帧图像 $(x+\mathrm{d}x,y+\mathrm{d}y,t+\mathrm{d}t)$ 位置。两边采用泰勒级数可得光流方程：

$$f_x u+f_y v+f_t=0 \tag{4.2}$$

$$f_x=\frac{\partial f}{\partial x},\quad f_y=\frac{\partial f}{\partial y},\quad u=\frac{\mathrm{d}x}{\mathrm{d}t},\quad v=\frac{\mathrm{d}y}{\mathrm{d}t} \tag{4.3}$$

式中，f_x 和 f_y 为图像梯度；f_t 为时间梯度；u、v 为像素点移动速度。根据 Lucas-Kanade 方法，假设目标点邻域内所有点具有相似的运动，构建 3×3 邻域内 9 个点的光流方程并结合最小二乘法拟合求解 u、v：

$$\begin{bmatrix} u \\ v \end{bmatrix}=\begin{bmatrix} \sum_i f_{xi}^2 & \sum_i f_{xi}f_{yi} \\ \sum_i f_{xi}f_{yi} & \sum_i f_{yi}^2 \end{bmatrix}^{-1}\begin{bmatrix} -\sum_i f_{xi}f_{ti} \\ -\sum_i f_{yi}f_{ti} \end{bmatrix} \tag{4.4}$$

式中，i 为点的个数，$i=1,2,\cdots,9$。

结合两帧之间 IMU 积分线速度值对光流估计值 u、v 进行约束和尺度标定，再联合 IMU 位置积分和光流位置积分约束优化，估计隧洞轴向机器人的移动距离。

3. 多传感器无迹卡尔曼滤波融合和维度退化处理技术

在此提出多传感器无迹卡尔曼滤波融合和维度退化处理技术。首先将激光点云估计的隧洞径向截面位置和偏航角，以及根据可见光、红外光叠加图像 KLT 估计的隧洞轴向位置作为观测部分，其次通过 IMU 数据构建相应状态的预测部分。

利用激光和视觉光流 KLT 的观测残差对变量 X 进行迭代优化一般为非线性最小二乘（nonlinear least square, NLS）问题：

$$x^* = \min_x \sum_{i=1}^{N} \| h_i(x) - z_i \|_{\sum_i}^2 \tag{4.5}$$

用常用的高斯-牛顿（Gauss-Newton, GN）法求解 NLS 问题时，需要对非线性函数 $h_i(x)$ 在初始估计值 x_0 处进行一阶泰勒线性化展开：

$$H_i = \frac{\partial h_i(x)}{\partial x}\Big|_{x_0} \tag{4.6}$$

代入迭代变量 $\Delta = x - x_0$ 后，优化问题转化为

$$\Delta^* = \min_{\Delta} \| A_i \Delta - b_i \|^2 \tag{4.7}$$

式中，$A_i = \sum_i^{-1/2} H_i$；$b_i = \sum_i^{-1/2} \left(z_i - h_i(x_0) \right)$，则求解

$$\left(A_i^{\mathrm{T}} A_i \right) \Delta^* = A_i^{\mathrm{T}} b_i \tag{4.8}$$

可得出迭代最优解：$x = x_0 + \Delta^* x$。对 $A_i^{\mathrm{T}} A_i$ 进行奇异值分解（singular value decomposition, SVD）可得

$$A_i^{\mathrm{T}} A_i = USV^{\mathrm{T}} \tag{4.9}$$

式中，S、U、V 均为对角阵，S 的对角元素 $\sigma_1, \sigma_2, \cdots, \sigma_n$ 称为 $A_i^{\mathrm{T}} A_i$ 矩阵的奇异值，奇异值越大则 $A_i^{\mathrm{T}} A_i$ 对所在行变量约束越大，反之则约束越小，即 Δ^* 所在维度变量迭代偏差会剧烈变化。

通过预测位置和观测位置计算位置残差，并对相应状态求导得到残差雅可比矩阵，通过残差雅可比矩阵构建 Hessian 矩阵并计算其特征值和特征向量，依据对应状态行特征值大小判断对应状态维度是否退化，若特征值小于一定阈值，则直接将状态预测作为无迹卡尔曼滤波输出，不对其进行矫正。

4.2.4　缆线盘

缆线盘是用于安全收放、传输信号的核心设备，其控制设计方案如图 4.6 所示。为满足设计需要，缆线盘采用变频器控制电机，电机通过减速装置驱动线筒对线缆进行收线。在联动装置收线的同时中间串联磁粉离合器对拉力进行控制，使线筒处于受力状态，避免速度差和惯性导致线筒内线缆的松弛。最后采用摆线器对收线进行整理，使线缆在线筒中始终处于紧密排布的状态。

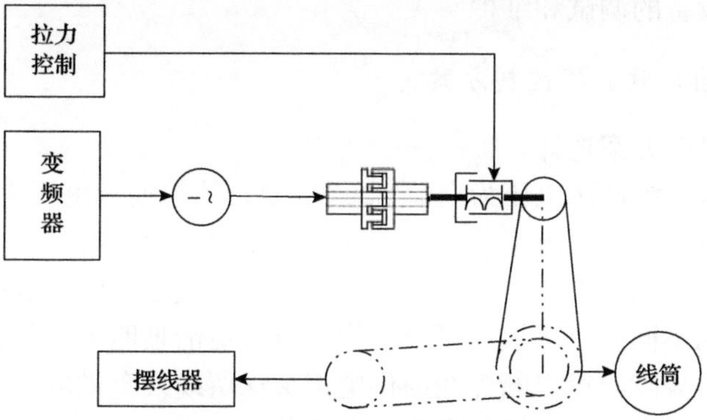

图 4.6　缆线盘控制设计方案

1. 缆线盘自动收放线的目标要求

缆线盘自动收放线的目标要求如下所述：

(1) 线缆为 2 光 6 电复合结构特种线缆，线缆外径为 30mm，长度为 300m；

(2) 整个缆线盘需提供 5kN 拉力；

(3) 缆线盘单独供电，不经过线缆，只需预留插头从外部接入线缆；

(4) 缆线盘的控制需要一个总开关和一个急停按钮，一个可调节收放缆挡位按钮，一个可调节收放缆速度按钮；

(5) 收放线缆的速度最高为 1m/s。

2. 300m 缆线盘动力部分设计

缆线盘的动力由一台电机和一个磁粉离合器协同提供。电机负责提供动力，磁粉离合器负责控制阻力和抵消惯性力，二者协同工作。在收线时电机可以提供强有力的动力，在放线时磁粉离合器通过控制松紧阻力调整缆线盘的出线速度，使得缆线盘内的线缆一直处于紧密排布的状态。

3. 300m 缆线盘收线线筒设计

考虑到线缆长度较长且线缆外径尺寸较大，在设计线筒时需要注意线筒整体的体积和线缆的曲率半径，曲率半径将会影响光纤是否会因弯曲程度过小而失效。因此，经过综合评估，设计了满足光纤曲率半径的线筒内径和满足整个线缆承载能力的外径。

4. 300m 缆线盘外形框架设计

缆线盘的外框设计分为两部分，一部分是整个受力承重支架，另一部分是外部的门板。门板设计主要是考虑到机械的安全与外形的美观，并且兼容设备的可维护性，方便设备的调试和维护。

5. 缆线盘自动收放线控制方案

1）缆线盘供电方案选择

缆线盘控制系统使用电压为交流 220V，复合线缆通过电压为直流 380V，两个系统分开供电。此供电方案的选择主要是基于两方面考虑，一方面是缆线盘操作供电与复合线缆供电电压不一致，另一方面是缆线盘操作用电与线缆供电存在相互干扰，采用不同的供电接口可使得供电方案更清晰明了。与此同时，在设备调试和后级设备故障时可以断掉线缆供电但又保留缆线盘供电，使得缆线盘既可以提供动力支持又可以避免线缆带电带来的危险。

2）缆线盘动力方案的设计

针对技术要求与计算评估，选择一款 4kW 的单相交流电机通过减速装置来驱动缆线盘，利用控制电机的转速来实现收放线的调速。

考虑到在收放线过程中缆线盘可能存在惯性和速度差，设计一个磁粉离合器来控制收放线的阻力。通过控制磁粉离合器的力大小可以有效地控制惯性和力矩，使得缆线盘收线和放线一直处于一个相对紧的状态，缆线盘上的线缆可以很好地贴合在线筒上。

3）线缆自动排线设计

考虑到线缆的长度和粗度，设计了一个相对较长的线筒。由于线筒较长，设计了一个能够在收线过程中自动排线的丝杆，用于线缆的排线。线缆的自动排布避免了使用人工对线缆进行整理，同时，线缆均匀的排布可以更高效地利用线筒，使得在有限的空间内满足 300m 线缆长度的收放。

4.3 引水隧洞主从式检测机器人系统研发

4.3.1 缺陷检测模块

缺陷检测模块用于自动识别混凝土结构表面的裂缝等损伤，确保施工质量和结构安全。它通过图像分析或传感器数据实时监测缺陷，提高检测效率并减少人工误差。图 4.7 为缺陷检测模块设计图，其设置如表 4.2 所示。缺陷检测模块采用三合一云台相机，其上集成有三种设备：补光灯，可根据需要调节为聚光和泛光；红外相机，采用非制冷焦平面探测器，光谱范围为 7.7～13.5μm；可见光相机，1/2.8 英寸高性能 CMOS 30 倍变焦，图像识别精度达 1mm。云台为 2 自由度云台，绕 *Z* 轴可实现 360°旋转，绕水平轴可实现–90°～+90°俯仰。

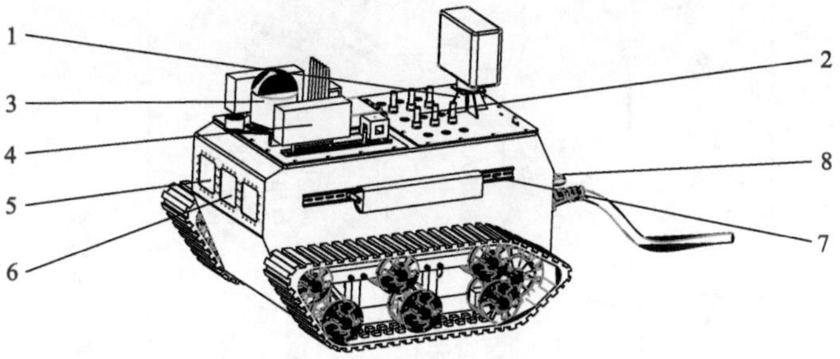

图 4.7　缺陷检测模块设计图

表 4.2　缺陷检测模块设置

图 4.7 中序号	名称	功能
1	三维激光座	安装三维激光器
2	外接口	可外接其他电子设备
3	云台相机	移动追踪检测
4	照明灯	前方灯光补光
5	车内方灯	灯光照明
6	摄像头	车体前后环境检测
7	侧灯支架	安装侧灯
8	缆线挂钩	连接线缆，防止线缆头被拉扯脱落

4.3.2　机器人通信系统

机器人通信系统的作用是实现机器人之间或与外部设备的数据交互与协同控制，确保信息高效传输以完成复杂任务。综合考虑机器人整体所需的通信高带宽、低延时、长作业续航和高可靠性要求，采用基于 600m 长光电复合缆供电通信的近远端遥操作控制方式，经测试该通信系统传输 10MB 带宽数据时延迟小于 1s。引水隧洞主从式检测机器人的通信系统技术方案如图 4.8 所示。

由于近远端之间信号传输种类多(控制、多路视频、运行处理结果等)且带宽

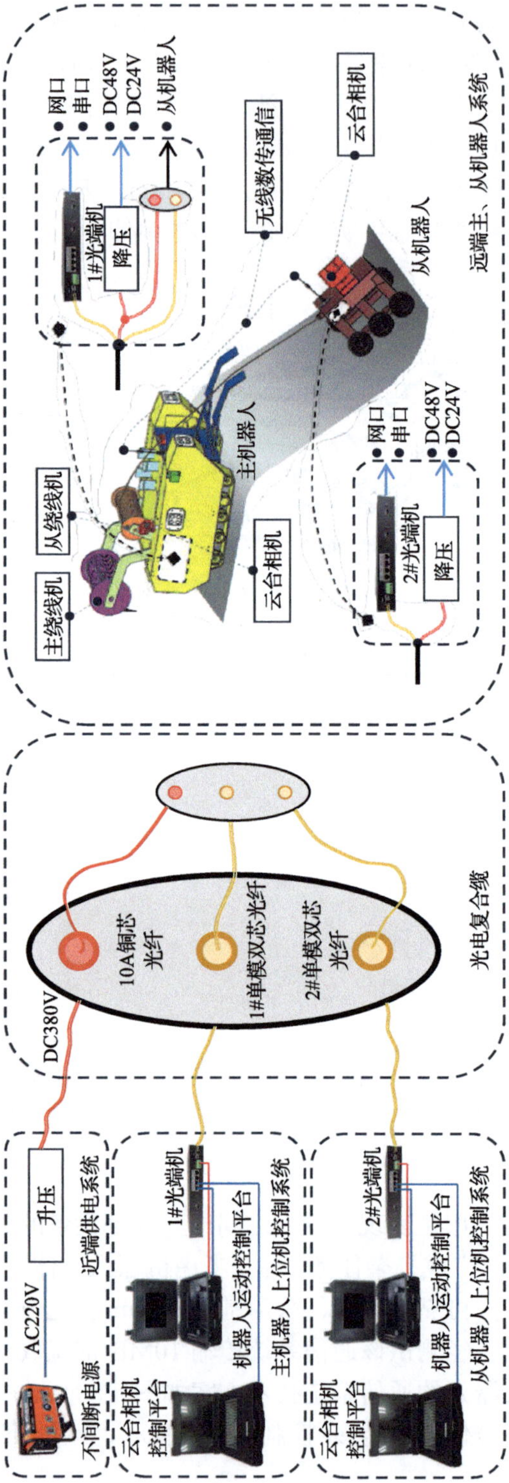

图 4.8　引水隧道主从式检测机器人的通信系统技术方案

较大(理论估计不小于 10MB)，采用集中收集和光纤传输的方式进行通信。为确保主、从机器人近远端通信的高可靠性，主、从机器人通信各占一条光纤传输介质(1#单模双芯光纤和 2#单模双芯光纤)和一套光电信号转换装置(1#光端机和 2#光端机)。因为主、从机器人活动范围在 150m 以内，主、从机器人之间的数据交互通过无线数传通信方式实现。

为提高现场机器人巡检作业效率和方便主、从机器人之间协调控制，主、从机器人上位机控制系统均包括机器人运动控制平台和云台相机控制平台，可实现机器人运动控制和现场作业情况、环境缺陷数据采集同时进行，实现绕线机收放和机器人运动等协同控制。

4.3.3　电源模块

电源模块用于为机器人提供动力。出于安全性和作业时间的要求，机器人整体采用有缆供电的方式，考虑到环境封闭性和整体通信带宽较高，通信也采用有缆方式，综合采用光电复合线缆远程传输。电源模块技术方案如图 4.9 所示。

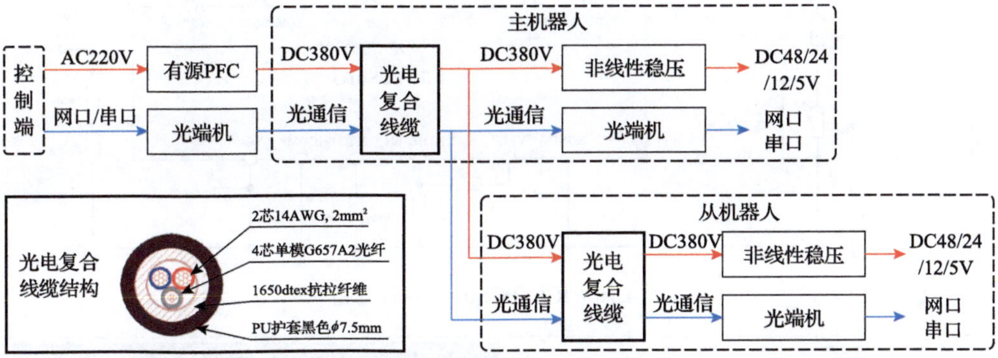

图 4.9　电源模块技术方案

AWG 为 American wire gauge，美国线规；dtex：分特克斯，一种长制单位，1000m 长纤维或纱线在公定回潮率下重量的克数

电源模块主要由有源 PFC 大功率升压电路将输入 220V(AC)升压至 380V(DC)，经由光电复合线缆远程传输到远端机器人，再分别由主、从机器人搭载的大功率非线性稳压电路稳压至机器人工作所需的 48V(DC)、24V(DC)、12V(DC)和 5V(DC)等。

1. 大功率升压电路

在大功率升压电路中，采用英飞凌公司的 ICE3PCS01G 系列单周期 PFC 控制芯片搭建一个输出功率为 1.6kW 的 PFC，其开关频率为 42kHz，输出电压为 DC380～400V。其中，驱动芯片用 TPS2812，金属氧化物半导体场效应晶体管

(metal oxide semiconductor field effect transistor, MOSFET) 采用两个 IXFH36N60P 并联，考虑到控制电路的过压保护(over voltage protection, OVP)，引脚需要通过一个 100kΩ 的电阻跨接到地以屏蔽该功能。ICE3PCS01G 经典电路如图 4.10 所示。参考经典电路并结合工程需要，设计出能满足工程需求的原理图和印制电路板(printed-circuit board, PCB)，如图 4.11 所示。

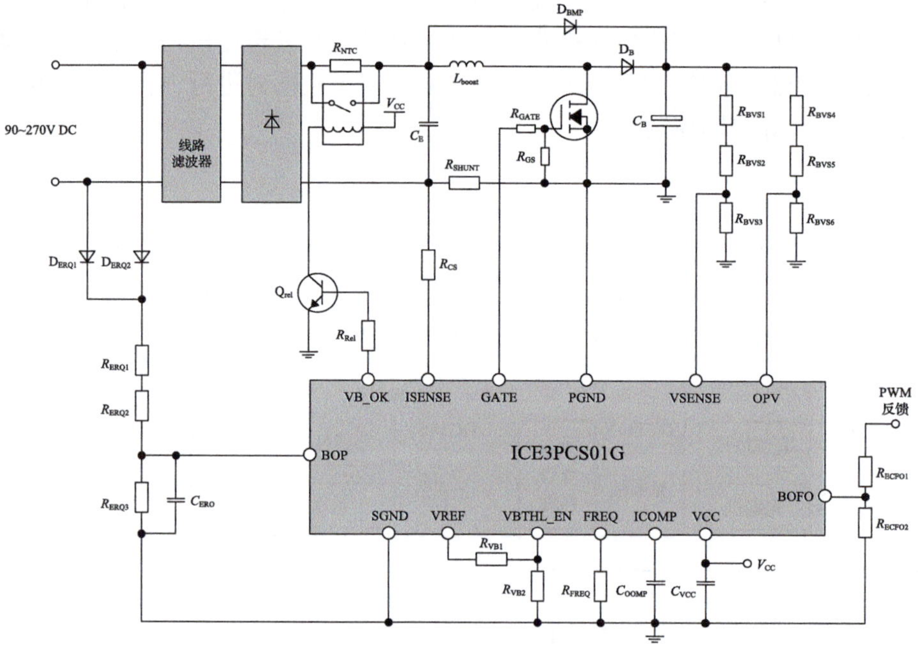

图 4.10 ICE3PCS01G 经典电路

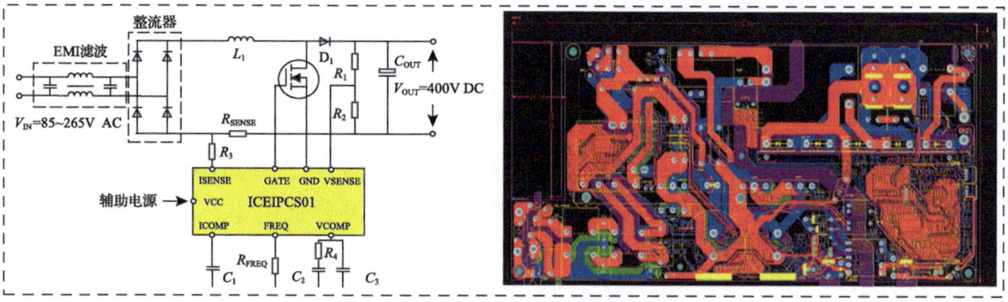

图 4.11 升压装置原理图和 PCB

2. 大功率降压电路

从高压 380V 降到低压 48V 或者 24V，根据安全的要求需要进行隔离。后级更低的电压可以通过 48V 或者 24V 总线采用非隔离的方式获得。

大功率降压电路采用 Vicor BCM400y500x1K8A31 和 Vicor DCM300P240x600A40 芯片设计，如图 4.12 所示。

(a) Vicor BCM400y500x1K8A31芯片　　(b) Vicor DCM300P240x600A40芯片

图 4.12　降压电路芯片

Vicor BCM400y500x1K8A31 芯片：宽输入电压范围为 260～410V；尺寸为 63.34mm×22.8mm×7.26mm；重量为 41g；高功率重量比为 42.68W/g，每克重量提供高达 42.68W 的功率输出；效率高达 98%；单颗最大输出功率为 1750W，最多可 8 颗并联，满足万瓦级输出。Vicor DCM300P240x600A40 芯片：宽输入电压范围为 200～420V；尺寸为 47.91mm×22.8mm×7.26mm；重量为 29.2g；高功率重量比为 20.55W/g，每克重量提供 20.55W 的功率输出；效率高达 93%；单颗最大输出电流 25A，功率 600W，最多可 8 颗并联，满足千瓦级输出。其应用电路分别如图 4.13 和图 4.14 所示。

按照 Vicor 公司提供的非连续导通模式(discontinuous conduction mode, DCM)经典应用电路，选用合适的电阻、电容和电感进行原理图设计；严格按照 Vicor 公司器件摆放位置、走线宽度要求等规则进行 PCB 设计。芯片的 PCB 和实物图如图 4.15 所示。

4.3.4　机器人控制系统

机器人控制系统主要由主、从机器人下位机控制系统和主、从机器人上位机控制系统两大部分构成。其中，主、从机器人各自的上位机、下位机均通过光端机设备经由光纤进行通信，主、从机器人下位机之间通过无线数传方式通信，如图 4.16 所示。

1. 主、从机器人上位机控制系统

主、从机器人上位机控制系统结构如图 4.17 所示。主机器人上位机控制系统经由 1#光端机发送上位机控制信号和接收下位机信号，主要包括机器人运动控制平台和云台相机控制平台两个部分。机器人运动控制平台负责远程对主机器人进行运动控制、逻辑控制和相关状态信息可视化显示；云台相机控制平台负责远程对主机器人搭载的云台相机进行动作控制和视频监控。

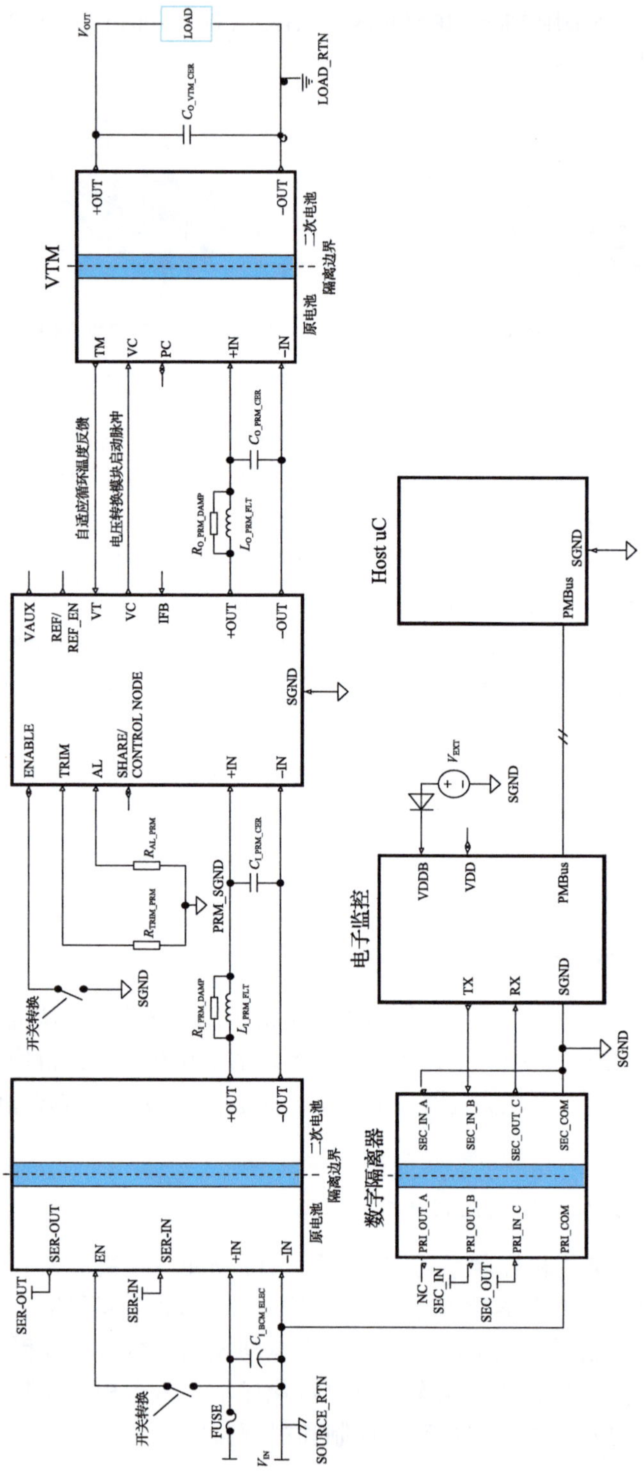

图 4.13　Vicor BCM400y500x1K8A31芯片经典应用电路

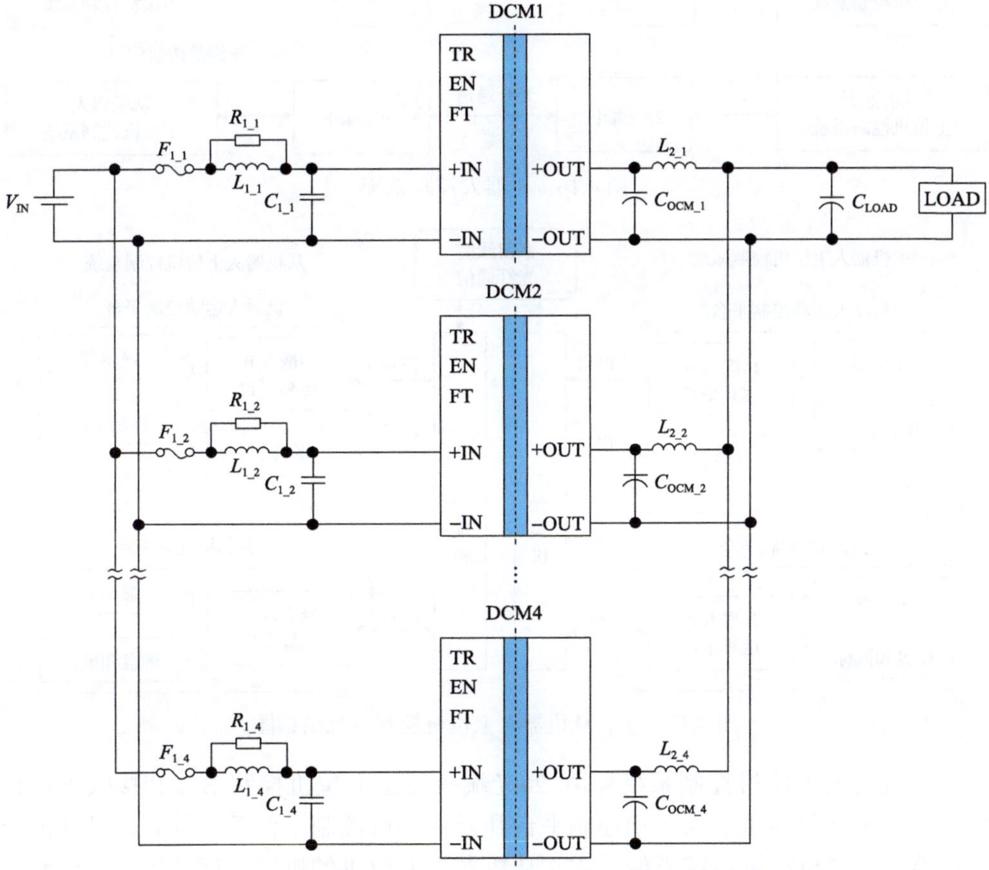

图 4.14　Vicor DCM300P240x600A40 芯片经典应用电路

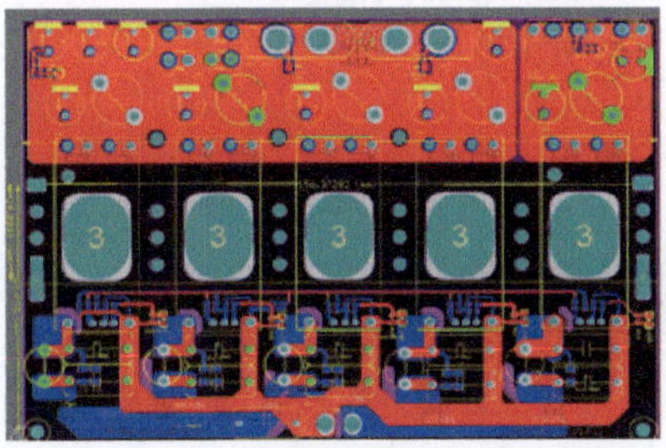

(a) PCB

(b) 实物图

图 4.15　芯片的 PCB 和实物图

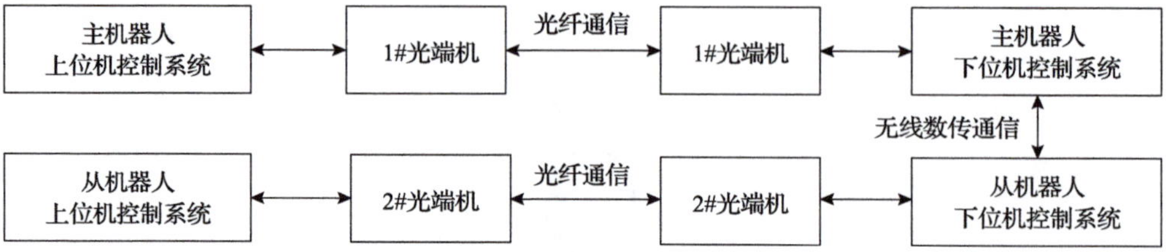

图 4.16　机器人控制系统

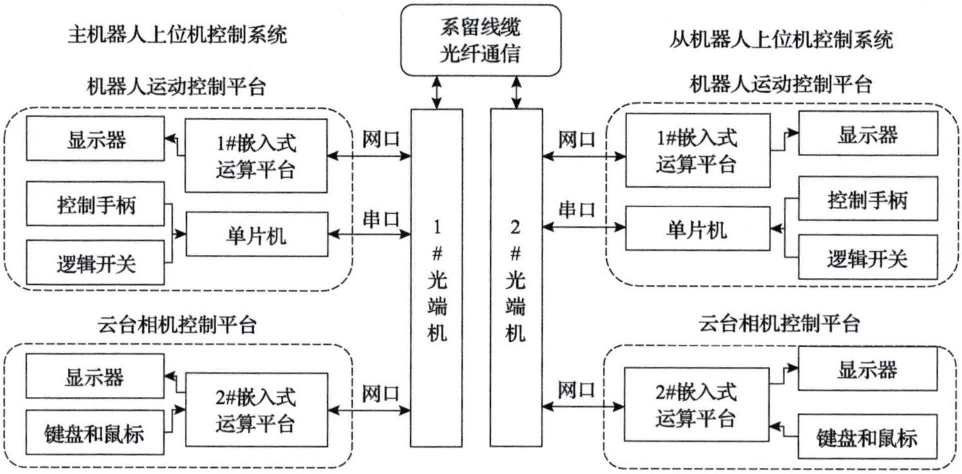

图 4.17　主、从机器人上位机控制系统结构图

从机器人上位机控制系统经由 2#光端机发送上位机控制信号和接收下位机信号，也主要包括机器人运动控制平台和云台相机控制平台两个部分，其功能与主机器人上位机控制系统类似。主、从机器人上位机的机器人运动控制平台和云台相机控制平台主要模块与通信接口连接，分别如图 4.18 和图 4.19 所示。

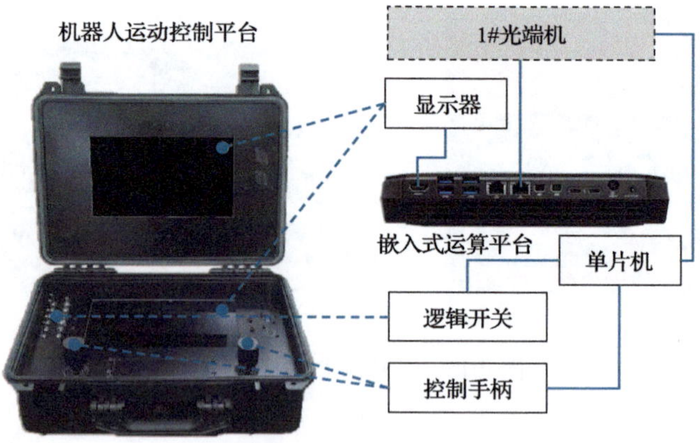

(a) 主机器人上位机的机器人运动控制平台

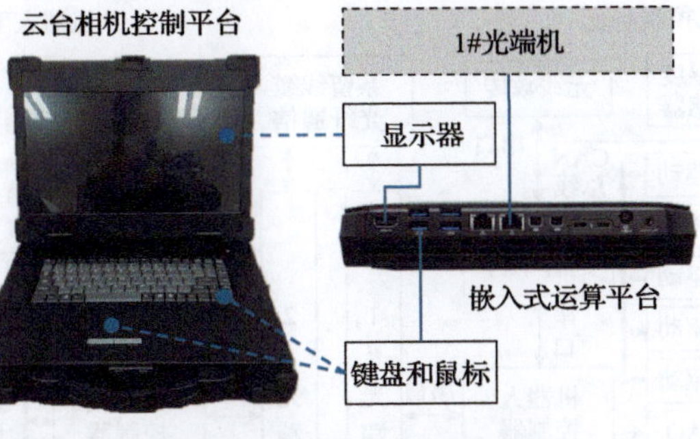

(b) 主机器人上位机的云台相机控制平台

图 4.18　主机器人上位机的机器人运动控制平台和云台相机控制平台

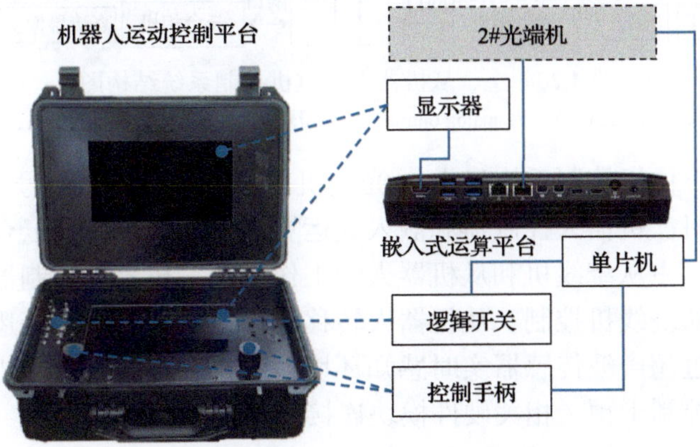

(a) 从机器人上位机的机器人运动控制平台

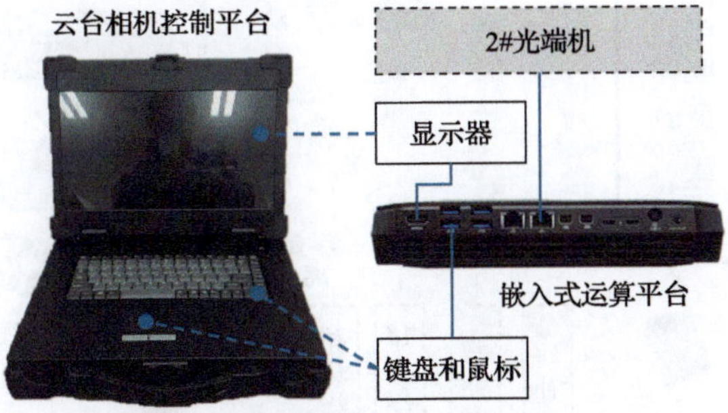

(b) 从机器人上位机的云台相机控制平台

图 4.19　从机器人上位机的机器人运动控制平台和云台相机控制平台

2. 主、从机器人下位机控制系统

主、从机器人下位机控制系统结构如图 4.20 所示，主、从机器人之间通过无线数传通信进行相关数据交互。

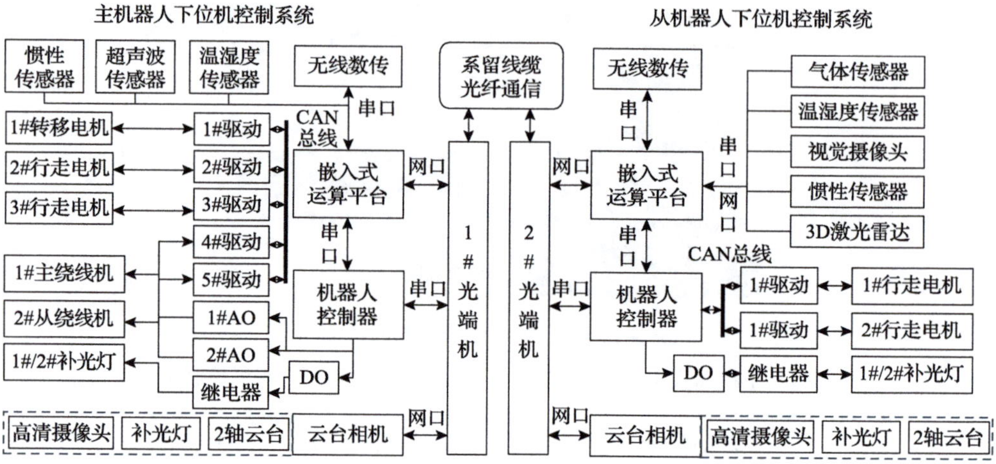

图 4.20　主、从机器人下位机控制系统结构图

DO 为 digital output，数字量输出；AO 为 analog output，模拟量输出；CAN 为 controller area network，控制器局域网

主机器人下位机控制系统经由 1#光端机获取上位机控制信号和传输信号，主要包括云台相机、机器人控制器和嵌入式运算平台三个部分。云台相机负责实时监控主机器人、主从绕线机和从机器人的工作状态；机器人控制器负责主机器人运动控制、主从绕线机控制、从机器人转移机构控制和补光灯等逻辑控制；嵌入式运算平台通过超声波传感器实时感知环境障碍，并经由串口对机器人控制器进行任务级运动控制干预。相关硬件模块连接如图 4.21 所示。

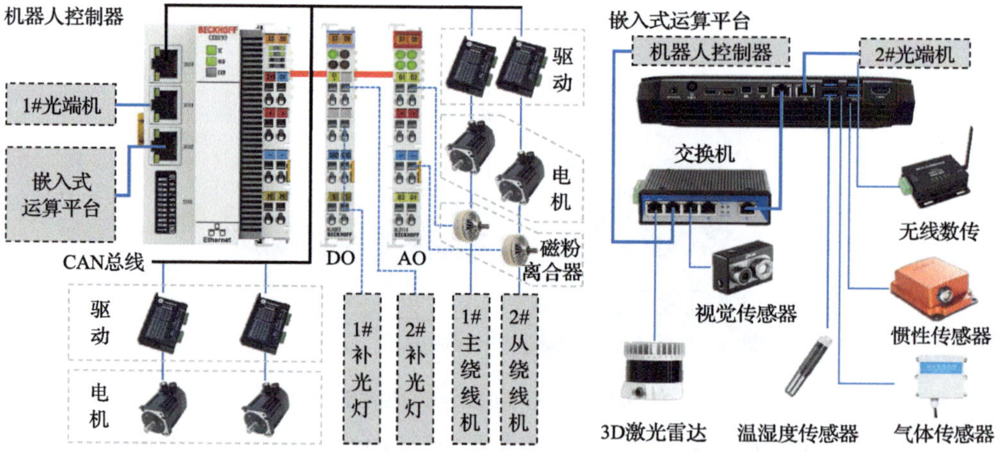

图 4.21　主机器人下位机控制系统的机器人控制器和嵌入式运算平台

从机器人下位机控制系统经由 2#光端机获取上位机控制信号和传输信号，也主要包括云台相机、机器人控制器和嵌入式运算平台三个部分。云台相机负责环境图像信息多角度获取；机器人控制器负责从机器人运动控制和补光灯等逻辑控

制；嵌入式运算平台运行融合 SLAM 定位算法，实时估计机器人在环境中的位姿并构建环境地图，经由串口对机器人控制器进行任务级运动控制干预。相关硬件模块连接如图 4.22 所示。

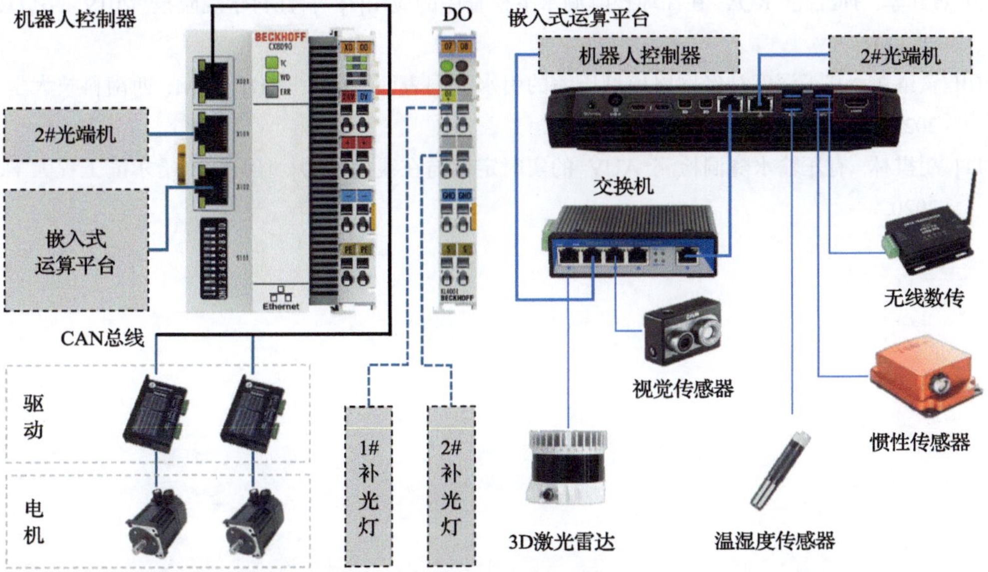

图 4.22　从机器人下位机控制系统的机器人控制器和嵌入式运算平台

参 考 文 献

[1] Mikkola J, Viitala R. Cave-ins in the Päijänne tunnel and their repair[J]. Tunnelling and Underground Space Technology, 2000, 15(2): 129-138.

[2] Loisy F, François P, Douchet G, et al. Underwater inspection experiment for a long tunnel of EDF's hydroelectric facilities[C]. 1st International Conference on Applied Robotics for the Power Industry, Montreal, 2010.

[3] Carneiro R F, Leite A C, Peixoto A J, et al. Underwater robot for tunnel inspection: Design and control[C]. 12th Latin-American Congress on Automatic Control, Brazil, 2006.

[4] 来记桃. 大直径长引水隧洞水下全覆盖无人检测技术研究[J]. 人民长江, 2020, 51(5): 228-232.

[5] 王文辉, 陈满, 巩宇. 水电站长距离引水隧洞检测机器人研发及应用[J]. 水利水电技术, 2020, 51(S2): 177-183.

[6] 杨文果, 吴文启, 张鹭, 等. 基于INS/前视声纳组合的输水隧洞AUV巡检定位方法[J]. 导航定位与授时, 2021, 8(5): 79-87.

[7] Wang H R, Wu X F, Chen Y C, et al. Diversion tunnel structural inspection and assessment using

a robotic system[C]. 38th IAHR World Congress, Panama City, 2019.

[8] 唐洪武，张继伟，孙红亮. ROV 系统在引水隧洞变形破坏检测中的应用研究[J]. 水电站设计，2020, 36(4): 33-35, 54.

[9] 黄泽孝，孙红亮. ROV 在深埋长隧洞水下检查中的应用[J]. 长江科学院院报，2019，36(7)：170-174.

[10] 黄继爽. 基于深度神经网络模型压缩的引水隧洞表面缺陷检测[D]. 绵阳：西南科技大学，2021.

[11] 胡祺林. 有压输水隧洞检测 AUV 的实时定位与在线构图[D]. 哈尔滨：哈尔滨工程大学，2020.

第 5 章　水利水电工程结构损伤智能识别与量化技术

相比传统人工巡检方式，智能巡检因其测量标准统一、覆盖范围广以及自动化程度高等显著优势，已逐步成为水利水电枢纽结构损伤信息获取的关键手段。依托巡检机器人搭载的检测系统，可高效采集大规模混凝土结构表观图像数据，为结构健康状态评估提供数据支撑。然而，面对日益增长的海量视觉检测数据，传统依赖人工进行缺陷识别与提取的方式不仅效率低下，而且存在较强的主观性与不确定性，难以满足工程实践对高效性与准确性的双重需求。因此，基于计算机视觉的混凝土表观缺陷自动识别与分析方法，正成为信息技术与土木工程交叉融合的研究前沿，具有重要的理论意义与工程应用价值。

目前，根据特征设计的方法不同，可以将基于计算机视觉的混凝土表观缺陷检测算法分为人工特征设计方法(artificial feature design method)和深度学习方法(deep learning method)，如图 5.1 所示。

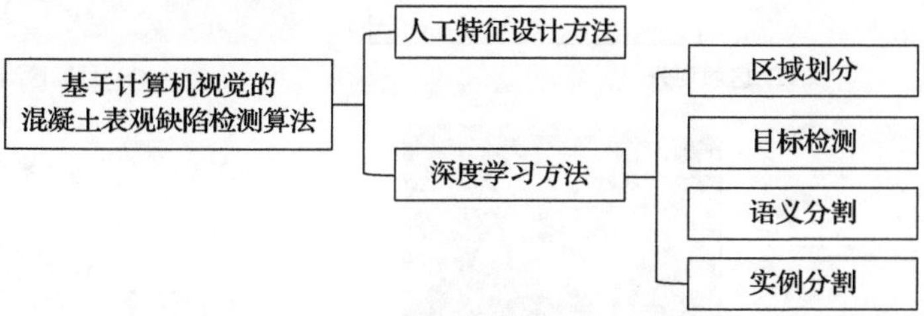

图 5.1　智能识别方法分类

5.1　基于迁移学习的坝面表观缺陷智能检测方法

人工特征设计方法使用预定义的特征来识别缺陷，如边缘特征、颜色特征、形状特征等。Abdel-Qader 等[1]采用边缘特征进行桥梁裂缝的自动识别与分析。Weng 等[2]提出采用边缘特征进行道路裂缝的识别与量化。Dinh 等[3]采用灰度直方图的颜色特征来检测混凝土裂缝。Sato 等[4]构造了 V 形特征检测的形状特征检测器用于混凝土裂缝的检测。虽然这些方法可以在特定环境下获得较高的检测指标，但是很难人工构造一组通用的特征来区分不同大小、颜色和形状的混凝土缺陷。

随着数据集、计算能力和算法的大幅改进与提升，深度学习逐步成为计算机视觉领域的重要方法，刷新了各类计算机视觉问题的性能指标，在计算机视觉研究领域被广泛使用。受此启发，基于深度学习的混凝土表观缺陷检测方法得到应用。深度学习的方法采用数据驱动的方式进行缺陷不同层次特征提取，而不需要人工设计特征，这样大大提升了模型的鲁棒性和适应性。根据深度学习在混凝土表观缺陷检测应用的不同方式，可以将这类算法分为区域划分(region division)、目标检测(object detection)、语义分割(semantic segmentation)和实例分割(instance segmentation)。

区域划分是对混凝土缺陷和非缺陷的区域进行分类，以达到识别的目的。Cha 等[5]提出用卷积神经网络(convolutional neural network, CNN)模型来判断每个小区域是否存在裂缝，通过扫描整张图片，即可将具有裂缝的区域全部识别出来，如图 5.2(a)所示。目标检测是将图片中所关注的缺陷信息和位置信息进行同时检测，常用矩形检测框来表示检测出缺陷的目标，如图 5.2(b)所示。Chen 等[6]提出了混凝土缺陷检测的朴素贝叶斯卷积神经网络(convolutional neural network and naive Bayes, NB-CNN)架构。

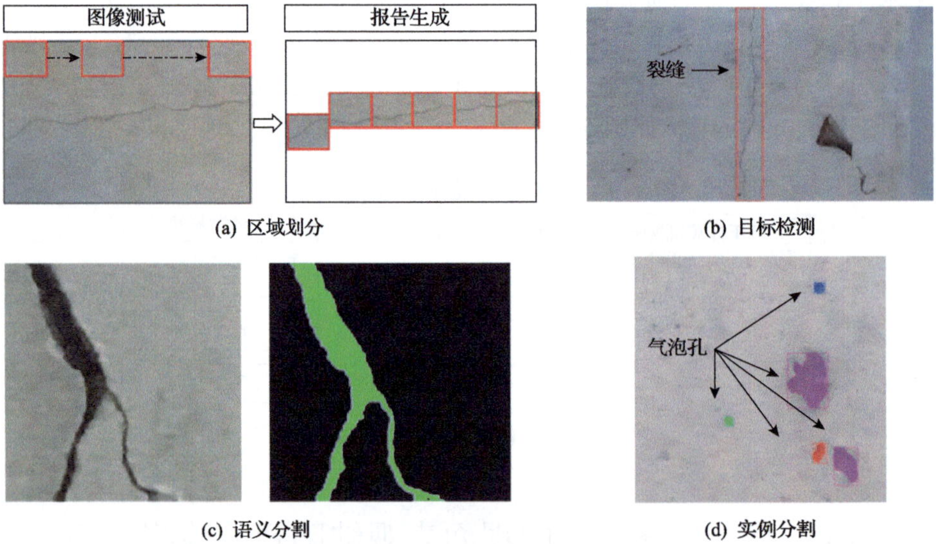

图 5.2　深度学习混凝土缺陷检测方法

尽管区域划分和目标检测的方法可以很好地检测混凝土缺陷，但是大量无效背景像素保留在识别区域中，导致检测结果不够精细。为了解决这个问题，语义分割将每个像素区分为正常像素或缺陷像素，在混凝土缺陷的检测中得到像素级结果，如图 5.2(c)所示。Yang 等[7]提出结合 FCN 和骨架后处理方法来识别和测量混凝土裂缝的方法。

实例分割融合了目标检测和语义分割两者的优势，不仅可以得到像素级检测结果，也能识别出图片中缺陷的不同个体，如图 5.2(d)所示。Wei 等[8]采用基于掩模区域神经网络(region-based convolutional neural network, R-CNN)的方法对混凝土孔洞这类缺陷进行实例分割，对每个孔洞的大小进行了量化分析。

针对坝面复杂环境带来干扰的共性问题，本章提出了一种基于迁移学习的坝面表观缺陷检测方法。该缺陷检测方法首先对来自单目相机的原始输入图像进行图像预处理操作，一方面通过翻转、颜色明暗、裁剪等操作扩充原始数据集，另一方面采用边缘检测算法和通过频率特征对数据进行预处理操作，达到突出显示缺陷特征、降低噪声的目的，也为后续神经网络提取图像特征提供便利；其次将图像数据依据自身的经验和专家系统[9]进行缺陷数据标注；然后针对小样本的分类任务利用迁移学习配合深度神经网络的思想对缺陷进行快速识别与分类；最后利用专家系统将误分类的缺陷数据重新进行标注，并送入神经网络重新训练缺陷识别模型。该检测方法利用特征迁移避免了烦琐的标注工作，并通过图像预处理提升了数据的可靠性，降低了外来干扰。具体检测流程如图 5.3 所示。

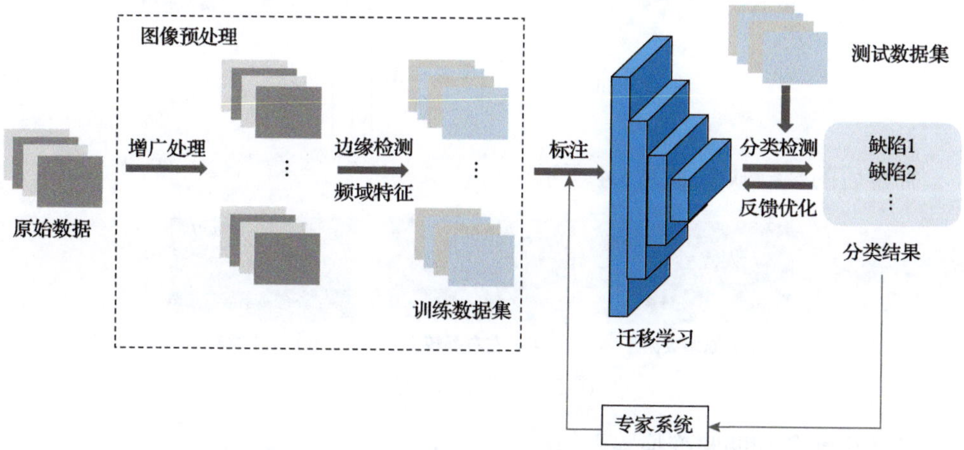

图 5.3　基于迁移学习的坝面表观缺陷检测方法检测流程

5.1.1　图像预处理

1. 增广处理

鉴于坝面所固有的不易达、不易检的特点，每次对数据进行采集均需要无人机等智能设备的配合，相对比较烦琐，并且采集的可用来进行训练的有效缺陷数据也相对较少。因此，采用数据增广的方式对采集到的数据进行处理，以此来丰富数据集，也使后续的深度学习能够更加有效地提取图像特征，防止模型过拟合，提高分类的准确性。增广处理方法主要采用随机翻转、随机颜色和明暗变换、随机裁剪等方式对原始数据进行处理。

1）随机翻转

图像进行随机翻转，其形状、位置、角度的变化主要是通过仿射变换完成的。

仿射变换主要是对图像缩放、旋转、剪切、翻转和平移的组合。仿射变换的矩阵 M 是一个 2×3 的矩阵，其中，左边的 2×2 子矩阵 A 是线性变换矩阵，右边的 2×1 子矩阵 B 是平移变换矩阵：

$$M=[A\quad B]=\begin{bmatrix} a_{00} & a_{01} & b_0 \\ a_{10} & a_{11} & b_1 \end{bmatrix} \tag{5.1}$$

$$A=\begin{bmatrix} a_{00} & a_{01} \\ a_{10} & a_{11} \end{bmatrix} \tag{5.2}$$

$$B=\begin{bmatrix} b_0 \\ b_1 \end{bmatrix} \tag{5.3}$$

因此，对于图像上任意位置 (x,y)，仿射变换为

$$T_{\text{affine}}=A\begin{bmatrix} x \\ y \end{bmatrix}+B=M\begin{bmatrix} x \\ y \\ 1 \end{bmatrix} \tag{5.4}$$

翻转后的裂缝缺陷如图 5.4 所示。

(a) 原始数据　　(b) 左右翻转　　(c) 上下翻转

图 5.4　图像翻转结果

2)随机颜色和明暗变换

图像的随机颜色和明暗变换主要是通过在 HSI(色调-饱和度-亮度)颜色空间的每个通道分别添加一个微小的扰动实现的。对于色调通道，在 $-\gamma$ 到 γ 之间按均匀采样，获取一个随机数 ε 作为扰动值，可以得出新的像素值 $\dot{x}$ 为原始像素值 x 加扰动值 ε。而对于饱和度、亮度通道，新的像素值 $\dot{x}$ 为原始像素值 x 的 $1+\varepsilon$ 倍，以此来实现预期的效果。经过亮度调整后的裂缝缺陷如图 5.5 所示。

(a) 原始数据　　(b) 提升亮度　　(c) 减弱亮度

图 5.5　图像亮度调整结果

3)随机裁剪

图像随机裁剪是基于原始数据得到宽高比 w/h，设定一个从 $-\delta$ 到 δ 的扰动

范围，并从中获取一个随机数 α 作为裁剪后画面宽高比扰动的比例。四种缺陷的裁剪结果如图 5.6 所示。因此，裁剪后画像的宽和高分别为

$$w_1 = w\sqrt{\beta(1+\alpha)} \tag{5.5}$$

$$h_1 = h\sqrt{\frac{\beta}{1+\alpha}} \tag{5.6}$$

式中，w_1、h_1 分别为裁剪后图像的宽、高；β 为裁剪后的图占原图的比例。

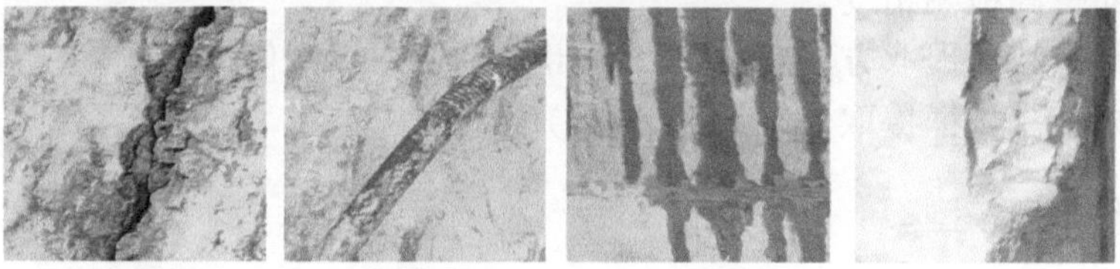

(a) 裂缝　(b) 漏筋　(c) 渗水　(d) 脱落

图 5.6　图像裁剪结果

2. 边缘检测与频率特征提取

1) 边缘检测

为了能够帮助后续神经网络更加高效地提取出图像中的特征，减小复杂背景环境带来的影响，检测方法一方面需要用一种非常精确的方式检测到边缘，另一方面也需要保证边缘信息的完整性。因此，采用 Canny 算子[10]和 Sobel 算子[11]相结合的方式来完成对图像中边缘信息的提取。

采用将两种边缘检测算法输出相乘的方式，不但能够非常精确地检测边缘，还能够保证边缘的幅度不变，有效地保证了边缘检测算法的效率和准确性。假设 Canny 和 Sobel 边缘检测算法的输出分别为 C_I 和 S_I，那么对应于图像 I 的边缘为

$$E_I = C_I S_I \tag{5.7}$$

采用边缘检测方法对如图 5.7(a)所示的原始图像进行边缘检测，得到裂缝缺陷边缘检测效果如图 5.7(b)所示。

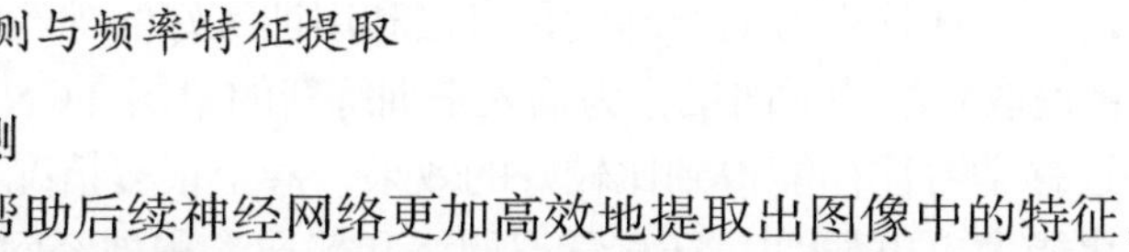

(a) 原始图像　(b) 边缘检测　(c) 频率特征

图 5.7　图像预处理结果

2) 频率特征提取

频率特征用于增强图像中的高频信息，同时抑制低频信息，以突出目标的局部

细节特征。具体上，为了提取频率特征，使用二阶导数算子——拉普拉斯算子，突出图像中的灰度级不连续性来强化高频响应，同时弱化灰度缓慢变化的低频区域。因此图像像素矩阵 I 的频率分量为

$$F_I = \nabla^2 I \tag{5.8}$$

式中，矩阵 F_I 具有与原始图像像素矩阵 I 相同的尺寸，且其元素 $f_i(x,y)$ 对应于图像平面上 (x,y) 位置处的频率幅度。图像频率与图像边缘互补，强调高度结构化的区域，从而提高检测精度。

采用频率特征提取方法对如图 5.7(a)所示的原始图像进行频率特征提取，得到裂缝缺陷频率特征提取效果如图 5.7(c)所示。

5.1.2 迁移学习模型

1. 迁移学习原理

训练复杂的卷积神经网络需要大量的标注数据和训练时间,容易导致网络收敛效果差和过拟合问题[12]。迁移学习的原理就是直接利用训练好的神经网络对图像进行特征提取，然后将提取到的特征向量作为输入来训练新的单层 FCN，并处理新的分类问题[13]。使用迁移学习往往能得到比较好的效果，甚至很多情况下比重新训练的效果还要好，泛化能力也更强[14]。迁移学习网络和普通卷积神经网络对比如图 5.8 所示。图中，I 表示网络的原始输入图像，普通卷积神经网络通过多次的卷积和池化操作可对原始输入图像 I 进行特征提取，得到图像处理的结果 Y；而迁移学习

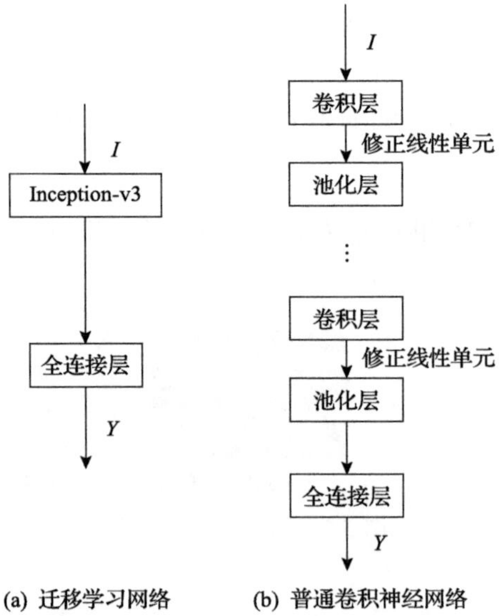

图 5.8 迁移学习网络与普通卷积神经网络对比图

则是直接利用预训练模型 Inception-v3 完成特征提取过程。

2. Inception-v3 模型

Inception-v3 模型共 46 层，由 11 个 Inception 模块组成，包含 96 个卷积层，模型架构如图 5.9 所示。从模型架构图可以看到，Inception 模块结构是一种和普通网络结构完全不同的卷积神经网络结构，它将不同的卷积层通过并联的方式结合在一起。每个 Inception 模块使用三种不同尺寸但均全零填充和相同步长的过滤器处理输入矩阵，并将三个输出矩阵拼接成一个更深的矩阵，使三次计算结果能在深度维度上组合。Inception 模块示意图如图 5.10 所示。

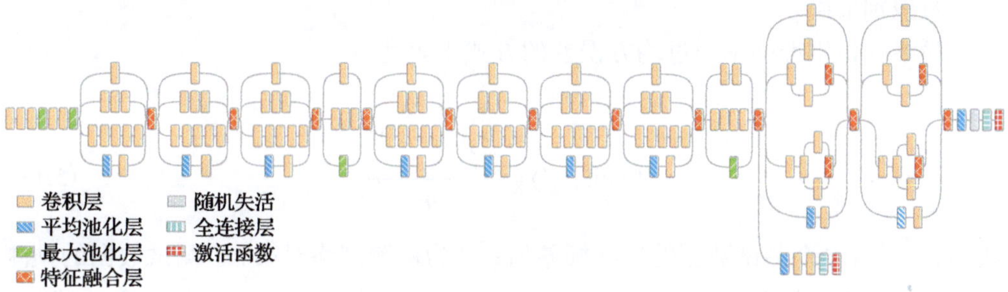

图 5.9　Inception-v3 模型架构图

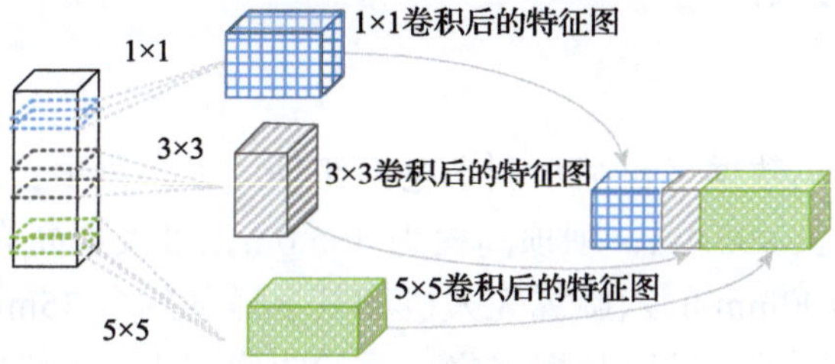

图 5.10　Inception 模块示意图

3. 网络评价指标

为了利用交叉熵的方式来衡量神经网络的训练效果，选用 Softmax 回归的方法将全连接层的输出结果作为置信度来生成新的输出，同时该新的输出结果满足概率分布的所有要求。如果 $y_i(i=1,2,\cdots,n)$ 表示全连接层的输出结果，那么经过 Softmax 回归处理后的输出为

$$\mathrm{Softmax}(y_i)=y_i'=\frac{\mathrm{e}^{y_i}}{\sum\limits_{i=1}^{n}\mathrm{e}^{y_i}} \tag{5.9}$$

1) 损失函数

Softmax 回归将全连接层的输出转化为一个概率分布，可以通过交叉熵来计算预测的概率分布和标准的概率分布之间的距离，得出用预测的概率分布来表达标准的概率分布的困难程度以及检测模型的效果。因此，利用交叉熵来表示的损失函数 $H(p,q)$ 为

$$H(p,q) = -\sum_{x} p(x)\lg\big(q(x)\big) \tag{5.10}$$

式中，$p(x)$ 为标准结果；$q(x)$ 为预测结果。$H(p,q)$ 值越小，两个概率分布越接近。

2) 识别准确率

最终的识别准确率通过均方误差的方式来表达：

$$\mathrm{Eval}(s,s') = \frac{\sum_{i=1}^{n}(s_i - s_i')^2}{n} \tag{5.11}$$

式中，s_i 为第 i 个测试数据的实际标签值；s_i' 为检测网络对第 i 个测试数据的预测值；n 为测试样本数。

5.1.3 测试结果与分析

1. 缺陷数据集

本节所有的缺陷数据来自某水利水电枢纽坝面无人机项目。该大坝为混凝土重力坝，坝轴线总长 995.4m，坝顶高程为 465.0m，最大坝高为 116m。测试人员通过控制轴距为 1100mm 的六旋翼无人机和其上搭载的含 35mm 定焦镜头的微单相机对坝面进行全覆盖式缺陷数据采集，原始图像大小为 5472×3648 像素。通过专家系统筛选并将筛选后的数据进行图像预处理操作，最终数据集共包含 33000 张左右的图像数据，每张图像的大小为 300×300 像素。其中，包含裂缝、漏筋、渗漏和剥落四种缺陷。在训练过程中，按照 8∶1∶1 的比例将数据集随机分为训练集、验证集和测试集三部分。

2. 硬件平台

坝面缺陷的检测与分类方法是在图形工作站上开发的，该工作站的显卡为 NVIDIA Quadro P4000，64GB 运行内存，包含一块图形处理单元(graphics processing unit, GPU)。利用 Inception-v3 预训练模型对图像预处理后的缺陷数据进行训练，大概需要用时 28min。

3. 结果与分析

分别用迁移学习网络和普通卷积神经网络对数据进行训练，训练过程曲线如图 5.11 所示。表 5.1 给出了两种网络训练过程中的实时准确率和最终在测试集上的识别率。

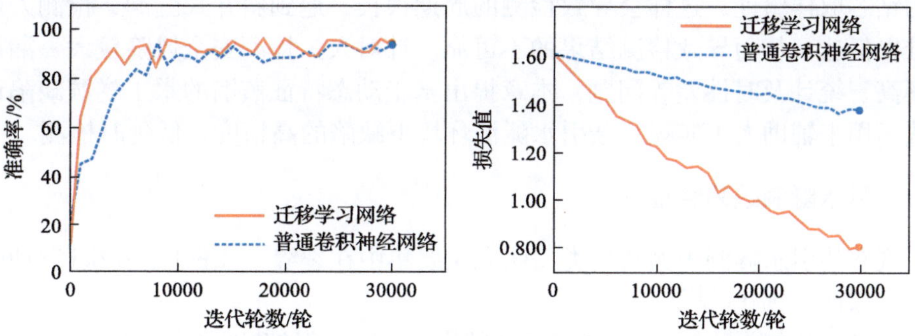

(a) 准确率　　(b) 损失函数

图 5.11　两种网络训练过程曲线图

表 5.1　两种网络实时准确率和识别率对比

网络	迭代轮数					测试集上的识别率/%
	1000 轮	5000 轮	10000 轮	20000 轮	30000 轮	
普通卷积神经网络准确率/%	36.37	67.86	86.56	89.10	93.23	91.04
迁移学习网络准确率/%	44.50	83.70	92.76	94.37	94.30	95.97

从图 5.11 和表 5.1 可以看出，采用普通卷积神经网络的方式，经过 30000 轮训练后得到的检测模型，对测试集中四种缺陷数据的识别率只有 91.04%；而采用基于图像预处理操作的迁移学习网络方式得到的检测模型，对测试集中四种缺陷数据的识别率达到了 95.97%，提升了接近 5 个百分点。此外，从图 5.11 中可以看出，采用迁移学习网络方式，在训练过程中实时准确率会更快地收敛，也就意味着训练的速度和最终的检测精度都会得到提升。

5.2　基于动态特征蒸馏的水工隧洞缺陷识别方法

水工隧洞具有洞径大、洞线长、地质环境复杂、施工技术难和周期长等特点，除了贯通期间留下的安全隐患，在高水压环境下长年运行也会产生裂缝、脱落、渗水等典型缺陷，若不及时进行缺陷检测用于防范将严重影响工程安全运行，直接影响经济、社会、生态效益。目前的引水隧洞安全监测系统通常会设置监测断面，间隔一定距离预埋应力计、钢筋计、流量计和倾斜仪等传感器，但监测仪器有限且不可能覆盖整个隧洞，导致不得不进行定期的人工巡视，并且要求检测人员必须具备一定的专业观测经验。这种人工普查法需要人进入隧洞发现缺陷进行记录并绘制分布图，在现场对重要缺陷进行标记，之后将检测记录交给专家进行研究。专家为了获得更准确的结果，可能还需要安排人员进行二次勘探，进行必要的钻芯取样验证，这样会导致检测的周期很长，遇到斜井式隧洞，检测人员更是难以抵达，从而导致检测结果的不可靠。针对人工检测安全风险较大、漏检误检率高、统计及时性差等问题，本章提出基于动态特征蒸馏的水工隧洞缺陷识别方法，用来辅助人工实现复杂引水隧洞环境下缺陷的高精度、低延时检测。

5.2.1　引水隧洞缺陷特征

现有的引水隧洞表面缺陷类型研究主要集中在裂缝、渗漏上，其次还有麻面、脱落、露筋、钙化等[15]。

裂缝是引水隧洞表面缺陷中最主要的病害。在裂缝缺陷图像中，裂缝区域像素覆盖率往往远低于背景基底，具有形状细长、结构多样和带有分叉等特点，如图 5.12 所示。从裂缝成因来看，由外部荷载应力引起的裂缝属于荷载裂缝，由内部结构形变引起的裂缝属于形变裂缝。荷载裂缝和形变裂缝分别超越了混凝土的极限抗拉强度和极限拉伸值。根据裂缝尺寸可将裂缝的危险程度分为 A、B、C 和 D 四个等级[16]，其中，A 类裂缝不影响引水隧洞的安全运行。B 类、C 类、D 类裂缝分别为对引水隧洞有一般、较明显和非常重大影响的裂缝。另外，温度的急剧变换、碱骨料反应和钢筋锈蚀也会造成裂缝的形成和扩展，若不及时发现引水隧洞表面裂缝并加以注浆维护，裂缝的开度和长度可能会随着围岩应力、环境突变和高水压冲击等现象逐渐增加，对结构稳定性造成消极影响，严重时甚至会直接导致引水隧洞坍塌。

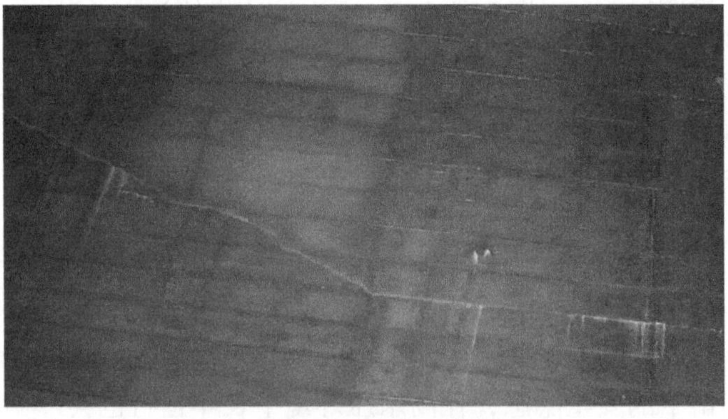

图 5.12　引水隧洞典型裂缝缺陷

渗漏指引水隧洞混凝土表面渗水的现象，如图 5.13 所示。随着水流出，往往会带出内部砂土，长此以往会导致混凝土应力结构变化，继而围岩松弛影响隧洞整体结构的稳定性。从渗漏成因分析，主要有涌水、内水外渗和冻害等具体情况[17]。涌水从隧洞洞顶和洞底两个方向以直接或间接的方式渗入隧洞内部。内水外渗是在引水隧洞运行期间以洞内水的高压渗入压力较低的衬砌外部的情况。冻害主要发生在寒冷的区域，加之隧洞内部阴暗潮湿，没有照射阳光的机会，隧洞衬砌内含有的水会冻结，冻结会对混凝土施加膨胀压力。轻微的渗漏若不及早发现处理，其危害会在雨水丰沛的季节里成倍地放大，不仅加速了混凝土的老化还造成了稳定结构的流失，存在射流或层间渗漏的严重渗漏还需要结合结构安全性分析来处理。

图 5.13　引水隧洞典型渗漏缺陷

麻面是引水隧洞混凝土表面包裹小气泡、呈现密集的小麻点和小凹坑的现象。在局部面积占比小于 1%和深度不超过 1cm 的情况下麻面的危害并不大[18]，在昏暗的环境下也不影响美观，属于引水隧洞早期病害，如图 5.14 所示。这种现象主要与早期的施工条件有关。在早期施工工程中，大型盾构机的作业方式和山体围岩地质条件导致引水隧洞衬砌表面难免掺有杂质，同时，长期的高水压和紊流变化会产生空蚀

图 5.14　引水隧洞典型麻面缺陷

空化效应。尽管麻面本身的危害并不大，但依然应该做到早发现、多关注，因为麻面弱化了引水隧洞混凝土的耐久性、抗冻性和抗渗性，弱化后的混凝土在引水隧洞长期运行后也会造成麻面深度的加深，形成恶性循环，最终还是会影响引水隧洞的安全运行。

当引水隧洞表面保护层消损，稳定性稍差的粗骨料直接暴露在空气中时，会形成脱落，如图 5.15 所示，往往面积占比直观可见，这主要是引水隧洞环境水质混浊且具有腐蚀性和围岩应力错位变化导致的。根据混凝土建筑物的脱落分类评判标准[19]，建筑物混凝土结构主要受力点的脱落被视为严重缺陷，应立即进行浇筑、均匀及饱和等处理，而位于非主要受力点的脱落可暂不处理，但也应在发现后记录在案，进行长期观察。

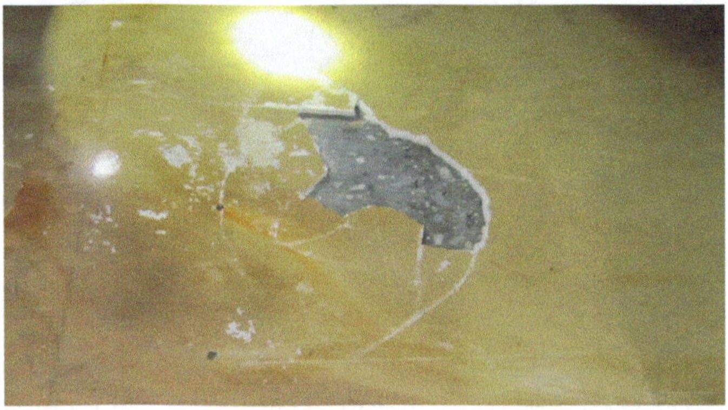

图 5.15　引水隧洞典型脱落缺陷

露筋是引水隧洞衬砌结构中的钢筋结构外露的现象，如图 5.16 所示，可能是建设期施工条件约束造成的遗留问题，也可能是引水隧洞运行过程中地质变化导致的钢筋错位。钢筋本应是增强引水隧洞承载能力的关键部件，但当一部分掩埋

图 5.16　引水隧洞典型露筋缺陷

在墙体而另一部分外露时，外露的部分会将高水压带来的能量集中在一个局部位置，原来均匀的受力面遭到破坏，极易导致混凝土大面积开裂，同时，空气的氧化和水质的侵害又造成了钢筋锈蚀的问题。钢筋锈蚀按锈蚀范围可分为 A、B 和 C 三个等级[20]。A 类锈蚀指在混凝土保护层基本完好的情况下仅存在小范围锈迹，可只观察而不作处理。B 类锈蚀指在混凝土未出现开裂的情况下锈蚀范围较广但截面积小于 10%的情况。C 类锈蚀最为严重，钢筋表面已大面积锈蚀，截面积大于 10%且承载力完全失效，导致混凝土顺筋开裂。

钙化属于引水隧洞混凝土内水泥石所受到的化学腐蚀病害，如图 5.17 所示。空气中的二氧化碳会在长年积累下逐步渗入衬砌内部并扩散开来，和衬砌内部的水泥石所含有的氢氧化钙成分发生化学反应，导致碳酸钙的沉积。原本的氢氧化钙属碱性介质，能够有效保护混凝土内部的钢筋结构，但随着碳酸钙的增多，钢筋表面可能产生称为钝化膜的氧化铁，致使混凝土的氢离子浓度成指数降低。当钙化超过衬砌保护层时，钢筋锈蚀导致混凝土强度和弹性降低。实际工程中将钙化程度分为 A、B、C 三级[21]。A 类钙化指大体积混凝土的轻微钙化，可留待观察。B 类钙化指混凝土钙化深度小于钢筋保护层厚度的一般钙化，需进行表面维护。C 类钙化指混凝土钙化深度已大于等于钢筋保护层的厚度，作为严重钙化应立即置换钢筋保护层。

图 5.17　引水隧洞典型钙化缺陷

5.2.2　知识蒸馏模型构建

“蒸馏”一词源于热力学，是一种利用混合液体各部分沸点不同来分离目标物质的工艺。进一步地，知识蒸馏效仿人类的学习过程，即从学识渊博的老师那里获取知识。如今的深度卷积神经网络已经在具有海量数据的现实世界中取得了理论上的巨大成功，但实际上嵌入式设备的计算复杂度和存储能力有限，限制了其广泛应用。为应对在嵌入式设备中部署深度卷积神经网络的挑战，知识蒸馏提供了模型压缩和加速的方法。知识蒸馏包含结构复杂的教师网络和轻量便捷的学生网络两部分，将教师网络最后一层 Softmax 层中的软目标概率值作为暗知识来监督学生网络的训练，软目标通过在 Softmax 层中引入温度系数 T 实现。整体上，教师-学生知识蒸馏框架需要先将教师网络训练有素，再将教师网络中已有的知识传递给学生网络，使得学生网络能够在已有基础上轻松识别简单样本，同时，学生网络自身也需要训练，借助真实标注监督，学习较为困难的样本的特征表达。教师-学生知识蒸馏框架具体如图 5.18 所示。

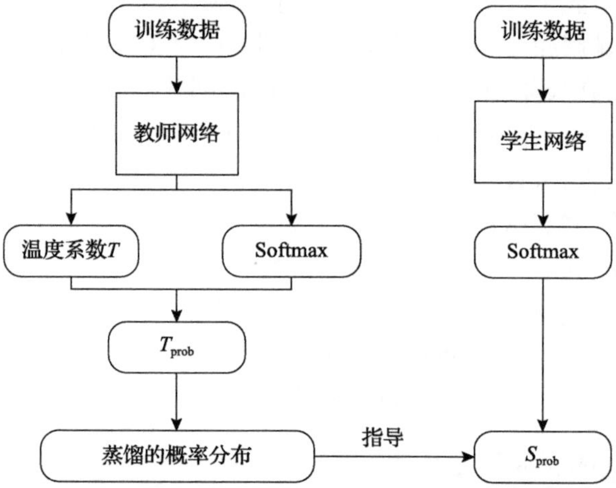

图 5.18　教师-学生知识蒸馏框架

由于知识蒸馏中学生网络具有两个训练部分，可以分别定义针对学生网络自身训练的硬目标损失函数和针对教师网络指导的软目标损失函数，总的损失函数即两者的加权相加，具体如下：

$$\text{Loss}_{\text{total}} = \text{Loss}_{\text{hard}} + \lambda \text{Loss}_{\text{soft}} \tag{5.12}$$

式中，$\text{Loss}_{\text{hard}}$ 为学生网络硬目标与教师网络硬目标的交叉熵损失；λ 是梯度补偿参数，为 T^2；$\text{Loss}_{\text{soft}}$ 为学生网络软目标与教师网络软目标的相对熵损失。

知识蒸馏中温度系数 T 是蒸馏过程的核心，教师网络对学生网络的指导具体发生在 Softmax 层，而温度系数 T 能够将教师网络预测的类别概率分布平滑地表达，具有同样温度系数 T 的学生网络则会不断拟合教师网络的预测类别概率分布，达到蒸馏教师网络知识的目的，具体蒸馏过程如下：

$$T_{\text{prob}} = \frac{e^{z_i/T}}{\sum_{j=1}^{n} e^{z_j/T}} \tag{5.13}$$

式中，T_{prob} 为教师网络的类别概率分布；z_i 、z_j 分别为教师网络输出层的第 i、j

个概率分布；n 为教师网络预测类别总数。

蒸馏学习硬目标相当于将输入特征映射到一个点上，而软目标的学习分散了原本压缩到一个点上的语义信息，使学生网络能够学到近似的语义信息，这种分散信息的思想也使得库尔贝克-莱布勒(Kullback-Leibler, KL)散度能够在软目标学习中发挥效能。KL 散度旨在衡量预测分布相比监督分布的信息损失，适用于学生网络的软目标学习任务，具体如下：

$$\mathrm{KL}\left(T_{\mathrm{prob}}P \| S_{\mathrm{prob}}\right)=\sum_{i=1}^{n} T_{\mathrm{prob}}(x_i)\ln\frac{T_{\mathrm{prob}}(x_i)}{S_{\mathrm{prob}}(x_i)} \tag{5.14}$$

式中，S_{prob} 为学生网络的类别概率分布；n 为学生网络所要预测的类别总数；x_i 为预测为第 i 类的情况。

在知识蒸馏的训练过程中，首先会通过交叉熵损失函数训练好教师网络，再通过温度系数和 KL 散度将教师网络的软化输出迁移到学生网络，同时学生网络也要自我训练，最终的损失结果会将两者进行加权。

5.2.3　引水隧洞缺陷检测模型设计

本节提出的引水隧洞缺陷检测模型所采用的神经网络结构如图 5.19 所示，主要包括深度曲线估计模块、动态卷积模块和知识蒸馏模块三部分。原始缺陷图片首先通过深度曲线估计模块进行低照度增强，然后由动态卷积模块对增强后的图片进行特征提取，得到动态特征，最后在知识蒸馏框架下，通过动态特征蒸馏损失将教师网络中的动态特征知识蒸馏到学生网络中，提升学生网络的图像语义特征表达能力且降低模型参数量。动态特征蒸馏结构中的教师网络 TunnelNet-50、学生网络 TunnelNet-18 基于残差网络 ResNet-50、ResNet-18 进行改进，并在残差模块中集成了注意力网络 SENet 中的注意力模块。教师网络和学生网络之间的鉴别器结构用于度量两者动态卷积模块输出之间的沃瑟斯坦(Wasserstein)距离[22]，衡量概率分布之间的差异，该距离作为动态特征蒸馏损失增加了学生网络的指导知识。训练过程结合动态卷积模块特点，将批量归一化(batch normalization, BN)替换成实例归一化(instance normalization, IN)，以此提升动态卷积的特征提取性能。

1. 深度曲线估计模块

引水隧洞内水体浑浊、附着淤积和光线昏暗等都会导致缺陷图像质量不佳。图 5.20 所示的深度曲线估计模块能有效改善缺陷图片的低照度情况。在深度曲线估计网络(deep curve estimation network, DCENet)[23]中加入了 3 个跳跃结构连

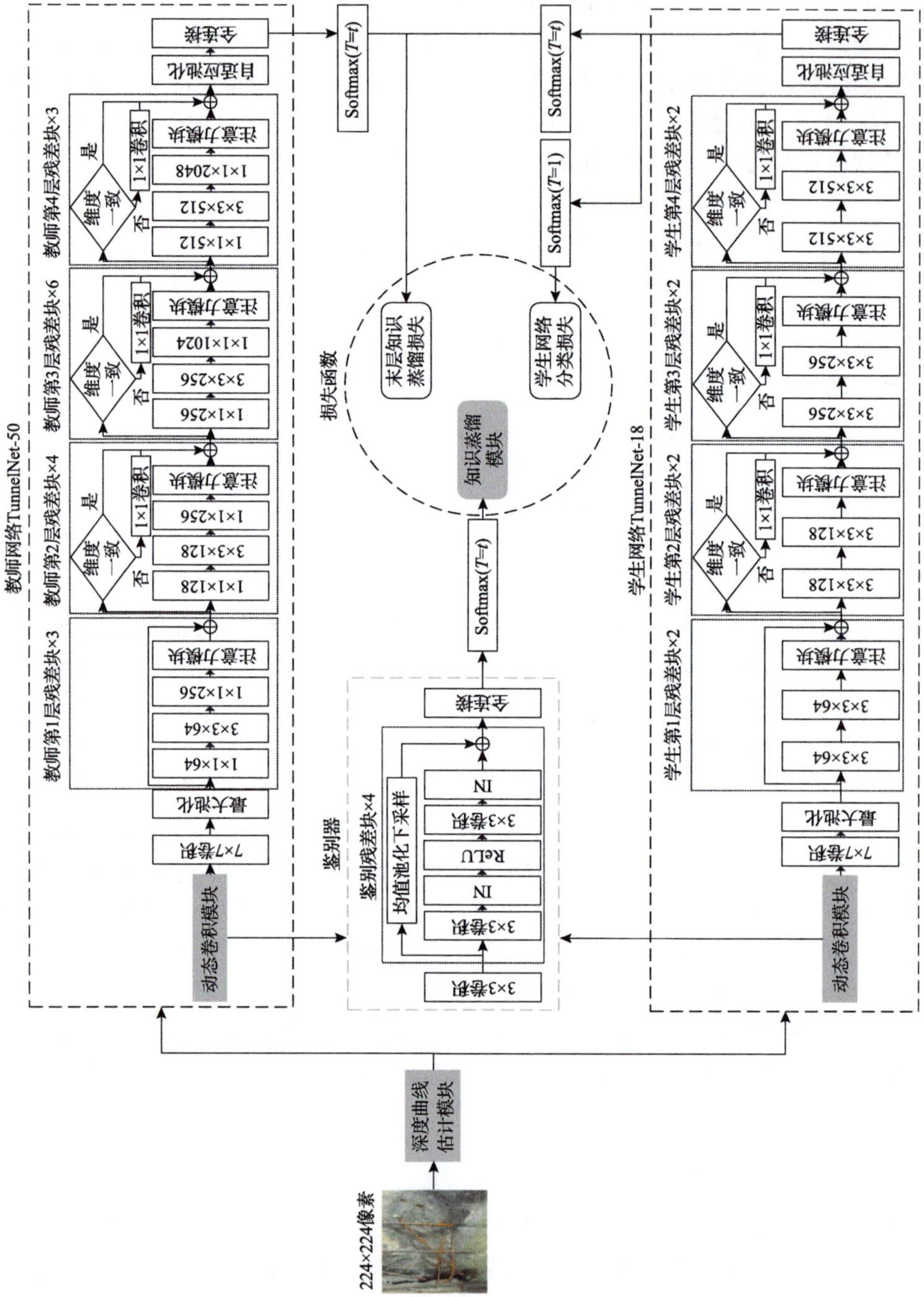

图 5.19　引水隧洞缺陷检测模型所采用的神经网络结构

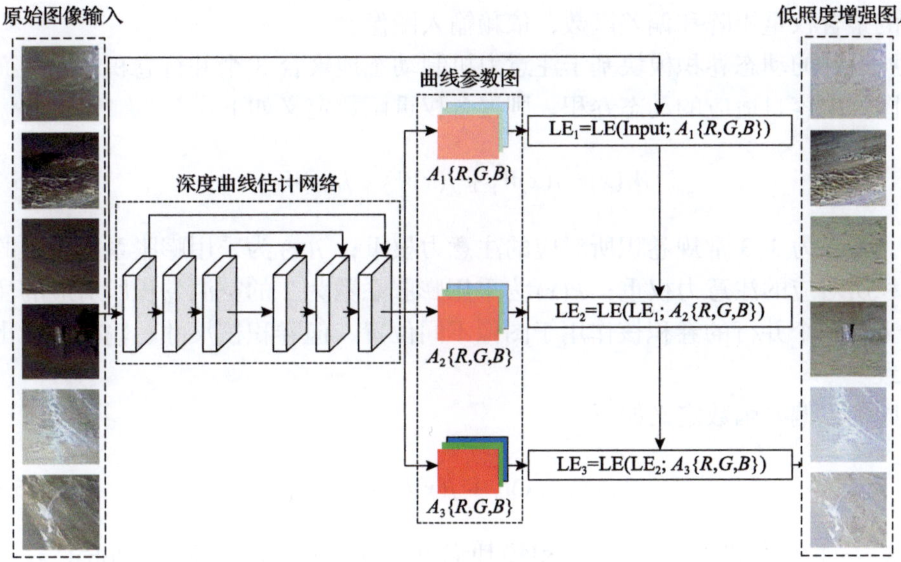

图 5.20　深度曲线估计模块

接卷积层，用于补偿语义信息，增强对光照特征的学习能力。区别于一般神经网络图像到图像的映射，深度曲线估计模块将任务重新定义为图像特定曲线的估计问题，以弱光图像为输入、以高阶曲线为输出，所得曲线用于在输入的动态范围上进行逐像素调整，调整后获得光线均匀且充足的图像。深度曲线形式采取二次曲线以保证在梯度反向传播过程中可微，将前一次得到的二次曲线输出作为后一次的输入，可得像素级光线增强(light-enhancement, LE)曲线，具体定义如下：

$$\mathrm{LE}_n(x)=\mathrm{LE}_{n-1}(x)+A_n(x)\mathrm{LE}_{n-1}(x)\left[1-\mathrm{LE}_{n-1}(x)\right] \tag{5.15}$$

式中，x 为像素坐标；$n(n\leqslant 3)$ 为用于控制曲率的迭代轮数，使得 $\mathrm{LE}_n(x)$ 能在增强后的 $\mathrm{LE}_{n-1}(x)$ 基础上继续优化；A_n 为与给定图像大小一致的估计曲线参数图，所包含的可训练曲线参数能够对每一个像素进行调整。

2. 动态卷积模块

传统静态卷积针对所有样本参数共享，而动态卷积针对单个样本，具有数据依赖性[24]。在动态卷积中引入注意力机制，使得并行的卷积核以非线性方式聚合，具备更强的表示能力。动态卷积中的注意力机制关注不同卷积核对特征提取的贡献程度，能通过训练学习到相应权重。注意力动态聚合的过程定义如下：

$$y=g\left(\tilde{W}^{\mathrm{T}}(x)x+\tilde{b}(x)\right) \tag{5.16}$$

式中，g 为激活函数修正线性单元(ReLU)；$\tilde{W}(x)$ 和 $\tilde{b}(x)$ 分别为基于注意力学习机制的聚合权重矩阵和偏差函数，依赖输入图像。

所设计的动态卷积模块基于注意力机制动态地聚合 3 个并行卷积核，从而生成对图像内容自适应的动态卷积，则聚合权重函数定义如下：

$$\tilde{W}(x)=i(x)\tilde{W}_1+j(x)\tilde{W}_2+k(x)\tilde{W}_3 \tag{5.17}$$

式中，$i(x)$ 为 3×3 常规卷积所对应的注意力权重；$j(x)$ 为采用膨胀系数为 1 的空洞卷积所对应的注意力权重；$k(x)$ 为采用膨胀系数为 2 的空洞卷积所对应的注意力权重。三个并行的卷积核作用于图像不同位置，但卷积核尺寸、输入和输出维度一致。

同理，偏差函数定义如下：

$$\tilde{b}(x)=i(x)\tilde{b}_1+j(x)\tilde{b}_2+k(x)\tilde{b}_3 \tag{5.18}$$

基于注意力机制的动态卷积模块首先通过全局平均池化（global average pooling, GAP）压缩全局空间信息，然后通过两层由激活函数 ReLU 连接的全连接（FC）层，接着通过激活函数 Sigmoid 增加非线性，之后的 Softmax 函数用于对 3 个并行卷积核的注意力权重进行归一化，通过 1 次乘加运算得到一个表示能力更强的动态卷积，用于取代特征提取能力不足的传统静态卷积。因为动态卷积模块针对不同的样本会产生特异性的注意力权重，所以训练过程不采用 BN，而采用 IN 进行训练，可得动态卷积模块结构对比图如图 5.21 所示。

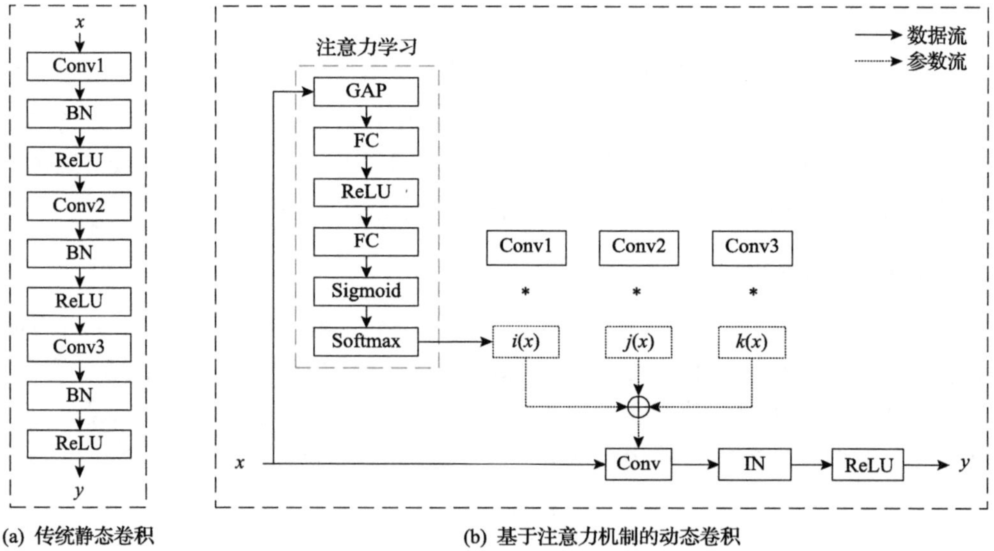

图 5.21 传统静态卷积和基于注意力机制的动态卷积模块结构对比

3. 动态特征蒸馏损失

传统知识蒸馏框架中，学生网络缺乏对教师网络浅层的学习，损失大量特征信息。本节提出的动态特征蒸馏损失引入位于教师网络浅层的动态特征，使学生网络获得更多特异性的语义信息，通过师生网络动态卷积模块间的 Wasserstein 距离度量，定义如下：

$$W(p,q)=\inf_{\gamma\in\Pi(p,q)}\iint\gamma(x,y)d(x,y)\mathrm{d}x\mathrm{d}y \tag{5.19}$$

式中，$\inf_{\gamma\in\Pi(p,q)}$ 为在 p 和 q 组合起来所有可能的联合分布 γ 集合中求函数的最大下界。

由于卷积神经网络难以直接计算式(5.19)，将式中的 $d(x,y)$ 看成成本函数，代表从 x 运输到 y 的成本，即要在所有运输方案中，找到 $\iint\gamma(x,y)d(x,y)\mathrm{d}x\mathrm{d}y$ 这一总运输成本最小的方案。看成线性规划问题后，根据对偶定理将求下界的问题转换为等价的求上界问题，可得式(5.19)的一个对偶形式如下：

$$W(p,q)=\sup_{f,g}\left\{\int\left[p(x)f(x)+q(x)g(x)\right]\mathrm{d}x\,\middle|\,f(x)+g(y)\leqslant d(x,y)\right\} \tag{5.20}$$

由于 p 和 q 都是概率分布，可以将式(5.20)推导成如下形式：

$$W(p,q)=\sup_{f}E_{x\sim p(x)}\left[f(x)\right]-E_{x\sim q(x)}\left[g(x)\right] \tag{5.21}$$

在鉴别器最后的 Softmax 层中引入软目标，得到动态特征的蒸馏形式如下：

$$q_i=\frac{\mathrm{e}^{z_i/T}}{\sum_{j=1}^{n}\mathrm{e}^{z_j/T}} \tag{5.22}$$

式中，q_i 为预测属于第 i 类的概率；z_i、z_j 分别为第 i、j 类通过网络最后一层的输出值；T 为温度系数；n 为最后一层输出对应的总类别数。

相比传统知识蒸馏结构，动态特征蒸馏结构在增加深度曲线估计模块和动态卷积模块的基础上，通过鉴别器传递教师网络的动态特征知识给学生网络，增加特征提取能力更强的指导知识。动态特征知识由动态卷积提取图像的特征得到，教师网络动态特征知识传递的方法采用知识蒸馏算法，学生网络接收的指导知识即动态特征蒸馏损失，在动态特征蒸馏模型训练过程中作为损失函数的一部分，优化模型的特征表达能力，可得传统知识蒸馏结构与动态特征蒸馏结构对比如图 5.22 所示。

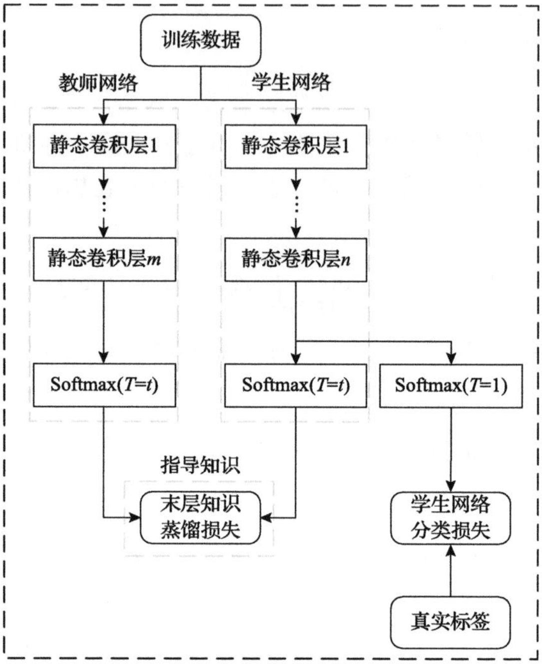

(a) 传统知识蒸馏结构

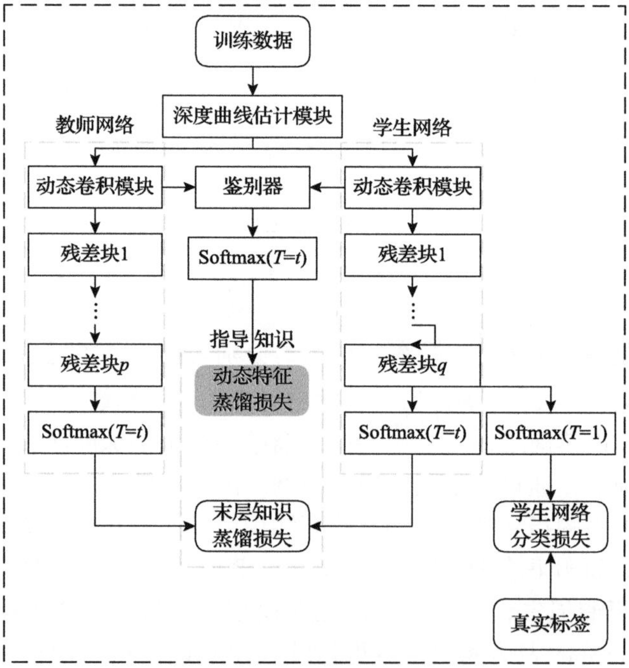

(b) 动态特征蒸馏结构

图 5.22　传统知识蒸馏结构与动态特征蒸馏结构对比

5.2.4　测试结果与分析

1. 数据集

试验所选取的缺陷数据集数据在四川某水电站引水隧洞内采集[25]。该数据集包含 12000 张分辨率为 224×224 像素的 RGB 图像，涉及裂缝、麻面、脱落、露筋、钙化和渗漏 6 个缺陷类别，每个类别包含 2000 张图像样本，所有样本均由水利专家标注制作。试验过程中训练集、验证集和测试集的选取比例为 3:1:1，其中训练集和验证集不放回随机抽取，剩余为测试集。

2. 运行环境

为评估方法的有效性，所有试验的硬件设备和软件环境均保持一致。硬件设备中，CPU 和 GPU 分别选用的型号为 Intel Core i5-8400 和 NVIDIA GTX 1060Ti。试验在 Windows 10 操作系统中进行，基于 PyTorch 1.5 框架搭建深度学习模型，统一计算设备架构(compute unified device architecture, CUDA)和编程语言分别选用 CUDA 10.1 和 Python 3.8。

3. 训练过程及评价

模型的训练过程通过损失值和准确率进行评估，分别如图 5.23(a)和图 5.23(b)所示。

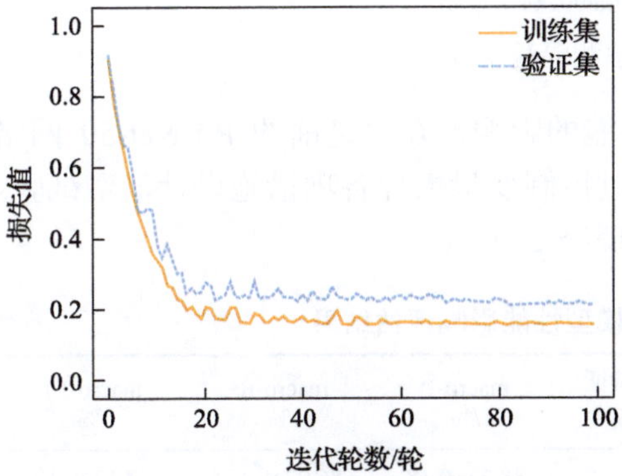

(a) 损失值变化

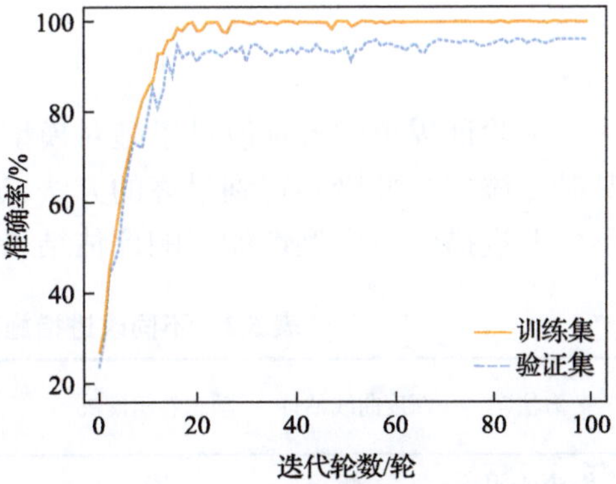

(b) 准确率变化

图 5.23　训练过程中损失值与准确率的变化趋势

由图 5.23 可见，随着迭代轮数的增加，损失值快速下降并在 50 轮后基本达到收敛，准确率最高达到 96.15%；整体上看，验证集效果略差于训练集，但都没有发生过拟合的现象，说明模型具备良好的泛化能力和稳定的检测能力。

为进一步分析每个类别的检测情况，如图 5.24 所示，采用混淆矩阵直观地呈现每个类别缺陷检测的预测情况，横轴表示预测类别、纵轴表示真实类别，矩阵单元值表示检测该类别的准确率，颜色越深表示准确率越高。从图中可以观察到模型能有效区分引水隧洞缺陷的 6 个类别。其中，对露筋的缺陷检测能力最强，所预测的 400 张露筋图像全部正确；钙化和麻面分别仅有 1 张和 2 张图像被错误检测；裂缝和脱落存在少量的误分现象，主要原因是机器人在采集数据过程中对部分图像局部补光过度，而补光过度的图像在训练样本中所占数量较少；渗漏的检测率相对较低，主要原因是渗漏的发生往往源于裂缝，存在交叠现象。

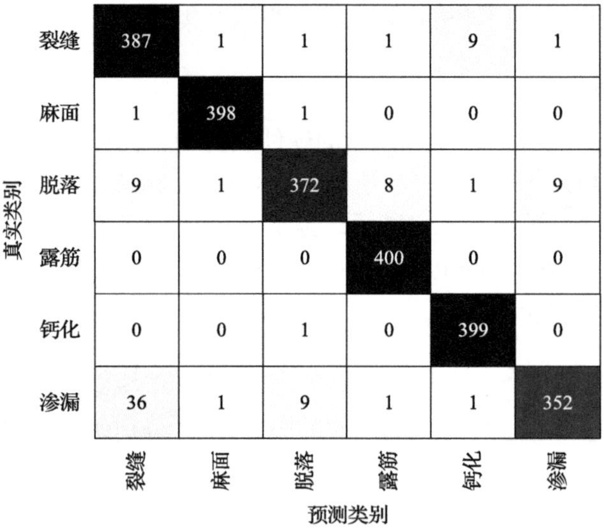

图 5.24　缺陷检测混淆矩阵

为验证提出的各项改进措施对模型性能的影响，在改进前的 ResNet-50 网络基础上添加全部措施得到最终的方法，通过控制变量去掉各项措施设计消融试验。不同改进措施对模型性能影响评估结果如表 5.2 所示。

表 5.2　不同改进措施对模型性能影响评估结果

方法	深度曲线估计	动态卷积模块	动态特征蒸馏损失	macro-P /%	macro-R /%	macro-F1 /%
ResNet-50	无	无	无	88.25±0.18	86.02±0.12	87.12±0.12
本节方法	无	有	有	93.62±0.45	94.21±0.58	93.91±0.45
	有	无	无	87.81±0.79	89.13±0.68	88.47±0.56
	有	有	无	92.74±0.49	91.53±0.41	92.13±0.31
	有	有	有	96.08±0.16	96.14±0.28	96.11±0.17

对于评价指标 macro-R 和 macro-F1，深度曲线估计模块分别提升 1.93 个百分

点和 2.2 个百分点；对于评价指标 macro-P、macro-R 和 macro-F1，动态特征蒸馏损失分别提升 3.34 个百分点、4.61 个百分点和 3.98 个百分点；动态卷积模块和动态特征蒸馏损失的共同作用对模型性能贡献最大，分别提升 8.27 个百分点、7.01 个百分点和 7.64 个百分点。整体上，本节方法的 macro-F1 指标比改进前的残差网络 RestNet-50 提升了 8.99 个百分点，达到 96.11%，充分说明各项改进措施对引水隧洞缺陷检测任务有针对性的提升。

5.3　基于多维度注意力机制的磨蚀露骨料识别方法

水利水电枢纽建筑物被淹没或部分淹没在自然水流的水体中。由于它破坏了水的自然流动，水载颗粒如粉土、沙子、砾石等固体碎屑的滚动和研磨作用造成了磨损，成为水利水电枢纽建筑物的一种缺陷。轻微的磨蚀很容易被忽略，但严重的磨蚀会影响混凝土的使用性能。如果不对磨蚀状态进行及时的检测与判断，磨蚀产生更严重的破坏则会带来大量的维修工作[26]。

从水下混凝土表观的图像进一步分析磨蚀的过程，如图 5.25 所示。图 5.25(a)中灰浆完好，无明显磨损，尚处于磨蚀的第一阶段。图 5.25(b)为从磨蚀的第一阶段到第二阶段的明显分界阶段，此时部分灰浆破坏，混凝土表层骨料暴露。图 5.25(c)中表层灰浆已经完全破坏，大面积骨料裸露，属于磨蚀的第二阶段。图 5.25(d)为磨蚀从第二阶段到第三阶段的过渡阶段，可以看到部分骨料已经被磨蚀掉，显示出骨料遗漏的情况。图 5.25(e)为磨蚀的第三阶段，此时骨料已经被大面积磨蚀，进而露筋出现。

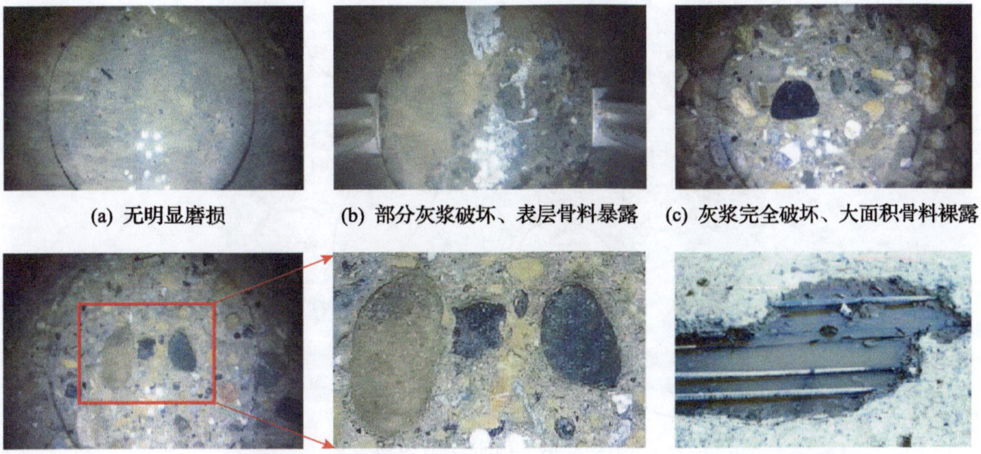

(a) 无明显磨损　(b) 部分灰浆破坏、表层骨料暴露　(c) 灰浆完全破坏、大面积骨料裸露

(d) 部分骨料被移除　(e) 露筋出现

图 5.25　磨蚀发生不同阶段露骨料表现特征

从以上分析来看，对于磨蚀的不同阶段，露骨料是一个明显的表现特征。从磨蚀发生的第一阶段到第三阶段，露骨料依次越来越明显，直至大面积出现。露骨料可以作为磨蚀定性判断的一个重要依据。因此，露骨料作为磨蚀发展过程中的关键表征特征，还为后续的智能识别提供了重要的视觉线索。本节进一步提出一种基于多维度注意力机制的磨蚀露骨料识别方法。该方法通过融合图像中纹理、颜色、边缘及空间位置等多维信息，构建特征间的自适应关注关系，提升对露骨料区域的感知能力，从而实现对不同磨蚀阶段的智能判别与表征。

5.3.1　视觉注意力机理

在认知科学中，由于大脑信息处理的局限性，注意(attention)力机制被用来描述以主动的方式分配信息处理资源，可以灵活地运用有限的心智资源[27]对接收的海量信息进行选择性加工的过程。每时每刻，我们都接收着无数的感觉信息，这些感觉信息的数量远远大于我们的知觉和认知的加工容量，通过注意力机制筛选出其中一部分信息，而这些被注意到的信息决定了我们的行动。注意力机制的外在表现形式有很多，主要包括信号检测、搜索、选择性注意、分配性注意。以人工对露骨料进行视觉检查的过程为例，露骨料散落在背景混凝土之中。为了获得更加快速和准确的识别结果，分配了更多的注意力在露骨料的区域，而忽视了背景区域，如图 5.26 所示。

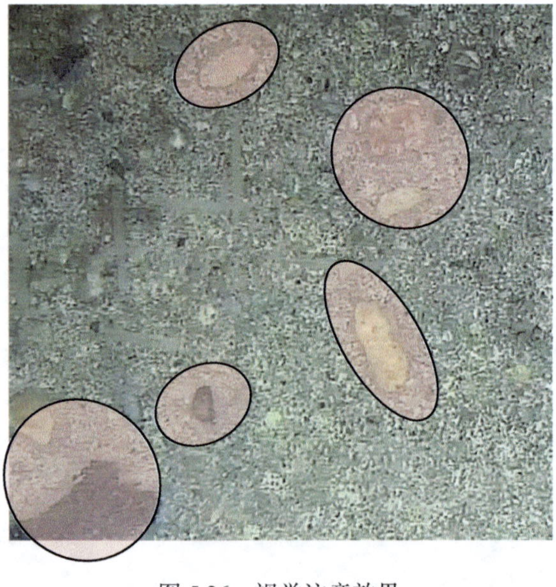

图 5.26　视觉注意效果

视觉注意力的生物机制如图 5.27 所示。在人类的视觉通道，被观测物体的光线先通过眼睛的角膜，然后依次穿过瞳孔、晶状体、玻璃体等组织，聚焦于视网膜。在视网膜上电磁光能转换为电化学冲动，视觉敏锐度最高的区域是中央凹(fovea)，中央凹在视网膜上是一个非常有限的区域，只有针尖大小。因此，如果人类视觉选择注意的区域，需要主动转动眼球，直到关注的区域落到中央凹上。

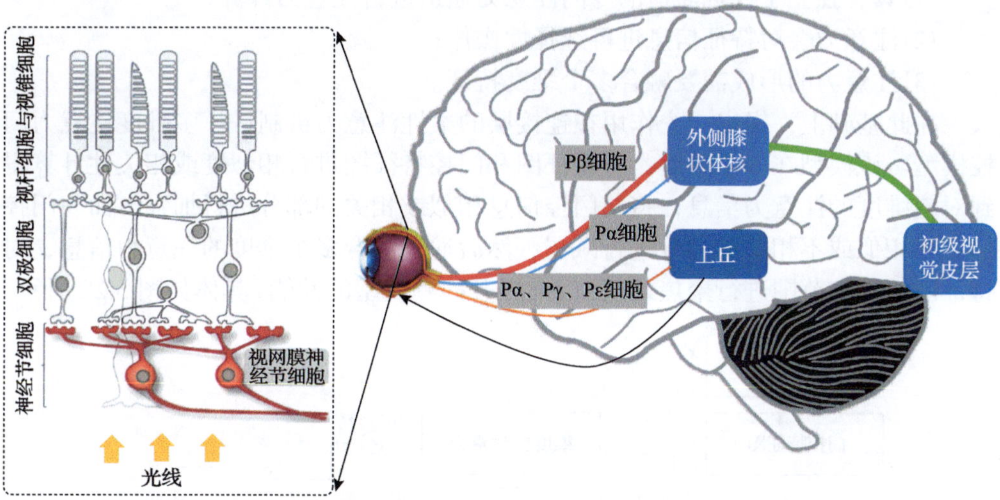

图 5.27 视觉注意力的生物机制

视网膜主要包括三层神经组织，分别为视细胞层、双极细胞层和节细胞层。视细胞层主要由分布在中央凹周围区域负责感光的视杆细胞(rod cell)和集中在中央凹区域形成颜色知觉的视锥细胞(cone cell)组成。双节细胞层处于中间层，形成双向联系。视网膜神经节细胞(retinal ganglion cell, RGC)组成了节细胞层，其轴突形成了视神经(optic nerve)。长期以来，科学研究认为注意力产生于大脑枕叶的初级视觉皮层(V1)，但是近年来新的研究成果认为，注意力的形成来自上丘(superior colliculus, SC)中[28,29]。Perry 等[30]以猕猴的大脑为对象，对视网膜神经节细胞进行了进一步的研究。视网膜神经节细胞可以进一步分为 Pα、Pβ、Pγ、Pε 四种。如图 5.27 所示，全部的 Pβ 和绝大部分的 Pα 组合在一起，构成了 90%的 RGC，延伸向外侧膝状体核(lateral geniculate nucleus, LGN)，进一步在初级视觉皮层(V1)进行颜色、形状、位置等简单特征的处理。Pγ、Pε 和一部分的 Pα 相对均匀地分布在视网膜，将信息传递至更小、更原始的上丘，在上丘中产生注意力机制，形成注意区域，并且通过反馈控制眼球的转动，将所选择的注意区域集中到中央凹部位，将有限的视觉处理资源集中到所注意的区域中。

从以上视觉注意力的生物机制分析中可以得到：人类注意力的形成通路和特征处理的通路是独立分开的；只有少量全局的、低分辨率的视觉信息用于注意区域的形成。

5.3.2　多维度注意力门控模型

综合视觉注意力的生物机制、选择性注意力和注意力的特征整理理论等多方面知识，可以得到以下基本的结论：

(1)具有独立于视觉通道的专门注意力通道进行注意力计算；

(2)注意力会对特征信息进行选择性操作；

(3)注意力的形成需要融合多个维度特征。

在此基础上，提出一个作用在连接层的柔性注意力机制——多维度注意力门控模型。该模型在多个维度，将特征图和门控特征图进行相似度或相关性计算得到对应维度的注意力信息，将与门控信息相似或相关的部分进行加强，而与门控信息不相似或不相关的部分进行减弱，然后通过融合多个维度的注意力信息，对特征图的特定范围进行聚焦处理，以此提升检测模型的性能，具体如图 5.28 所示。

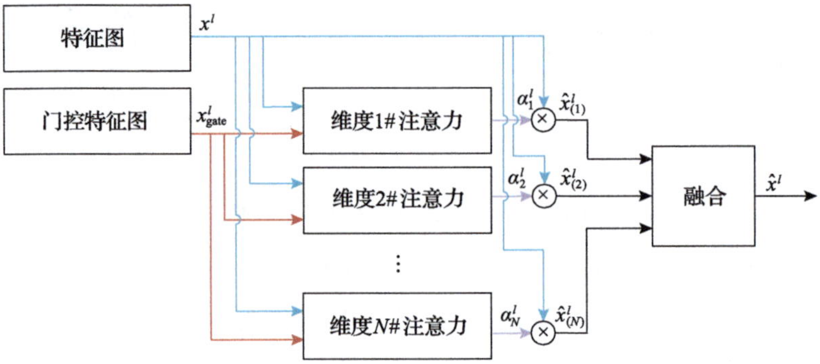

图 5.28　多维度注意力门控模型示意图

x^l 为第 l 层需要进行注意力处理的特征图，x^l_{gate} 为与特征图 x^l 对应的门控特征图。通过在不同维度下运算注意力权重计算函数 f^l_N，获得第 l 层在第 N 维度下的注意力系数 α^l_N：

$$\alpha^l_N = f^l_N\left(x^l, x^l_{\text{gate}}\right) \tag{5.23}$$

式中，α^l_N 由不同位置 i 的像素或特征图生成的注意力系数 $\alpha_i \in [0,1]$ 组成，即通过一个系数对各个像素或特征图进行调节，聚焦在特定的像素或特征区域。对第 N 维度特征图 x^l 进行调节，形成注意力调整后第 N 维度的特征图：

$$\hat{x}^l_{(N)} = x^l \alpha^l_N \tag{5.24}$$

将不同维度下的特征图进行融合，形成被门控信号处理的多维度注意力特征图：

$$\hat{x}^l = \hat{x}^l_{(1)} + \hat{x}^l_{(2)} + \cdots + \hat{x}^l_{(N)} \tag{5.25}$$

5.3.3　注意力的生成方法

形成多维度注意力门控模型的关键是选择表达注意力的不同维度和计算相似度或相关性函数 f_N^l。常用的相似度或相关性函数有内积函数(式(5.26))、拼接函数(式(5.27))、乘法函数(式(5.28))：

$$f_N^l\left(x^l, x_{\text{gate}}^l\right) = \left(x^l\right)^{\text{T}} x_{\text{gate}}^l \tag{5.26}$$

$$f_N^l\left(x^l, x_{\text{gate}}^l\right) = \varpi^{\text{T}}\left[x^l; x_{\text{gate}}^l\right] \tag{5.27}$$

$$f_N^l\left(x^l, x_{\text{gate}}^l\right) = \left(x^l\right)^{\text{T}} \varpi^{\text{T}} x_{\text{gate}}^l \tag{5.28}$$

对于维度的选择，常用的维度有空间维度和通道维度。空间维度形成两个特征图在空间位置关联的注意力，注意力系数由特征图的位置决定。通道维度形成两个特征图在通道关联的注意力，注意力系数由特征图的通道决定。以下为两种注意力生成方法。

1. 拼接相似度下的空间注意力

拼接相似度下的空间注意力通过拼接运算获得输入特征图和门控特征图之间在位置上的关联性。输入特征图的大小为 $H_x \times W_x \times C_x$，门控特征图的大小为 $H_g \times W_g \times C_g$。通常，为了减少计算量，选取的门控特征图和输入特征图拥有相同的尺寸，即 $H_x = H_g = H$，$W_x = W_g = W$，$C_x = C_g = C$。拼接相似度下的空间注意力计算示意图如图 5.29 所示。

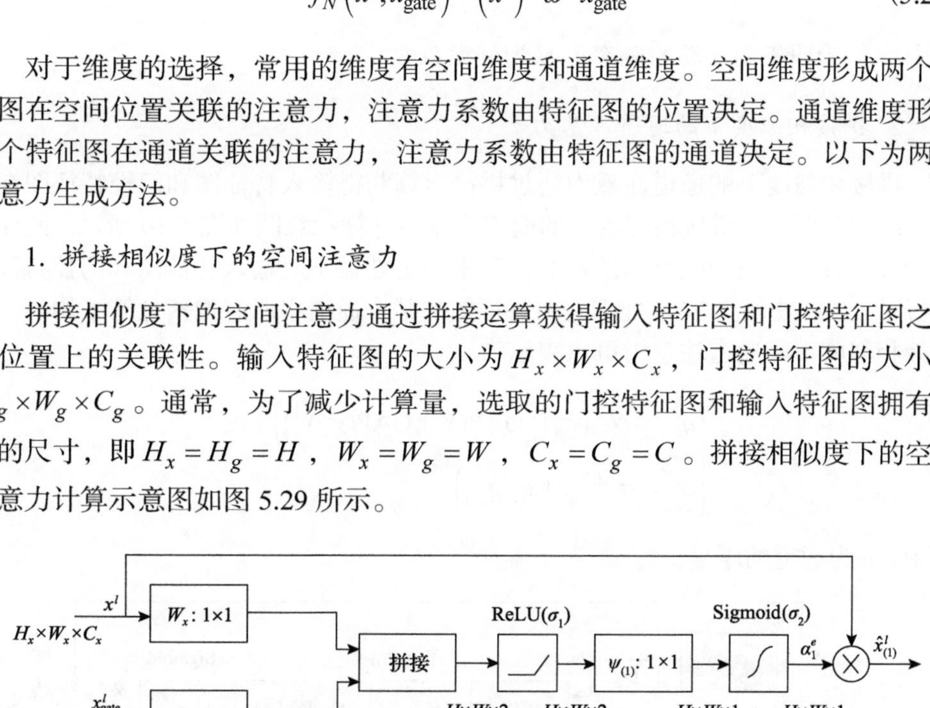

图 5.29　拼接相似度下的空间注意力计算示意图

拼接相似度下的空间注意力计算公式为

$$\begin{cases} q_{\text{att}}^{l} = \psi^{\text{T}}\left(\sigma_1\left(\left[W_x^{\text{T}} x_i^{l} + b_x; W_g^{\text{T}} g_i + b_g\right]\right)\right) + b_{\psi} \\ \alpha_i^{l} = \sigma_2\left(q_{\text{att}}^{l}\left(x_i^{l}, g_i\right)\right) \end{cases} \tag{5.29}$$

式中，输入通过大小为 1×1 的卷积核 W_x 和 W_g 计算；b_x、b_{ψ} 和 b_g 为卷积的偏置项；α_i^l 为第 i 个位置的空间注意力系统；σ_1 为 ReLU 非线性变换；σ_2 为对应 Sigmoid 激活函数，具体为

$$\sigma_2\left(x_i\right) = \frac{1}{1 + \mathrm{e}^{-x_i}} \tag{5.30}$$

为了对网络的输出进行归一化，Softmax 函数将每个像素的分类结果转换为 0～1，同时使不同分类结果的总和为 1。Softmax 函数用归一化指数表示为

$$y_j = \frac{\mathrm{e}^{x_j}}{\sum_{i=1}^{N} \mathrm{e}^{x_i}} \tag{5.31}$$

式中，y_j 为属于第 j 类的概率；N 为分类总数。

2. 拼接相似度下的通道注意力

拼接相似度下的通道注意力通过拼接运算获得输入特征图和门控特征图在通道之间的关联性。拼接相似度下的通道注意力计算示意图如图 5.30 所示。此注意力的计算方法与空间注意力的计算方法不同之处在于对输入特征图和门控特征图进行了 GAP 处理。GAP 处理是对特征图的某个通道中所有像素计算平均值，则拼接相似度下的通道注意力可以表示为

$$\begin{cases} q_{\text{att}}^{l} = \psi^{\text{T}}\left(\sigma_1\left(\left[\text{GAP}(x_c^{l}); \text{GAP}(g_c)\right]\right)\right) + b_{\psi} \\ \alpha_c^{l} = \sigma_2\left(q_{\text{att}}^{l}\left(x_c^{l}, g_c\right)\right) \end{cases} \tag{5.32}$$

式中，c 为通道的序号。

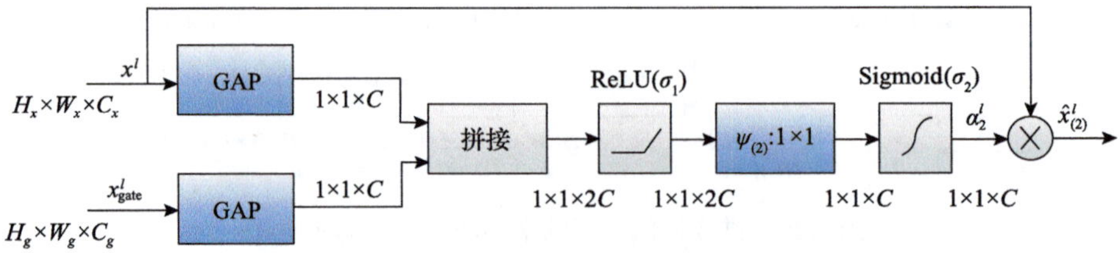

图 5.30　拼接相似度下的通道注意力计算示意图

5.3.4　多维度注意力机制的语义分割模型

对水下混凝土图像进行语义分割处理的目标是对图像的每个像素进行分类，输出结果和输入图像尺寸相同，输出结果中每个像素的值代表分类结果，如磨蚀露骨料或背景。为了提升对水下混凝土磨蚀露骨料的语义分割效果，通过引入多维度注意力门控模型对 U-Net 网络进行改进，构建全新的全卷积神经网络。结合原始数据和标注数据对网络进行有监督的迭代训练，最终得到针对磨蚀露骨料的多维度注意力机制的语义分割模型。利用该语义分割模型对含有磨蚀露骨料的图像进行像素级别分割，实现对磨蚀露骨料与图像背景的高精度分类。

在本节中，卷积神经网络的输入是 RGB 三通道彩色图像(512×512×3 像素)，输出的分辨率为 512×512×2 像素，其中输出的最后两个通道表示像素是背景还是磨蚀露骨料的概率。该网络采用 U-Net 结构的语义分割网络，其中编码器部分主要由反卷积层和最大池化层组成，作用是降低原始图像分辨率并提取磨蚀露骨料的抽象特征；而解码器部分则是通过转置卷积操作对磨蚀露骨料的抽象特征进行上采样扩展，最终形成与原始图像尺寸相同的分割结果。本网络的关键点在于，在跳转连接过程中通过多维度注意力门控模型和连接模块将局部特征有选择地组合为全局特征以恢复图像细节。多维度注意力机制的语义分割模型的总体框架如图 5.31 所示。

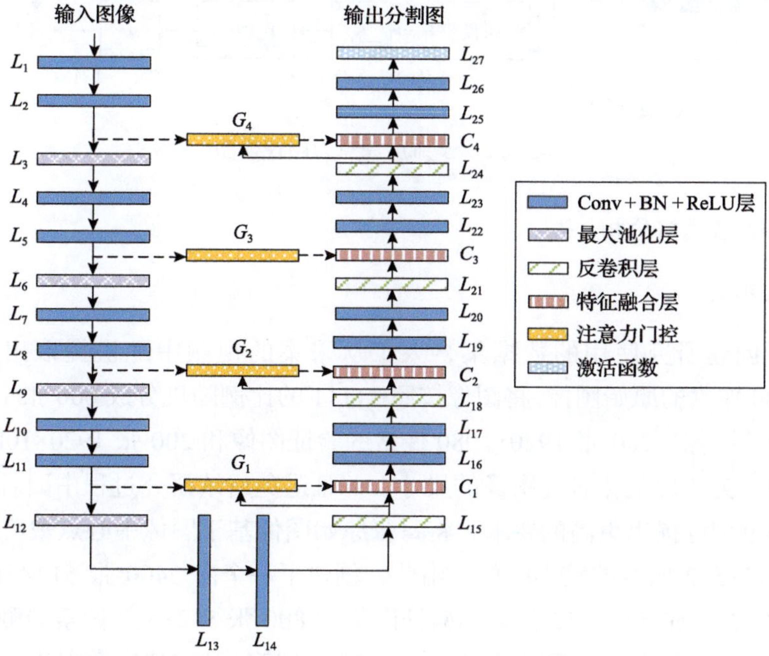

图 5.31　多维度注意力机制的语义分割模型的总体框架图

注意力门控模型是整个网络结构的核心部分，其作用主要是提高分割模型的灵敏度和预测精度，在此使用本书提出的多维度注意力门控模型，该模型融合了5.3.3节中提出的空间注意力和通道注意力。为了减少计算量，从经过反卷积层后的特征图中选择每个注意力门控特征图时，均需要保证与输入特征图拥有相同的分辨率，从而省去对注意力门控特征图的上采样操作。使用的多维度注意力门控模型如图5.32所示。经过多维度注意力门控模型处理后的特征图表示为

$$\hat{x}^l = \hat{x}^l_{(1)} + \hat{x}^l_{(2)} = \alpha_1^l x^l + \alpha_2^l x^l \tag{5.33}$$

式中，α_1^l 为空间注意力的系数，由式(5.29)计算获得；α_2^l 为通道注意力的系数，由式(5.32)计算获得。

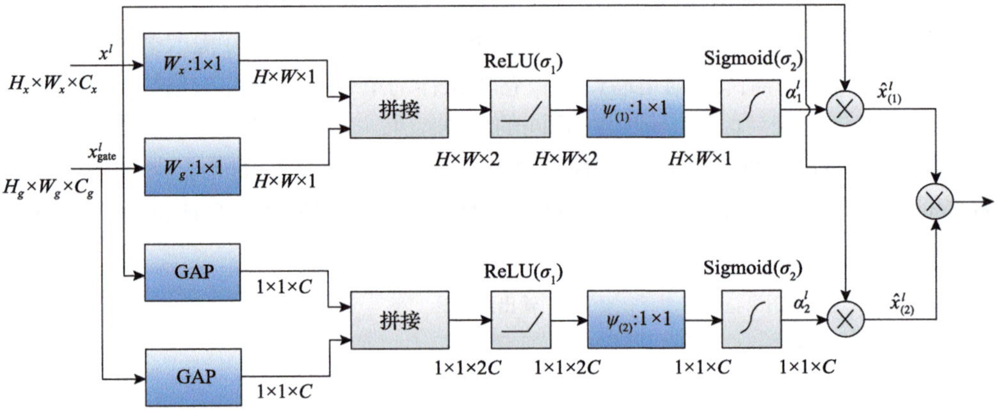

图5.32　多维度注意力门控模型

5.3.5　测试结果与分析

1. 数据集

为了创建研究使用的数据集，人工从采集的视频中随机提取出1000张1920×1080像素的原始图像。将图像按照3∶1∶1的比例随机分成600张1920×1080像素的训练图像、200张1920×1080像素的验证图像和200张1920×1080像素的测试图像。为了规范化研究图像的尺寸，并且避免后续研究过程中因研究图像太大而对模型训练提出更高的要求，将每张原始图像基于图像中心点裁剪为4张分辨率为512×512像素的较小图像。由此，创建了一个由2400张512×512像素的训练图像、800张512×512像素的验证图像和800张512×512像素的测试图像组成的规范化、高质量的水利水电枢纽水下混凝土磨蚀缺陷研究数据集。

2. 运行环境

网络训练是在配置了 CPU 芯片(Intel i7-8700K，3.7GHz)和高性能 GPU 板(NVIDIA GeForce RTX 2080)的工作站上进行的。训练环境是 Ubuntu 16.04 和 Python 3.6，在 TensorFlow 1.4 框架下实现了多维度注意力机制的语义分割模型算法程序。

3. 比较研究

使用在训练和验证过程中从未用过的 800 张测试图像来评估网络的性能。为了进行比较研究，使用相同的训练和验证数据集训练对比网络，详细比较 10 种网络模型在测试集上的测试结果。对 Yang 等[7]实现的全卷积网络进行微调，改变其输入图像的大小，使其能够输入分辨率为 512×512 像素的图像，并选择交叉熵函数作为全卷积网络的损失函数。此外，将 Liu 等[31]实现的 U-Net 应用到本节数据集上而不需要任何更改，采用 Focal 损失函数作为 U-Net 的评价函数。这两个网络均使用 Adam 算法对模型进行优化，其中一阶矩的指数衰减率 $\beta_1 = 0.9$，二阶矩的指数衰减率 $\beta_2 = 0.999$。为了给这些网络选择合适的初始学习率，同样验证了三种不同的学习率(0.001、0.0001 和 0.00001)。同理，采用开源的 AdapNet、DenseASPP、DeepLabV3、PSPNet、DenseNet、FRRN、SegNet 语义分割网络进行模型搭建和训练。

表 5.3 为在测试集上 10 个网络的性能指标。显然，Valada 等[32]提出的 AdapNet 网络的性能指标是最低的，而本节提出的多维度注意力机制的语义分割模型实现

表 5.3　不同网络模型在测试集上的效果对比

网络模型	出处	精确率/%	召回率/%	F1 指数/%	交并比/%
AdapNet	文献[32]	90.50	80.36	83.84	48.68
DenseASPP	文献[33]	96.12	82.28	87.22	50.06
DeepLabV3	文献[34]	95.53	82.93	87.22	51.14
PSPNet	文献[35]	90.89	82.27	84.92	53.30
DenseNet	文献[36]	91.80	83.56	86.03	55.21
FRRN	文献[37]	86.06	83.30	83.50	59.34
SegNet	文献[38]	92.60	89.55	90.17	69.75
FCN	文献[7]	91.71	90.74	90.56	73.72
U-Net	文献[31]	92.53	91.44	91.56	74.41
本节所提模型	本书	93.30	92.82	92.84	77.53

了最高的性能指标。在测试集上，多维度注意力机制的语义分割模型的精确率、召回率、F1 指数和交并比分别为 93.30%、92.82%、92.84%和 77.53%。对于像素级磨蚀露骨料的检测，交并比是所有性能指标中最有说服力的评估指标，在这项指标上多维度注意力机制的语义分割模型比 FCN 模型高 3.81 个百分点，比 U-Net 模型高 3.12 个百分点。因此，本节提出的多维度注意力机制的语义分割模型更适合水下混凝土磨蚀露骨料的智能识别。

参 考 文 献

[1] Abdel-Qader I, Abudayyeh O, Kelly M E. Analysis of edge-detection techniques for crack identification in bridges[J]. Journal of Computing in Civil Engineering, 2003, 17(4): 255-263.

[2] Weng X X, Huang Y C, Wang W Z. Segment-based pavement crack quantification[J]. Automation in Construction, 2019, 105(SEP): 102819.1-102819.16.

[3] Dinh T H, Ha Q P, La H M. Computer vision-based method for concrete crack detection[C]. 14th International Conference on Control, Automation, Robotics and Vision (ICARCV), Phuket, 2016.

[4] Sato Y, Bao Y, Koya Y. Crack detection on concrete surfaces using V-shaped features[J]. The World of Computer Science and Information Technology Journal, 2018, 8(1): 1-6.

[5] Cha Y J, Choi W, Büyüköztürk O. Deep learning-based crack damage detection using convolutional neural networks[J]. Computer-Aided Civil and Infrastructure Engineering, 2017, 32(5): 361-378.

[6] Chen F C, Jahanshahi M R. NB-CNN: Deep learning-based crack detection using convolutional neural network and Naïve Bayes data fusion[J]. IEEE Transactions on Industrial Electronics, 2017, 65(5): 4392-4400.

[7] Yang X C, Li H, Yu Y T, et al. Automatic pixel-level crack detection and measurement using fully convolutional network[J]. Computer-Aided Civil and Infrastructure Engineering, 2018, 33(12): 1090-1109.

[8] Wei F J, Yao G, Yang Y, et al. Instance-level recognition and quantification for concrete surface bughole based on deep learning[J]. Automation in Construction, 2019, 107: 102920.

[9] Feng C, Liu M Y, Kao C C, et al. Deep active learning for civil infrastructure defect detection and classification[C]. ASCE International Workshop on Computing in Civil Engineering, Seattle, 2017.

[10] Canny J. A computational approach to edge detection[J]. IEEE Transactions on Pattern Analysis and Machine Intelligence, 1986, 8(6): 679-698.

[11] Duda R O, Hart P E. Pattern classification and scene analysis[M]. New York: John Wiley & Sons, 1973.

[12] Xie M, Jean N, Burke M, et al. Transfer learning from deep features for remote sensing and poverty mapping[C]. AAAI'16: Proceedings of the Thirtieth AAAI Conference on Artificial Intelligence, Phoenix, 2016.
[13] 郑泽宇, 顾思宇. TensorFlow: 实战 Google 深度学习框架[M]. 北京: 电子工业出版社, 2017.
[14] Oquab M, Bottou L, Laptev I, et al. Learning and transferring mid-level image representations using convolutional neural networks[C]. IEEE Conference on Computer Vision and Pattern Recognition (CVPR 2014), Columbus, 2014.
[15] 中华人民共和国水利部. 水利水电工程安全监测设计规范: SL 725—2016[S]. 北京: 中国水利水电出版社, 2016.
[16] 周月霞. 水工隧洞混凝土裂缝分析及加固研究[D]. 北京: 中国水利水电科学研究院, 2016.
[17] 吴中如. 重大水工混凝土结构病害检测与健康诊断[M]. 北京: 高等教育出版社, 2005: 250-252.
[18] 中华人民共和国住房和城乡建设部, 国家质量监督检验检疫总局. 混凝土结构工程施工质量验收规范: GB 50204—2015[S]. 北京: 中国建筑工业出版社, 2015.
[19] 中华人民共和国住房和城乡建设部, 国家市场监督管理总局. 建筑结构检测技术标准: GB/T 50344—2019[S]. 北京: 中国建筑工业出版社, 2020.
[20] 岳跃真, 张家宏, 夏世法, 等. 水工混凝土建筑物的安全评估技术[C]. 全国水工混凝土建筑物修补与加固技术交流会, 青岛, 2009.
[21] 国家能源局. 水工混凝土施工规范: DL/T 5144—2015[S]. 北京: 中国电力出版社, 2015.
[22] Gulrajani I, Ahmed F, Arjovsky M, et al. Improved training of Wasserstein GANs[C]. Proceedings of the Advances in Neural Information Processing Systems, Long Beach, 2017.
[23] Guo C L, Li C Y, Guo J C, et al. Zero-Reference deep curve estimation for low-light image enhancement[C]. Proceedings of the IEEE/CVF Conference on Computer Vision and Pattern Recognition, Seattle, 2020.
[24] Yang B, Bender G, Quoc V, et al. CondConv: Conditionally parameterized convolutions for efficient inference[C]. Proceedings of the Advances in Neural Information Processing Systems, Vancouver, 2019.
[25] Wang H R, Wang S, Feng C C, et al. Diversion tunnel defects inspection and identification using an automated robotic system[C]. Proceedings of the Chinese Automation Congress, Hangzhou, 2019.
[26] Auel C, Boes R, Sumi T. Abrasion damage estimation of sediment bypass tunnels[J]. Annuals of Disaster Prevention Research Institute, 2013, 58(58): 540-549.
[27] Goldstein E B. Cognitive Psychology: Connecting Mind, Research, and Everyday Experience[M]. Stamford: Cengage Learning, 2018.

[28] Veale R, Hafed Z M, Yoshida M. How is visual salience computed in the brain? Insights from behaviour, neurobiology and modelling[J]. Philosophical Transactions of the Royal Society of London Series B, Biological Sciences, 2017, 372(1714): 20160113.

[29] White B J, Kan J, Levy R, et al. Superior colliculus encodes visual saliency before the primary visual cortex[J]. Proceedings of the National Academy of Sciences, 2018, 114: 9451-9456.

[30] Perry V H, Oehler R, Cowey A. Retinal ganglion cells that project to the dorsal lateral geniculate nucleus in the macaque monkey[J]. Neuroscience, 1984, 12(4): 1101-1123.

[31] Liu Z Q, Cao Y W, Wang Y Z, et al. Computer vision-based concrete crack detection using U-Net fully convolutional networks[J]. Automation in Construction, 2019, 104: 129-139.

[32] Valada A, Vertens J, Dhall A, et al. AdapNet: Adaptive semantic segmentation in adverse environmental conditions[C]. IEEE International Conference on Robotics and Automation (ICRA), Singapore, 2017.

[33] Yang M K, Yu K, Zhang C, et al. DenseASPP for semantic segmentation in street scenes[C]. IEEE/CVF Conference on Computer Vision and Pattern Recognition, Salt Lake City, 2018.

[34] Chen L C, Zhu Y K, Papandreou G, et al. Encoder-decoder with atrous separable convolution for semantic image segmentation[C]. Proceedings of the European Conference on Computer Vision (ECCV), Munich, 2018.

[35] Zhao H S, Shi J P, Qi X J, et al. Pyramid scene parsing network[C] . IEEE Conference on Computer Vision and Pattern Recognition, Honolulu, 2017.

[36] Jégou S, Drozdzal M, Vazquez D, et al. The one hundred layers tiramisu: Fully convolutional DenseNets for semantic segmentation[C]. IEEE Conference on Computer Vision and Pattern Recognition Workshops, Honolulu ,2017.

[37] Pohlen T, Hermans A, Mathias M, et al. Full-resolution residual networks for semantic segmentation in street scenes[C]. IEEE Conference on Computer Vision and Pattern Recognition, Honolulu, 2017.

[38] Badrinarayanan V, Kendall A, Cipolla R. SegNet: A deep convolutional encoder-decoder architecture for image segmentation[J]. IEEE Transactions on Pattern Analysis and Machine Intelligence, 2017, 39(12): 2481-2495.

第 6 章　基于智能巡检数据的结构安全分析技术

结构安全分析评价是判定水工建筑物安全运行的关键。目前，水工建筑物的破坏机理分析和结构安全评估还处于设计试验验证、运行期监测数据反演、破坏后定性分析阶段，尚缺少与病害分析直接相关的缺陷特征定量提取技术与分布规律研究。智能机器人为结构安全的定量评价提供了多维数据的支撑，本章基于智能机器人技术的应用成果，综合巡检、监测、水动力模拟数据，以消力池等泄洪消能建筑物和引水隧洞等过流隧洞为典型场景，进行结构安全分级与风险评价。

6.1　消力池安全评价方法与决策分析研究

6.1.1　基于信息物元的消力池安全评价系统

近年来，物元分析理论和可拓学理论已被运用到大坝工作性态评估、坝体变形评价、围岩稳定性评判、岩体质量评价和方案优选等多属性决策问题中。与常规评估方法相比，上述理论可实现对研究对象的质与量的综合诊断。借鉴坝体等其他水工结构的安全评估方法，信息物元系统将是水工消能建筑物安全评估的可靠方法。

信息物元系统是基于系统工程的理论和方法，通过构建多层递阶结构的水工消能建筑物工作性态评估物元系统，综合考虑各主要因素的影响，建立安全评估模糊可拓模型，通过合理量化各指标特征值和重要性程度，实现对泄洪系统安全状态的动态评价。此法将一个复杂的多目标决策问题看作一个系统，将目标分解为多指标的若干层次，逐层比较多种关联因素，按其优良程度或重要程度划分为若干等级，并赋以定量值，从而为分析、诊断、预测等提供定量依据。

从物元分析的角度出发，水工消能建筑物安全的每个影响因素均可视为一个信息物元。对水工消能建筑物的安全评估应尽量考虑主要信息物元，构建水工消能建筑物安全评估多层递阶结构的信息物元系统，见图 6.1。

根据物元的发散性特征，消能建筑物安全以第Ⅰ级物元(底孔闸门及跌坎以上区域、消力池底板、导墙、尾坎与下游河道)作为其直属特征；同时，第Ⅰ级物元又是子研究对象，其特征由下层第Ⅱ级物元(水力作用、止水完好度和各项缺陷等)反映；依此类推，下级物元可看作上级物元的特征。以消力池底板物元为例，它

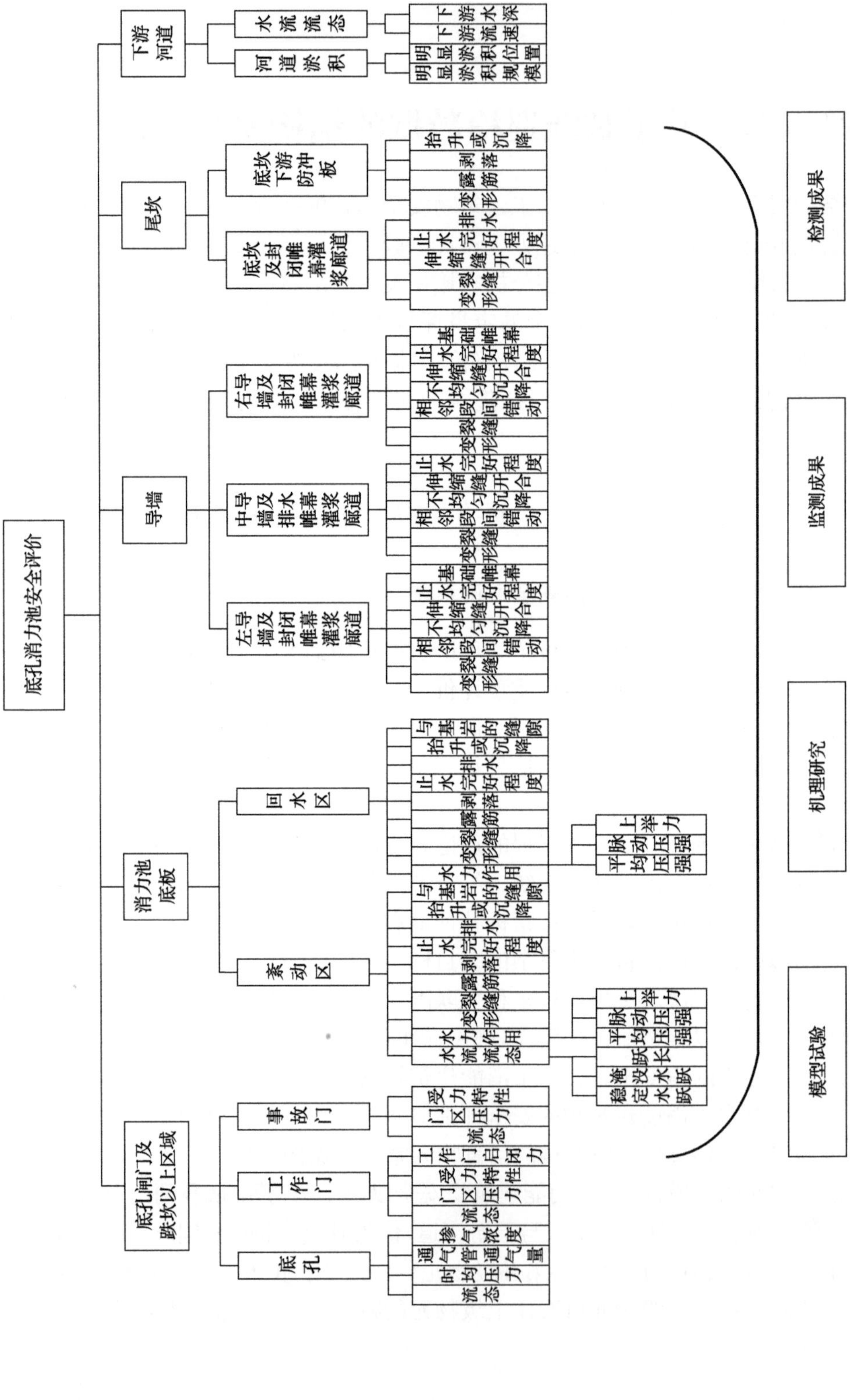
底孔消力池安全评价
下游河道
尾坎
导墙
消力池底板
底孔闸门及跌坎以上区域
水流流态
河道淤积
底坎下游防冲板
底坎及封闭帷幕灌浆廊道
右导墙及封闭帷幕灌浆廊道
中导墙及排水帷幕灌浆廊道
左导墙及封闭帷幕灌浆廊道
回水区
紊动区
事故门
工作门
底孔
检测成果
监测成果
机理研究
模型试验

图 6.1　信息物元系统

既是消能建筑物安全研究对象的特征，又能由第Ⅱ级物元中的水力作用、止水完好程度、各项缺陷等特征刻画。为给出水力作用的特征值，又将其作为研究对象，发散为平均压强、脉动压强和上举力等基层特征指标。而实际进行安全评估时，逆向进行，逐层收敛，最终给出水工消能建筑物工作性态的整体评估等级。

6.1.2　消力池安全评价方法

1. 安全评价流程

假定研究对象 N 为水工消能建筑物安全等级，了解研究对象的相关信息后，拟将其安全情况划分为 5 个等级，即 $N_j=\{N_1,N_2,N_3,N_4,N_5\}$={正常，基本正常，轻度异常，异常，险情}。物元系统的基本思路如下：为了定量评估水工消能建筑物的安全等级，需要计算各物元的权重矩阵 W，以及研究对象 N 的第 i 个特征关于等级 j 的关联度矩阵 $K_j(v_i)$；最后将权重矩阵乘以各个等级的关联度矩阵，即可得到研究对象 N 关于各个评价等级的关联度，其最大值即关联度最强等级，也就是此水工消能建筑物最接近的安全等级。评估流程示意图如图 6.2 所示。

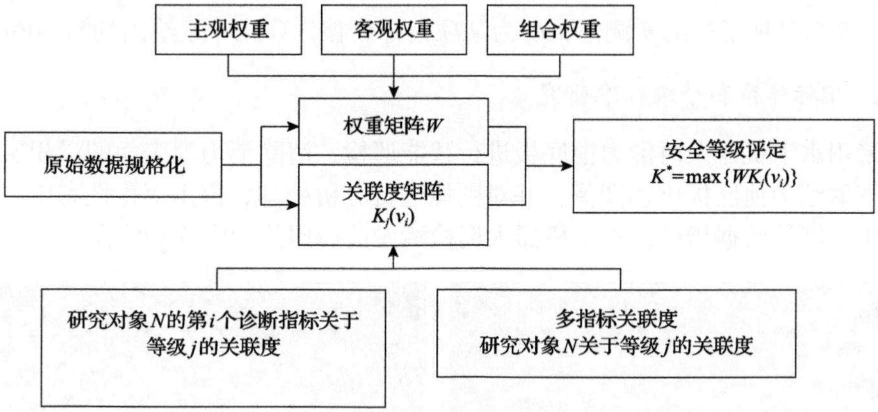

图 6.2　基于信息物元模糊模型的安全评估流程图

物元是描述事物的基本元素，是水工消能建筑物工作性态评估的逻辑细胞。影响水工消能建筑物安全的因素有很多，水工消能建筑物工作性态的 n 维评估物元 R 可表示为

$$R=(c,v)=\begin{bmatrix} c_1 & v_1 \\ c_2 & v_2 \\ \vdots & \vdots \\ c_n & v_n \end{bmatrix}=\begin{bmatrix} R_1 \\ R_2 \\ \vdots \\ R_n \end{bmatrix} \tag{6.1}$$

式中，v 为研究对象 N 关于 c 所取的量值；c 为事物的特征，即评估指标；R_i(i=1,2,

$\cdots,n$)为 R 的水工消能建筑物评估分物元，表示水工消能建筑物工作性态的第 i 个评估指标特征描述。

实际进行评估时，待评物元的量值 v_i 具有模糊性，称为模糊量值，该物元称为模糊物元。水工消能建筑物安全评估涉及诸多特征(即评价指标)，其中防渗与排水设施的完整性、倾斜、渗透异常、表面裂缝、结构裂缝、施工质量、闸门、启闭机、电气设备、制度与执行等定性特征无法直接获得度量数值，只能靠专家打分或统计学方法给出模糊量值；而堤顶高程、启闭台高程、过流能力、消能防冲、抗滑稳定、地基承载力、应力不均匀系数、配筋、沉降、渗透坡降、材料强度、碳化深度和保护层厚度等定量特征，虽可通过设计资料或各种计算手段获得，但仍需对其进行模糊等级划分，也具有模糊性。由于定性、定量指标的度量单位、取值范围不尽相同，不具有可比性，所以需事先对其进行无量纲化处理。这是多源异构数据在同一系统下进行统一处理的重要步骤。最简单的一种无量纲化公式为

$$v_i=\begin{cases}R/G, & \text{效益型指标}\\ G/R, & \text{成本型指标}\end{cases}\tag{6.2}$$

式中，R 为某项指标的实测值；G 为某项指标复核计算或专家给出的临界值。

2. 指标体系和分级标准研究

采用水下机器人对消力池底板进行智能巡检，清除消力池表面的淤积层，获取高清的消力池底板破损图像，并对图像进行分析处理，得出巡检性态中的磨损度和平整度等数据指标。水下机器人巡检清淤前后照片如图 6.3 所示。

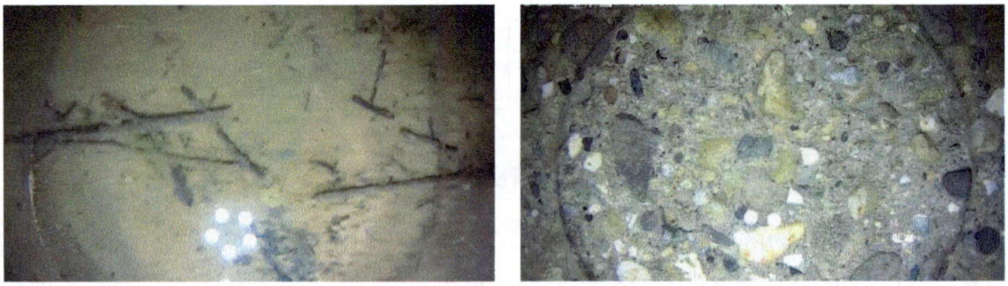

(a) 清淤前　　(b) 清淤后

图 6.3　水下机器人巡检清淤前后照片

巡检性态作为消力池安全评估的重要组成，可由其权重体现。将巡检性态用于消力池安全评估，结合具体数值对消力池安全评估进行流程计算。

水下机器人巡检的数据计算结果可作为评估消力池安全的巡检性态指标。影响消力池结构安全的指标较多，将不同类型指标反映的安全性态综合考虑，再用于消力池安全性态的评估。例如，扬压力、渗流量反映监测性态，水下淤积、建

基岩体质量反映测量性态，临底流速、紊动动能反映数值模拟性态，磨损度、平整度反映巡检性态。再用监测性态、测量性态、数值模拟性态、巡检性态反映消力池安全性态，因而，消力池安全评估指标体系如图 6.4 所示。

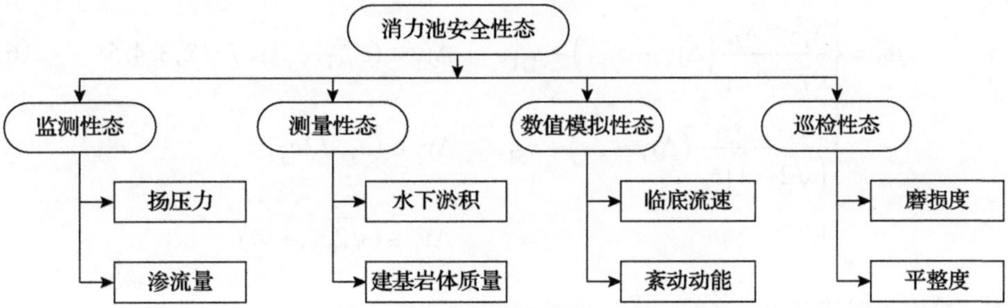

图 6.4　消力池安全评估指标体系

将消力池安全评估指标体系中的原始数据规则化处理，也就是建立指标初始隶属度分级标准，初始隶属度分级需要与安全等级划分等级对应。通常将消力池安全等级 j 分为 1、2、3、4、5 级，分别对应正常、基本正常、轻度异常、异常、险情。当指标体系中的某个指标给出具体值时，可根据原始指标分级表和初始隶属度分级标准，以及初始隶属度函数，求出初始隶属度。原始指标分级表如表 6.1 所示，初始隶属度分级标准如表 6.2 所示。

表 6.1　原始指标分级表

指标等级		下限值	上限值
1	正常	0 或 $-\infty$	c_1
2	基本正常	c_1	c_2
3	轻度异常	c_2	c_3
4	异常	c_3	c_4
5	险情	c_4	c_5 或 $+\infty$

表 6.2　初始隶属度分级标准

等级		分级标准	分级界限数
1	正常	(s_{11}, s_{12})	(0.0, 0.2]
2	基本正常	(s_{21}, s_{22})	(0.2, 0.4]
3	轻度异常	(s_{31}, s_{32})	(0.4, 0.6]
4	异常	(s_{41}, s_{42})	(0.6, 0.8]
5	险情	(s_{51}, s_{52})	(0.8, 1.0]

初始隶属度计算公式如式(6.3)所示。

$$\mu_0=\begin{cases}0, & \Delta y_t\in(-\infty,0]\\ \dfrac{s_{12}-s_{11}}{c_1}\Delta y_t+s_{11}, & \Delta y_t\in(0,c_1]\\ \dfrac{s_{j2}-s_{j1}}{c_j-c_{j-1}}\left(\Delta y_t-c_{j-1}\right)+s_{j1}, & \Delta y_t\in(c_{j-1},c_j],\ j=2,3,4,5\\ \dfrac{s_{52}-s_{51}}{\left(\sqrt{2}-1\right)c_4}\left(\Delta y_t-c_5\right)+s_{51}, & \Delta y_t\in(c_5,\sqrt{2}c_5]\\ 1, & \Delta y_t\in(\sqrt{2}c_5,+\infty)\end{cases} \tag{6.3}$$

式中，Δy_t为原始指标等级。

3. 指标关联度计算方法

整体安全等级的定量计算，依赖权重矩阵 W 的确定。消力池诊断指标权重主要表现了指标体系中各指标的相对重要性。权重的取值是随着指标之间的组合变化而变化的。通常根据层次分析法确定各指标的权重。

由于传统消力池安全评估很难获取到水下的实际破损状况，水下机器人智能巡检性态可作为消力池安全评估的重要支撑，其权重等级更高。同时，巡检性态的增加，也削弱了传统方法中监测性态的权重。将巡检性态、监测性态、测量性态和数值模拟性态应用于消力池安全评估，可更准确地体现各指标的重要程度和评估结果。

具体步骤如下。

将指标体系中某一层级最下面的所有指标进行重要程度比较，并得出第 i 个评估指标的权重分配系数 w_i，满足：

$$\sum_{i=1}^{n}w_i=1 \tag{6.4}$$

再将同一层级的性态重要程度进行比较，同样得到量化的权重分配系数 w_i。

因为影响消力池安全的影响有很多，故可将消力池工作性态的 n 维评估 R 表示为经典域：

$$R_{0j}=(c_i,v_{0ij})=\begin{bmatrix}c_1 & v_{01j}\\ c_2 & v_{02j}\\ \vdots & \vdots\\ c_n & v_{0nj}\end{bmatrix}=\begin{bmatrix}c_1 & \left\langle a_{01j},b_{01j}\right\rangle\\ c_2 & \left\langle a_{02j},b_{02j}\right\rangle\\ \vdots & \vdots\\ c_n & \left\langle a_{0nj},b_{0nj}\right\rangle\end{bmatrix} \tag{6.5}$$

式中，c_i 为指标体系中研究对象的某个指标；i=1,2,⋯,n，n 为指标个数；v_{0ij} 为研究对象等级 N_{0j} 关于 c_i 所规定的取值范围 $\langle a_{0nj}, b_{0nj}\rangle$。

节域为

$$R_N = (c_i, v_{pi}) = \begin{bmatrix} c_1 & v_{p1} \\ c_2 & v_{p2} \\ \vdots & \vdots \\ c_n & v_{pn} \end{bmatrix} = \begin{bmatrix} c_1 & \langle a_{p1}, b_{p1}\rangle \\ c_2 & \langle a_{p2}, b_{p2}\rangle \\ \vdots & \vdots \\ c_n & \langle a_{pn}, b_{pn}\rangle \end{bmatrix} \tag{6.6}$$

式中，$v_{pi} = \langle a_{pi}, b_{pi}\rangle$ 为评估体系中研究对象评估指标 c_i 的所有取值范围，即研究对象 N 的节域，通常 $v_{pi} = \langle 0,1\rangle$。

研究对象 N 的第 i 个特征关于等级 j 的关联度为 $K_j(v_i)$，其计算公式为

$$K_j(v_i) = \begin{cases} \dfrac{\rho(v_i, v_{0ij})}{\rho(v_i, v_{pi}) - \rho(v_i, v_{0ij})}, & \rho(v_i, v_{pi}) - \rho(v_i, v_{0ij}) \neq 0 \\ -\rho(v_i, v_{0ij}) - 1, & \rho(v_i, v_{pi}) - \rho(v_i, v_{0ij}) = 0 \end{cases} \tag{6.7}$$

式中

$$\begin{aligned} \rho(v_i, v_{0ij}) &= \left| v_i - \frac{a_{0ij} + b_{0ij}}{2} \right| - \frac{b_{0ij} - a_{0ij}}{2} \\ \rho(v_i, v_{pi}) &= \left| v_i - \frac{a_{pi} + b_{pi}}{2} \right| - \frac{b_{pi} - a_{pi}}{2} \end{aligned} \tag{6.8}$$

式中，关联度矩阵 $\rho(v_i, v_{0ij})$ 为点到经典域的距离；$\rho(v_i, v_{pi})$ 为点到节域的距离。

最后是多指标关联度计算。主要考虑不同指标权重，进行多指标的综合关联度计算。

消力池安全评估体系中关于等级 j 的关联度为

$$\begin{aligned} K_j(N) &= \sum_{i=1}^{n} w_i K_j(v_i) \\ \sum_{i=1}^{n} w_i &= 1 \end{aligned} \tag{6.9}$$

4. 安全等级评定方法

根据最大关联度准则：

$$K = K_j(N) = \max\{K_1(N), K_2(N), K_3(N), K_4(N), K_5(N)\} \tag{6.10}$$

最大值位于第 j 等级，则判断诊断结果为等级 j。通常情况下，不仅要得到安全等级为第几级，还需要知道安全等级的具体值，如等级系数 j^*。采用如下方法：

$$\bar{K}_j(N) = \frac{K_j(N) - \min(K_j(N))}{\max(K_j(N)) - \min(K_j(N))} \tag{6.11}$$

$$j^* = \bar{K}_j(N) = \frac{\sum_{j=1}^{5} j \cdot \bar{K}_j(N)}{\sum_{j=1}^{5} \bar{K}_j(N)} \tag{6.12}$$

式中，等级系数 j^*表示属于等级 j 的程度，如 j=2，j^*=2.1546，表示对象属于 2～3 级，为 2.1546 级。

等级系数可以使评估结果不局限于 1、2、3、4、5 级，而是给出具体的安全等级数值，可以使结果具有连续性。

本节提出的消力池安全评价方法充分考虑了水下机器人的智能巡检性态，解决了消力池安全风险评估缺少实际破损数据支撑等问题，并结合了消力池安全评估中不同种类的影响因素，有利于消力池安全评估的标准化提升，使评估准确度更高，更具有可行性。

6.2　引水隧洞结构安全评价

由于引水隧洞运行环境复杂，病害成因繁多，而目前相关方面的机理研究尚不完善，所以引水隧洞的结构安全评价一般首先构建包含多个指标的评价体系，之后根据检测数据进行相应评价。但是引水隧洞巡检条件较为复杂，大多数研究中引水隧洞的检测数据较少且不全面。在数据不足的情况下，目前学界对于引水隧洞安全评价的研究主要采用结合专家评价的层次分析法、模糊评价法等，而在数据量较为充足的情况下则采用贝叶斯网络、数据挖掘、神经网络等方法，综合多种方法进行评价则是目前学界研究的主要趋势。

6.2.1　引水隧洞结构安全评价指标和等级

关于引水隧洞安全与可靠性的鉴定，我国有关部门已颁布过多部相关评价规范与检测标准，使得其安全性、风险性、可靠性鉴定具有较为科学的评价手段，同时学界在这方面也有较多且较为深入的研究。此外，引水隧洞与其他建筑结构在使用材料、承担功能、受力状态、设计理念和方法等方面均较为相似，尤其是与交通隧洞等结构相似度较大。这些领域的相关标准与研究具有较大的参考意义。另外，引水隧洞也具有不同于其他隧洞结构的特点。例如，隧洞结构上的荷载是由结构与物理力学性质复杂的围岩共同作用形成的结果，有必要进行荷载的精确计算；引水隧洞长期处于具有一定压力的水环境之中，压力水造成的劣化、损伤、锈蚀等也是需要额外考虑的因素。

目前国内外有关隧洞安全的评估标准主要有以下几部：

(1) 中国标准：《水工隧洞安全鉴定规程》(SL/T 790—2020)、《水工隧洞安全监测技术规范》(SL 764—2018)、《水工混凝土结构耐久性评定规范》(SL 775—2018)、《水工隧洞设计规范》(NB/T 10391—2020)、《水工混凝土结构设计规范》(NB/T 11011—2020)、《水工混凝土试验规程》(SL/T 352—2020)、《公路隧道养护技术规范》(JTG H12—2015)、《建筑结构检测技术标准》(GB/T 50344—2019)、《铁路桥隧建筑物劣化评定标准 隧道》(TB/T 2820.2—1997) 等。

(2) 美国标准：*Highway and Rail Transit Tunnel Inspection Manual*(《公路与轨道交通隧道检测手册》) 与 *Tunnel Operations, Maintenance, Inspection, and Evaluation (TOMIE) Manual*(《隧道运营、维护、检测与评估(TOMIE)手册》) 等。

(3) 日本标准：《道路隧道维持管理便览》等。

综合国内外现行标准和学界研究情况，引水隧洞结构安全风险影响因素层次结构如图 6.5 所示。具体包括以下几类。

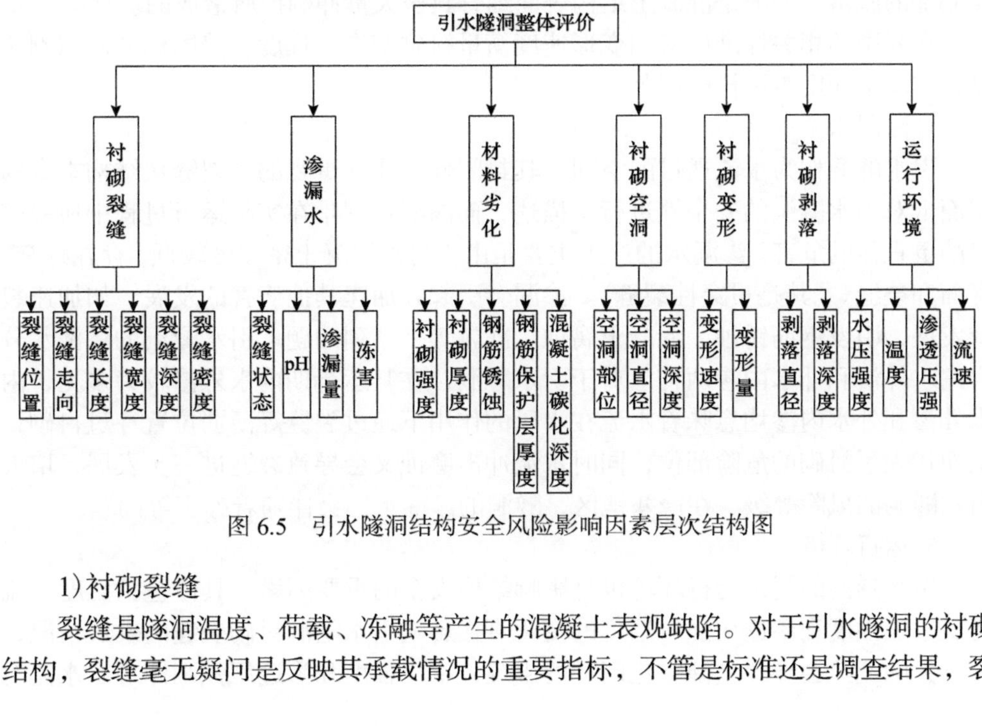

图 6.5　引水隧洞结构安全风险影响因素层次结构图

1) 衬砌裂缝

裂缝是隧洞温度、荷载、冻融等产生的混凝土表观缺陷。对于引水隧洞的衬砌结构，裂缝毫无疑问是反映其承载情况的重要指标，不管是标准还是调查结果，裂缝基本上都是最重要的指标之一。裂缝按活动性质、发生部位、开合度和成因等具有不同种类的划分。反映其主要性质的是裂缝长度、裂缝深度和裂缝宽度。

裂缝长度和裂缝宽度是裂缝情况最直观的反映，测量也较为简便，机器人巡检获得的主要是裂缝长度、裂缝宽度等表观数据。我国标准(《水工隧洞安全鉴定规程》(SL/T 790—2020))将裂缝深度也纳入评价体系，但深度数据需要人工检测，且检测方法目前不够成熟。

2)材料劣化

在引水隧洞的结构安全问题中，起到主要承载作用的是支护(衬砌)结构，因此衬砌的安全与否直接关系到引水隧洞整体的风险等级，衬砌材料的强度和安全状态也可以较好地反映出引水隧洞的风险状态。引水隧洞衬砌目前主要采用的是钢筋混凝土结构，因而材料劣化就是重要的风险因子。

引水隧洞的材料劣化具体包括混凝土劣化(主要是碳化)和钢筋锈蚀。混凝土劣化一般使用碳化深度进行表征，钢筋锈蚀一般使用界面损失率进行衡量，在我国《水工混凝土结构耐久性评定规范》(SL 775—2018)等标准中也有相关的检测方法。

3)衬砌变形、衬砌空洞、衬砌剥落

这三项指标是衬砌功能的直接表现。衬砌变形具体可以划分为横向的变形和纵向的变形，衬砌的变形会导致结构失稳，承载力下降，进而增大整个引水隧洞的风险等级。衬砌空洞包括结构本身的缺陷。衬砌剥落(包括塌方等)代表衬砌结构局部的脱落，一般是混凝土结构表面细骨料被大量冲刷掉所造成的。

在我国的相关标准中使用变形速度衡量衬砌变形的程度，美国标准使用剥落直径和剥落深度表示衬砌剥落。

4)渗漏水

引水隧洞作为水流通过的空间，其封闭性是非常重要的。裂缝从结构本身的层面上对引水隧洞的安全性进行了描述，而渗漏水则是在实际运行过程中所暴露出的更直接的危害。渗漏水的产生主要是由于衬砌混凝土密实度较低，存在蜂窝、麻面和裂缝(尤其是贯穿性裂缝)。渗漏会引起并加速其他病害的发展，如加速裂缝发展，引发钢筋锈蚀、混凝土腐蚀、冻融等一系列问题。引水隧洞的渗漏水分为内水外渗和外水内渗两种。对于引水隧洞，在其运行期内水外渗较为多见，内水外渗和外水内渗均意味着水流在水压的作用下通过裂缝等薄弱位置穿过衬砌，从而代表了衬砌的危险部位，同时水流冲击磨蚀又会导致裂缝进一步发展，增大引水隧洞的风险等级。在严寒地区，隧洞的渗漏水还会伴随着冻害等问题。

5)运行环境

引水隧洞的复杂运行环境也是影响结构安全的重要因素，具体包括温度、流速、水压强度和渗透压强。温度的变化直接影响引水隧洞衬砌裂缝的发展情况，而过大的流速会导致空蚀空化问题的出现，水压强度和渗透压强则体现了水流对引水隧洞周围围岩衬砌的影响。

针对具体的评价指标，各个标准根据检测数据将引水隧洞划分为不同的风险等级，从而实现风险评估的量化。例如，我国《水工隧洞安全鉴定规程》(SL/T 790—2020) 中将衬砌裂缝的宽度划分为三个等级，具体如表 6.3 所示。

表 6.3　《水工隧洞安全鉴定规程》中对裂缝宽度的等级划分

等级	裂缝宽度/mm
A	>0.2
B	0.1～0.2
C	<0.1

6.2.2　引水隧洞结构安全评价方法

相较于传统费时费力的人工检查，智能巡检机器人可以快速地产生大量而全面的巡检数据，从而为引水隧洞结构安全分析提供相应的数据基础。近年来，学界的研究重点主要是基于概率的贝叶斯网络法和基于权重的模糊评价方法。

在检测数据充足且全面的情况下，贝叶斯网络、神经网络等方法可以从相关数据中学习到相关影响因素和概率分布，并建立高精度的风险预测模型。Khakzad 等[1]对贝叶斯网络法与事故树法进行了对比研究，指出贝叶斯网络法更加科学准确但同时也需要大量全面的数据支撑。Peyras 等[2]提出了基于概率的风险分析与可靠性方法相结合的安全评价模型，对工程中发生的复杂问题进行建模和安全评估。Morales-Nápoles 等[3]则对传统的离散化贝叶斯网络法进行优化，针对安全分析与风险评价中出现的连续变量提出了非参数连续贝叶斯网络法，从而提高了评价的精确度。

贝叶斯网络法等传统的基于概率的评价方法需要使用大量的实测数据，数据量的大小将直接关系到评估的准确度，而在实际检测过程中并不总能满足此条件。针对于此，模糊评价法通过模糊理论量化结构安全评价中的不确定性，并通过层次分析法或乘积标度法等方法结合行业专家的经验判断确定各个指标的权重，最后通过加权平均的方式计算综合安全水平。Karuna 等[4]提出在实测数据不足时采用区间分析与模糊集理论等非概率方法进行结构安全评估的数学模型。张亚琳等[5]结合 D-S (Dempster-Shafer, 登普斯特-谢弗) 证据理论，提出了融合多种评价准则的结构安全综合评价方法。上述评价方法多针对建筑物自身的损伤指标进行评价，而未考虑人工管理与巡检等因素的影响。因此，Zhang 等[6]提出了基于改进的 D-S 证据理论与反向传播神经网络理论的多源数据融合方法，通过反向传播神经网络提供基本概率分配，进而使用 D-S 综合规则实现多源数据的融合。练继建等[7]建立了较完善的指标体系，综合运行管理数据与结构检测数据建立了模糊综合评价模型。

尽管在安全评价时基于大量数据给出的结果往往让人觉得比主观经验判断更准确，但对于引水隧洞这样一个复杂系统，在完全了解其损伤机理之前，专家的判断仍是非常重要的，正如美国标准 *Tunnel Operations, Maintenance, Inspection, and Evaluation*（*TOMIE*）*Manual* 中提到的：“more elaborate quantitative methods should be developed, as needed, to take advantage of more sophisticated computer algorithms if they are available; however, it is highly recommended that engineering judgment be used to evaluate all of the results.”（必要时利用现有计算机算法开发更精细的定量方法，但还是建议以实际工程来评估所有结果）。同时，智能巡检机器人在水电行业的应用也使得大数据等新兴技术在引水隧洞结构安全评价领域的使用成为可能。

动态贝叶斯网络（dynamical Bayesian network, DBN）可以综合不同来源的数据并通过先验概率表示当下安全状态，转移概率表示指标发展趋势，从而实现对结构安全状态的评价和预测，因此被广泛应用于结构安全评价与风险评估领域[8-12]。而引水隧洞结构安全影响因素众多，DBN 方法具有一定的局限性，所以本节提出一种基于层次分析法和 DBN 的引水隧洞结构安全动态风险评价方法。首先根据文献调研和专家咨询建立完善的引水隧洞结构安全评价指标体系，然后通过层次分析法建立专家评价模型并为 DBN 提供条件概率表（conditional probability table, CPT），根据机器人智能巡检数据得到先验概率，最后基于 DBN 对引水隧洞结构安全进行动态评价。

1. 风险分析方法

1）模糊层次分析法

模糊层次分析法是一种专家评价方法，广泛应用于风险评价领域，主要步骤[13]如下。

（1）建立风险评价指标体系。

（2）专家通过依次比较同一层次元素的相对重要性，给出相应的成对判断矩阵，矩阵中的各个元素由模糊数组成。

（3）使用一致性指数（consistency ratio, CR）对判断矩阵进行一致性衡量，若 CR ≤ 0.1，则表明该矩阵的一致性较好。CR 计算公式如下[14]：

$$\mathrm{CR}=\frac{\lambda_{\max}-n}{\mathrm{RI}(n-1)} \tag{6.13}$$

式中，$\lambda_{\max}$ 为判断矩阵的最大特征值；n 为矩阵阶数；RI 为与矩阵阶数有关的随机性指数，可查表获得[14]。

（4）使用几何加权平均法计算群决策矩阵，并根据特征向量法计算指标的模糊权重，最后进行去模糊化，可以得到指标的清晰权重。

本节使用模糊层次分析法计算指标体系中各个指标的具体权重，建立引水隧洞结构安全风险的专家评价模型。

2) DBN

经典的静态贝叶斯网络由一个有向无环图(directed acyclic graph, DAG)和相应的参数组成。CPT 展示了一组变量的联合概率分布情况，表明这些变量的相互影响关系。最基本的贝叶斯网络结构包括父节点(箭头出发的节点)、子节点(箭头指向的节点)和连接节点的有向箭头，给定 CPT 和网络结构。贝叶斯网络可以通过贝叶斯公式进行概率的推理计算，表示如下：

$$P(B \mid A) = \frac{P(A \mid B)P(B)}{P(A)} \tag{6.14}$$

$$P(A) = \sum_{j} P(A \mid B_j)P(B_j) \tag{6.15}$$

式中，$P(A)$ 是事件 A 发生的先验概率；$P(B)$ 是事件 B 发生的先验概率；$P(B \mid A)$ 是事件 A 发生的条件下事件 B 发生的概率，即后验概率；$P(A \mid B)$ 是似然比；$P(A \mid B_j)$ 是事件 B_j 发生的条件下事件 A 发生的概率；$P(B_j)$ 是事件 B_j 发生的先验概率。

DBN 则是将时间维度引入静态贝叶斯网络得到的扩展方法，由一系列时间片和时间片之间的连接组成，不同的时间片代表一条时间线上的不同时刻，每个时间片均包含一个静态贝叶斯网络结构，代表模型评估的对象在该时刻的状态，实现时间变化因素下对评估对象的动态模拟。DBN 的基本参数包括网络结构、第一个时间片下网络结构的先验概率、CPT 和代表相邻时间片状态变化概率关系的转移概率 $P(X_t \mid X_{t-1})$。

2. DBN 风险评价模型

1) 风险评价指标体系

参考相关国家标准和文献调研结果并结合专家意见[12,15-19]，本书将造成引水隧洞结构安全问题的因素划分为衬砌裂缝、渗漏水、材料劣化、衬砌空洞、衬砌变形、衬砌剥落和运行环境 7 类，同时在每一个类别下识别了具体的指标，具体的指标体系结构如图 6.5 所示。

参考国内外相关标准，本书将各个指标的风险等级分为 5 级，从 A 到 E 级表示风险概率逐渐减小。为综合反映某个指标的风险情况，定义每个风险等级的风险值为对应的风险概率范围中的最大值，对应关系如表 6.4 所示。

指标体系中的每个指标均可以根据相应的评价标准对具体的检测数据进行评价，评价结果表示该指标在 5 个等级上的风险概率分布和风险值分布。

根据层次分析法可以得到各个指标的相应权重，则每个子节点的风险概率或风险值可以通过加权平均计算，表示如下：

$$P_s = \sum_i w_i P_i \tag{6.16}$$

式中，P_s 为子节点的风险概率或风险值；w_i 为相应父节点的权重分配系数；P_i 为相应父节点的风险概率或风险值。

表 6.4 风险等级、风险概率和风险值对应表

风险等级	A	B	C	D	E
风险概率	0.8～1.0	0.6～0.8	0.4～0.6	0.2～0.4	0～0.2
风险值	1.0	0.8	0.6	0.4	0.2

2) 风险评价模型

在数据全面且足够多的情况下，DBN 的网络结构和参数可以从数据中学习获得。考虑到引水隧洞检测数据往往较为缺乏，且所建立的指标体系已经给出了明确的影响关系，因此根据图 6.5 所示的引水隧洞结构安全评价指标体系确定贝叶斯网络结构。在实际应用中，贝叶斯网络的根节点随时间发生变化，进而影响其他节点的概率变化，故最终确定 DBN 的结构如图 6.6 所示。图中弧线有向线段表示不同时间片中节点之间的概率联系，直线有向线段表示同一时间片中父节点与子节点之间的概率联系。

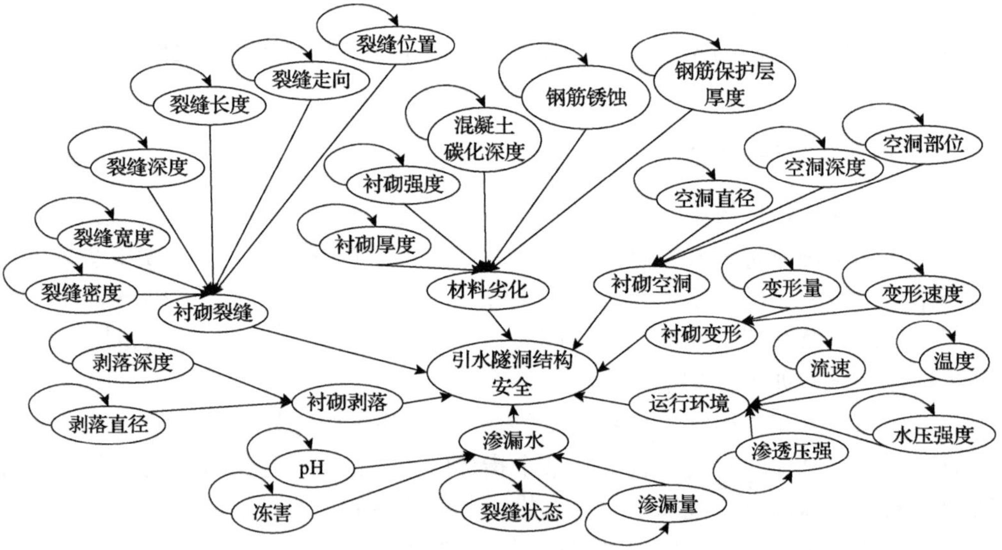

图 6.6 引水隧洞结构安全评估 DBN 结构

在该模型中，根节点所对应的指标(指标体系中的第三级指标)的安全情况随时间发生变化，DBN 通过前向推理，计算相应的第二级和第一级指标的安全情况，从而实现对引水隧洞某个指标和整体的安全评价。

3)模型参数确定

通过邀请引水隧洞领域的专家进行咨询，使用模糊层次分析法可以得到引水隧洞结构安全评估 DBN 结构的指标体系中各个指标的权重。根据指标权重的计算结果，通过前面所述方法确定模型的 CPT。

在缺乏长序列的数据时，DBN 的转移概率无法由数据学习得到，此时通常采用专家经验[10,20]或者使用简化假设[21-23]确定转移概率。引水隧洞结构安全影响因素众多，较多指标均缺少长时间序列的检测数据，而专家经验具有较大的主观性和不确定性，因此这里研究采用常被用作寿命的指数分布确定指标的转移概率[22,23]。根据国家标准确定待评价的引水隧洞的合理使用年限[24]，该引水隧洞到达合理使用年限时的风险概率为 0.8，则该引水隧洞的风险概率分布表示如下：

$$F(t)=1-\mathrm{e}^{-\alpha t} \tag{6.17}$$

式中，$F(t)$ 为风险概率；t 为时间；α 为待定参数。

指标体系中 pH、冻害、水压强度、渗透压强和流速 5 个指标主要由引水隧洞的运行环境和运行工况决定，在引水隧洞的正常运行期间基本不发生变化，故设置其转移概率为当前的风险状态；其他指标的安全情况则会随时间不断变化，因此按照式(6.17)确定其转移概率。

总体来讲，引水隧洞的结构安全分析与评价方法需要根据检测数据确定，由于目前对于引水隧洞的损伤机理研究有待深入，各种评价方法各有优劣，如何在现有基础上对此进行融合改进、实现优势互补仍是研究的重点和难点。

参 考 文 献

[1] Khakzad N, Khan F, Amyotte P. Safety analysis in process facilities: comparison of fault tree and Bayesian network approaches[J]. Reliability Engineering & System Safety, 2011, 96(8): 925-932.

[2] Peyras L, Carvajal C, Felix H, et al. Probability-based assessment of dam safety using combined risk analysis and reliability methods—Application to hazards studies[J]. European Journal of Environmental and Civil Engineering, 2012, 16(7): 795-817.

[3] Morales-Nápoles O, Delgado-Hernández D J, De-León-Escobedo D, et al. A continuous Bayesian network for earth dams' risk assessment: Methodology and quantification[J]. Structure and Infrastructure Engineering, 2014, 10(5): 589-603.

[4] Karuna K, Manohar C S. Structural analysis with alternative uncertainty models: From data to

safety measures[J]. Structural Safety, 2016, 62: 116-127.

[5] 张亚琳, 刘东海, 胡东婕. 基于 D-S 理论的输水建筑物安全多准则模糊综合评价[J]. 水利水电技术, 2019, 50(10): 104-109.

[6] Zhang S R, Liu T, Wang C. Multi-source data fusion method for structural safety assessment of water diversion structures[J]. Journal of Hydroinformatics, 2021, 23(2): 249-266.

[7] 练继建, 郑杨, 司春棣. 输水建筑物安全运行的模糊综合评价[J]. 水利水电技术, 2007, 38(3): 62-64, 68.

[8] Kabir S, Papadopoulos Y. Applications of Bayesian networks and Petri nets in safety, reliability, and risk assessments: A review[J]. Safety Science, 2019, 115: 154-175.

[9] Liu K, Liu Z W, Chen Y C, et al. Dynamic Bayesian network method for structural safety evaluation of diversion tunnel[C]. Proceedings of the 39th IAHR World Congress, Granada, 2022.

[10] Li Z K, Wang T, Ge W, et al. Risk analysis of earth-rock dam breach based on dynamic Bayesian network[J]. Water, 2019, 11(11): 2305.

[11] 董雷, 周文萍, 张沛, 等. 基于动态贝叶斯网络的光伏发电短期概率预测[J]. 中国电机工程学报, 2013, 33(S1): 38-45.

[12] 卢鑫月, 许成顺, 侯本伟, 等. 基于动态贝叶斯网络的地铁隧道施工风险评估[J]. 岩土工程学报, 2022, 44(3): 492-501.

[13] Liu Y, Eckert C M, Earl C. A review of fuzzy AHP methods for decision-making with subjective judgements[J]. Expert Systems with Applications, 2020, 161: 113738.

[14] Saaty T L. Relative measurement and its generalization in decision making why pairwise comparisons are central in mathematics for the measurement of intangible factors the analytic hierarchy/network process[J]. Revista de la Real Academia de Ciencias Exactas, Fisicas y Naturales. Serie A. Matematicas, 2008, 102(2): 251-318.

[15] Bian K, Liu J, Xiao M, et al. Cause investigation and verification of lining cracking of bifurcation tunnel at Huizhou pumped storage power station[J]. Tunnelling and Underground Space Technology, 2016, 54: 123-134.

[16] Li S H, Zhang Y, Han S S. Safety inspection system and comprehensive evaluation method for concrete structure of gas pipeline tunnel based on fuzzy mathematics[J]. Advances in Mechanical Engineering, 2021, 13(9): 67-74.

[17] Wang H R, Wang S, Feng C C, et al. Diversion tunnel defects inspection and identification using an automated robotic system[C]. Proceedings of Chinese Automation Congress (CAC), Hangzhou, 2019.

[18] Wang T T, Lee C H. Life-cycle design considerations for hydraulic tunnels: Lessons learned from inspection and maintenance cases[J]. Journal of Performance of Constructed Facilities,

2013, 27(6): 796-806.

[19] Zhang D, Yang S K, Wang Z Z, et al. Assessment of ecological environment impact in highway construction activities with improved group AHP-FCE approach in China[J]. Environmental Monitoring and Assessment, 2020, 192(7): 451.

[20] Wu X G, Liu H T, Zhang L M, et al. A dynamic Bayesian network based approach to safety decision support in tunnel construction[J]. Reliability Engineering & System Safety, 2015, 134: 157-168.

[21] Hu J Q, Zhang L B, Ma L, et al. An integrated method for safety pre-warning of complex system[J]. Safety Science, 2010, 48(5): 580-597.

[22] Kohda T, Cui W M. Risk-based reconfiguration of safety monitoring system using dynamic Bayesian network[J]. Reliability Engineering & System Safety, 2007, 92(12): 1716-1723.

[23] Liu Z K, Ma Q, Cai B P, et al. Risk assessment on deepwater drilling well control based on dynamic Bayesian network[J]. Process Safety and Environmental Protection, 2021, 149: 643-654.

[24] 中华人民共和国交通运输部. 公路隧道养护技术规范: JTG H12—2015[S]. 北京: 人民交通出版社, 2015.

第 7 章　水利水电智能巡检机器人工程应用案例

“巡、检、识、诊、用”一体化的泄洪消能建筑物巡检评估技术体系是人工智能技术在水利水电领域的融合创新，能够拓展智能机器人技术的应用范围。本章围绕“用”进行展开，系统介绍水利水电智能巡检机器人技术成果在西南地区重要工程的应用验证，相关应用工作支撑了金沙江、大渡河、嘉陵江等多个流域的重大水利水电枢纽的泄洪消能安全管控，为工程运行的常态化智能巡检提供了技术和经验。

7.1　嘉陵江某水利水电枢纽溢流坝面智能巡检与分析

7.1.1　嘉陵江某水利水电枢纽工程概况

嘉陵江某水利水电枢纽是以防洪、灌溉、城乡供水和发电为主，兼顾航运，并具有拦沙减淤等效益的综合利用工程，是国务院《关于加强长江近期防洪建设的若干意见》中确定的完善长江防洪体系中的6 大防洪水库工程之一，也是四川省灾后恢复重建项目和拉动内需重点项目。其总库容 40.67 亿 m^3，调节库容 10.60 亿 m^3，控制灌溉面积 292.14 万亩，改善嘉陵江上游航运，拦截来自嘉陵江流入三峡水库的泥沙，是减轻重庆港区和三峡库区泥沙淤积的重要控制工程。嘉陵江某水利水电枢纽工程下游全景如图 7.1 所示。

图 7.1　嘉陵江某水利水电枢纽工程下游全景图

该工程大坝为混凝土重力坝，坝轴线总长 995.4m，坝顶高程 465m，最大坝高 116m。坝轴线共分 50 个坝段，从左到右依次为：1～16 号左岸非溢流坝段，轴线长 292.1m；17～20 号厂房坝段，轴线长 112.0m；21 号底孔门库坝段，轴线长 20.8m；22～26 号底孔坝段，轴线长 85m；27～35 号表孔坝段，轴线长 158.5m；36 号纵向围堰兼表孔门库坝段，轴线长 25m；37 号升船机坝段，轴线长 42m；38～50 号右岸非溢流坝段，轴线长 260m。

泄洪建筑物均布置于河床中部，巡检范围集中在 27～35 号表孔溢流坝段以及 22～26 号底孔非溢流坝段的坝面。为减小消力池长度、加强消能效果，8 个表孔出口采用宽尾墩方案，增加了巡检的难度。

7.1.2　巡检方案与流程

在嘉陵江某水利水电枢纽采用坝面系留无人机及其自带的云台相机对溢流坝面和底孔坝面进行全覆盖式缺陷数据采集。现场采集的高清图像原始大小为 5472×3648 像素，并通过三维激光雷达对溢流坝面闸门区域进行激光点云采集。

巡检过程中，控制无人机正对坝面约 3m 距离，自底向上逐行均匀间隔采集图像。为确保后期通过采集图像进行三维重建坝面时不发生遗漏，要求采集图像之间应保证不低于 60%的重叠度。假设无人机连续两次图像采集示意图如图 7.2(a)所示，其中 O_1、O_2 为摄像头光心位置，θ 为摄像头视角，d 为图像采集距离，h 为单次图像采集区域投影范围，l 为连续两次图像采集重叠区域投影范围，D 为连续两次图像采集摄像头间距。同一行间隔图像重叠率不低于 20%。溢流坝面无人机图像采集路径、底孔门库坝段无人机图像采集路径如图 7.2(b)所示。

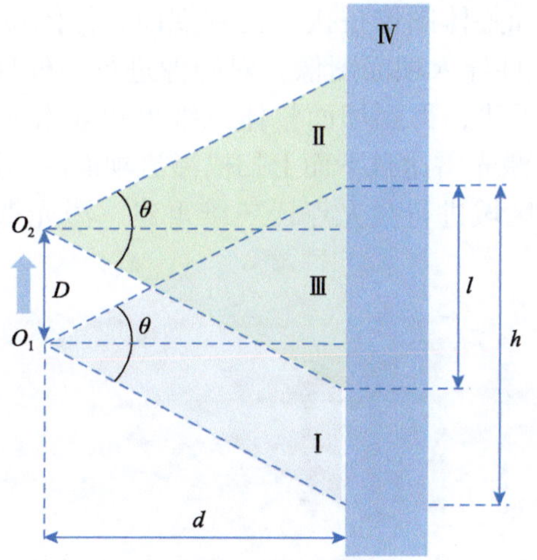

(a) 相邻图像采集示意图

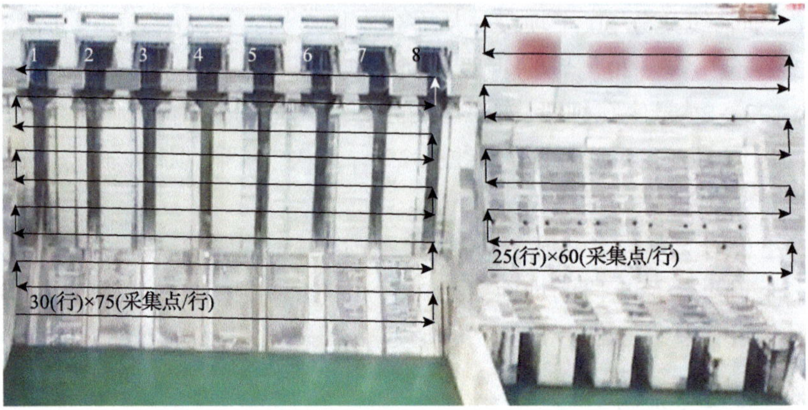

(b) 坝面及底孔门库坝段无人机图像采集路径

图 7.2　坝面无人机巡检采集方案和图像采集路径

7.1.3　巡检数据分析与评价

1. 巡检成果三维可视化建模

图像拼接与三维建模是实现巡检成果可视化的重要手段。三维重建主要是利用特定算法对图像序列进行特征提取与匹配，并结合相机自标定实现稠密重建，最终利用点云网格化与纹理映射得到所需的三维模型。导入不同角度影像作为数据源，不需要人工干预，在几分钟或数小时计算时间内，即可输出高分辨率带有真实纹理的三角网格模型，精细复原主体的真实色泽、几何形态和细节构成。

图像拼接时通过 Autopano Pro 软件导入坝面图像，对图像进行预处理、特征提取、空间点定位和整体图像拼接，得到坝面整体图像拼接效果如图 7.3(a)所示。通过 Pix4D 软件导入坝面图像，对图像进行预处理、图像采集点空间计算、BA 优化和三维重建，得到坝面整体三维重建效果如图 7.3(b)所示。通过 Velodyne VLP-16 三维激光雷达自下而上扫描溢流坝面闸门区域，同时利用定位与地图构建算法对扫描区域进行激光点云三维重建，激光点云三维重建效果如图 7.3(c)所示。

(a) 整体图像拼接效果

(b) 坝面三维重建效果

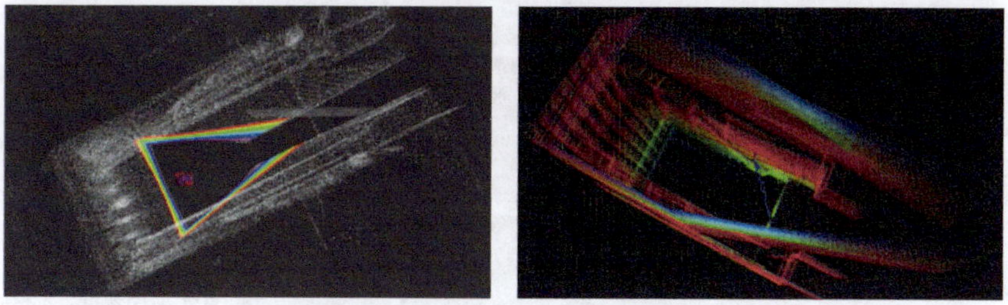

(c) 溢流坝面闸门区域激光点云三维重建效果

图 7.3　嘉陵江某水利水电枢纽坝面图像拼接和三维可视化重建效果

2. 坝面裂缝形态学处理和定量化分析效果

基于嘉陵江某水利水电枢纽坝面无人机采集的完整数据，对各类缺陷进行分类统计，着重分析和评价裂缝的分布状况。无人机巡检发现坝面主要缺陷包括裂缝、露筋和剥落三种，其中大部分缺陷是裂缝，仅有少部分位置出现露筋和剥落。典型缺陷类型如图 7.4 所示。

(a) 裂缝

(b) 露筋

(c) 剥落

图 7.4　典型缺陷类型

利用形态学方法和相机成像原理完成坝面裂缝图像的定量化分析，效果如图 7.5 所示，证明基于神经网络的检测方法能够实现对坝面裂纹的精准识别和定量检测。

3. 水利水电枢纽溢流坝面整体缺陷分布统计

溢流坝面整体缺陷分布示意图如图 7.6 所示，其中依据 8 个溢流通道将溢流坝面分为 8 个区域，如图中红色区域编排所示，自右向左分别为溢流道-过流面 1、

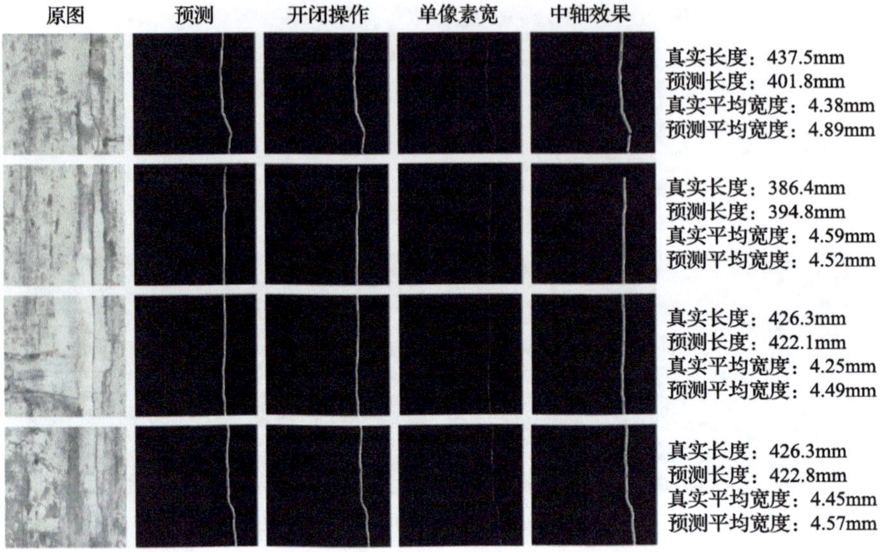

图 7.5　利用形态学方法和相机成像原理的定量化分析效果图

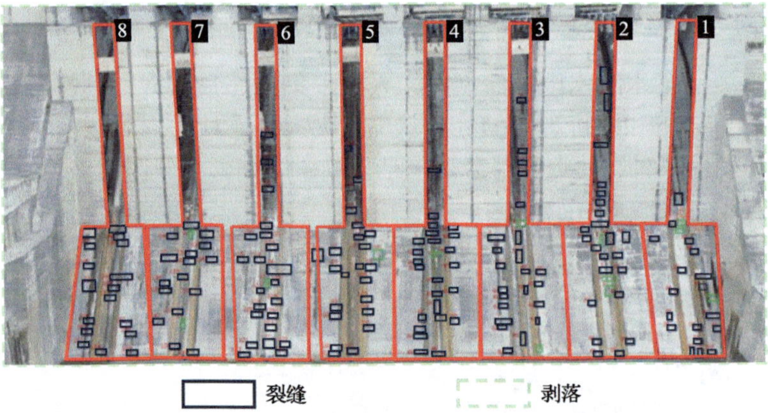

图 7.6　溢流坝面整体缺陷分布示意图

溢流道-过流面 2、溢流道-过流面 3、溢流道-过流面 4、溢流道-过流面 5、溢流道-过流面 6、溢流道-过流面 7、溢流道-过流面 8，每个溢流道-过流面空间位置原点定义在底部中间。溢流坝面整体缺陷示意图中共标注 2 种缺陷和编号，分别为裂缝(黑色框)、剥落(绿色框)。溢流坝面典型裂缝所在区域、相对区域空间位置和缺陷定量化如表 7.1 所示。

4. 水利水电枢纽底孔坝段坝面整体缺陷分布统计

底孔坝段坝面整体缺陷分布示意图如图 7.7 所示，其中依据 5 个底孔将底孔

表 7.1　溢流坝面典型裂缝所在区域、相对区域空间位置和缺陷定量化

坝面裂缝区域	缺陷编号	定位		裂缝宽度/cm	裂缝长度/cm
		X/m	Y/m		
溢流坝段 1	2	3.95	18.99	4.46	238
	26	–1.36	2.56	7.09	134.35
	27	–0.56	1.45	2.24	191
	28	–3.74	2.81	3.88	251
	30	5.35	9.41	6.18	172
溢流坝段 2	3	0.92	31.78	2.98	180
	51	–1.57	38.08	2.19	265
	55	0	52.97	7.53	243
	56	3.67	56.71	5.06	234
	57	1.78	76.49	6.26	264
溢流坝段 3	6	–4.66	29.17	2.77	367
	58	–4.52	6.75	2.74	255
	66	3.45	12.20	3.64	263
	69	0.74	20.08	6.42	350
	78	0	21.84	6.06	352
溢流坝段 4	10	3.34	8.03	4.264	692
	80	–3.37	21.88	1.18	180
	87	3.91	21.41	3.07	138
	89	3.97	29.62	4.07	141
	91	0	34.42	3.7	176
溢流坝段 5	13	3.64	20.98	2.17	193
	14	–8.18	24.06	5.74	199
	97	–3.52	21.03	1.42	207
	111	–1.80	47.53	3.52	196
	112	1.23	43.64	1.09	245
溢流坝段 6	16	1.29	21.35	2.1	387
	114	–1.38	23.15	1.68	335
	115	–6.30	23.23	2.95	308
	123	2.82	3.39	2.78	254
	128	–3.15	56.23	4.78	326
溢流坝段 7	18	0	31.33	3.22	342
	20	–4.38	23.53	3.52	301
	135	–5.87	15.77	1.17	328
	136	–1.18	2.63	3.07	300
	138	2.22	15.05	1.39	282
溢流坝段 8	21	–0.284	31.54	3.27	288
	144	2.26	19.29	4.17	613
	146	2.48	27.75	2.67	352
	148	–4.51	27.79	3.09	399
	155	1.9	0.42	2.92	280

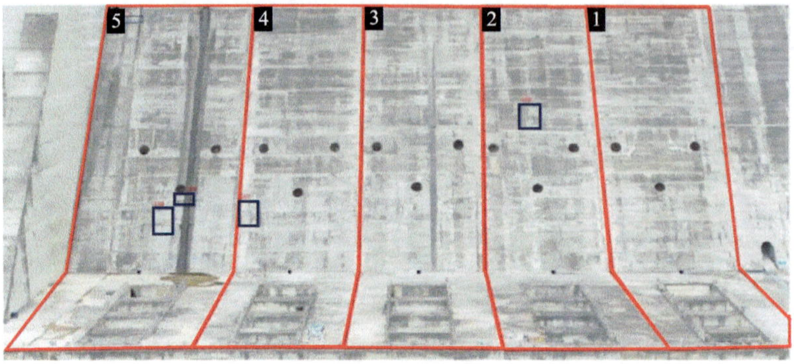

图 7.7　底孔坝段坝面整体缺陷分布示意图

坝面分为 5 个区域，图中自右向左分别为底孔面 1、底孔面 2、底孔面 3、底孔面 4、底孔面 5，每个底孔面空间位置原点定义在底孔坝面面交线中间，如图中坝面面交线处黑点所示。非溢流坝面典型裂缝所在区域、相对区域空间位置和缺陷定量化如表 7.2 所示。

表 7.2　非溢流坝面典型裂缝所在区域、相对区域空间位置和缺陷定量化

坝面裂缝区域	缺陷编号	定位		裂缝宽度/mm	裂缝长度/cm
		X/m	Y/m		
底孔门库段	156	1.45	22.39	7.18	175
	157	−9.5	9.51	6.79	212
	158	3.76	11.33	10.12	275
	159	0	7.27	3.18	180

通过缺陷分布图对比可以发现，相对于非溢流坝段，溢流坝段的缺陷数量明显更多，缺陷类型也更多，这说明坝面混凝土主要缺陷是由高速水流造成的。非溢流坝段表面几乎没有缺陷问题，混凝土依然完好无缺。

7.2　金沙江某拱坝高边坡智能巡检与分析

7.2.1　金沙江某拱坝高边坡工程概况

金沙江某拱坝地处青藏高原和云贵高原向四川盆地过渡的斜坡地带，属川西南、滇东北山地中热带干热气候区，光热资源、日照充足，晴朗多风，无霜期长，昼夜温差大，冬春季干旱少雨雪，气候干燥，降水多集中在盛夏季节，降水量一般集中在 5～10 月，占全年降水量的 83.7%～88.4%；多年平均气温为 19.7℃，极端最高气温 41℃，极端最低气温 0.3℃；多年平均降水量 547.3mm，最大日降水量为 74.29mm；年平均风速 2.9m/s，最大风速为 30.3m/s；全年无霜期 350 天左右；多年平均相对湿度 66%，最大日平均相对湿度为 77%，最小为 13%。

该拱坝为典型的“三高三大”水电站。“三高”即高坝(300m 级)、高地震烈度(基本烈度Ⅷ度)、高速水流(接近 50m/s)，“三大”即大流量(最大泄洪流量约 $50000m^3/s$)、大地下厂房(顶拱跨度超 30m)、大型机组(单机容量 770MW)。

为解决人员无法到达区域的巡检难题，通过构建高边坡无人机巡检应用场景，建立高可靠性、高稳定性的巡检系统，具备传感信息采集、三维实景模型生成等功能，论证无人机巡检系统在库坝安全巡检中的可行性。巡检范围如图 7.8 所示。

图 7.8　金沙江某拱坝高边坡无人机巡检范围示意图

巡检任务主要包括三部分：贴近摄影数据采集、三维模型和点云模型生成、边坡位移计算与分析，如图 7.9 所示。

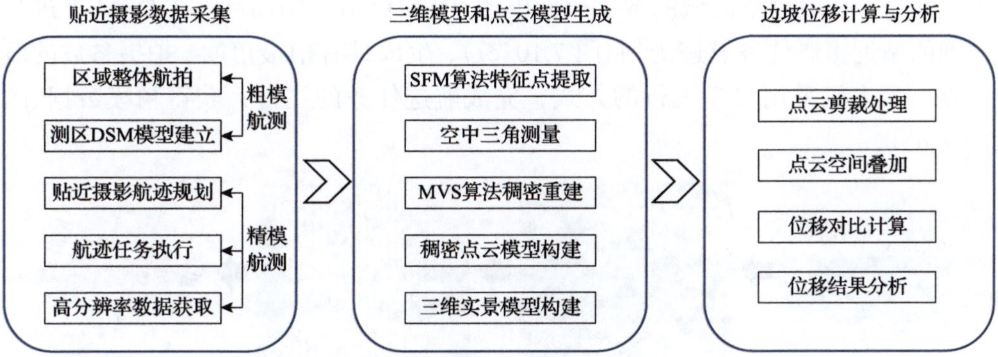

图 7.9　边坡巡检方案流程图

DSM 为 digital surface model，数字表面模型；MVS 为 multiple view stereo，多视角立体

7.2.2　巡检方案与流程

1. 无人机贴近摄影数据采集

1）贴近摄影基本原理

在以往的各种地形勘测中大多采用的是五相机的倾斜摄影测量方式，但由于倾斜摄影测量在数据采集过程中获取的冗余图像远多于有用的照片，拍摄效率低下，因此，采用贴近摄影技术来进行图像数据采集。贴近摄影指使用相机正对拍摄面来进行拍摄，即以物体的“面”作为摄影对象。通过无人机云台对姿态的高控制能力，利用高精度定位技术结合贴近摄影技术来获取超高分辨率影像，进行精细化地理信息提取来高度还原地表和物体的精细结构。

贴近摄影技术采用由粗到细的拍摄流程，通过无人机对拍摄目标进行无限接近扫描式拍摄，来获取物体表面的高清影像，得到被拍摄物体的精确坐标与精细形状。贴近摄影技术采用巡航导弹式摄影模式，具有无限近距离拍摄、超高分辨率（亚厘米级甚至毫米级）等特点。

2）贴近摄影数据采集

贴近摄影数据采集用于对边坡高分辨率、多视图影像的采集。为了保证获得数据的完整性、高精度和获取过程的设备安全，采用无人机航迹任务规划自动采集的方案进行数据获取。数据采集过程采用两次飞行任务，粗模航测获取边坡的地理位置信息，用于规划航迹任务；精模航测采用航迹任务自动飞行，完成高精度数据采集。采集过程中，通过 RTK 技术进行无人机高精度定位。通过对区域航拍任务的规划，无人机对边坡进行远距离、充足重叠度的航测任务，获得粗模数据（图 7.10（a））。对粗模数据进行空中三角计算，提取数据中的三维坐标信息，获取测量区域的数字表面模型（DSM）（图 7.10（b））。在 DSM 上进行精细的贴近摄影任务航迹规划（图 7.10（c）），生成具有拍摄角度、拍摄参数的航迹点。无人机采用自动飞行的方式，完成航迹任务的飞行，获得精模数据（图 7.10（d））。

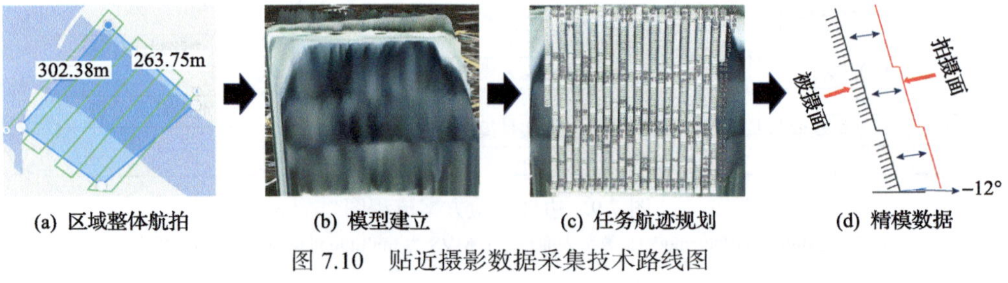

(a) 区域整体航拍　(b) 模型建立　(c) 任务航迹规划　(d) 精模数据

图 7.10　贴近摄影数据采集技术路线图

2. 边坡三维模型和点云数据获取

通过使用 SFM 算法与多视角立体(MVS)算法实现点云数据的生成和实景三维模型的构建。SFM 算法通过加速鲁棒特征(speeded up robust feature, SURF)算法提取测区图片中的特征点，将得到的特征点进行定位和匹配，再结合相机参数和无人机的 RTK 信息计算特征点的三维坐标信息，以此来获得三维点云模型，生成由特征点组成的三维模型。MVS 算法通过对点云模型进行稠密重建，实现对采集到的多视角图片的逐像素点匹配，重建每个像素点的三维坐标，最终输出稠密三维点云数据。结合 SFM 和 MVS 算法对数据进行处理能够得到建立在相对空间的三维点云数据，再结合高精度的 RTK 定位信息，实现相对空间坐标系到实际空间坐标系的转换，以此获得更高精准的测量结果。流程图如图 7.11 所示。

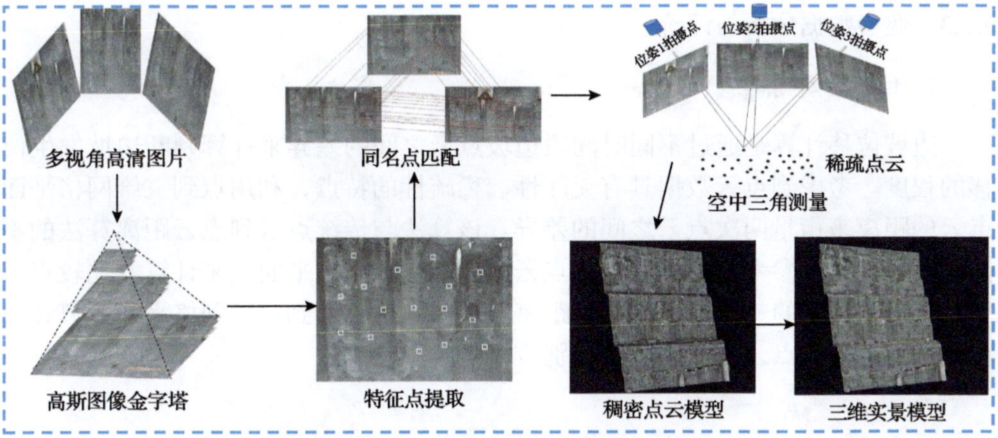

图 7.11　三维实景模型和点云获取流程图

在创建边坡高精度模型时，首先采用边坡手工采集方式对边坡进行低精度数据采集，获取边坡的粗略模型数据，利用手工采集方式生成的边坡粗略模型数据进行粗模的创建，最后导入创建的粗模进行精细航线规划，以获取目标分辨率的图片数据，边坡研究区域约为 7000m^2。

利用无人机贴近摄影数据采集得到的 1mm、2.5mm 分辨率高精度图片数据，通过 SFM-MVS 算法进行三维点云模型的构建，最后通过纹理贴图输出 1mm、2.5mm 分辨率的边坡高精度三维模型。边坡三维实景图如图 7.12 所示。

(a) 1mm分辨率边坡三维模型图

(b) 2.5mm分辨率边坡三维模型图

图 7.12　边坡三维实景图

7.2.3　巡检数据分析与评价

1. 位移计算原理

边坡位移计算是通过不同时间段边坡点云之间的差异来计算判断边坡发生位移的程度。考虑到点云数据具有无序性、稀疏性的特点，利用点到三维网格平面点云的距离来衡量两次点云之间的差异。该算法与传统点云到点云距离算法的不同之处在于，将参考点云中离散的点云拟合成三维网格平面，来计算并比较点云到参考点云合成的三维网格平面的距离。图 7.13 为点云到三维网格平面距离算法与传统的点云到点云距离算法的区别。

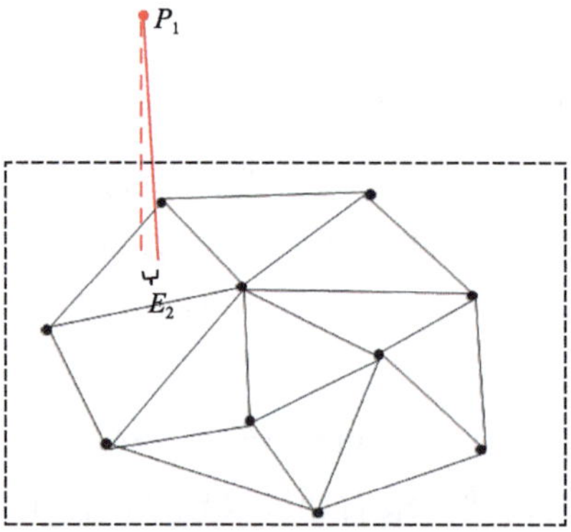

(a) 点云到三维网格平面距离算法示意图

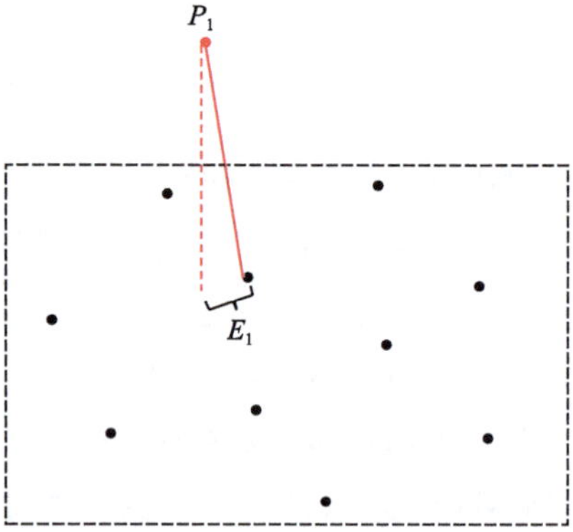

(b) 传统的点云到点云距离算法示意图

图 7.13　点云距离计算示意图

—— 表示测量距离；- - - 表示实际距离；E_1、E_2表示真实距离与测量距离的偏差值

2. 位移精度检测试验

由于数据采集时间间隔较短，为进一步验证位移检测方法的精度，选取固定大小的水泥试块进行位移精度检测试验，主要进行水平和垂直方向上的位移检测精度验证，试块实物如图 7.14 所示，试块规格如表 7.3 所示。

图 7.14　试块实物图

表 7.3　试块规格

试块名称	长/cm	宽/cm	高/cm
右侧试块（黄色）	19.9	8.8	4.6
左侧试块（灰色）	19.9	10.0	3.0

对两个试块分别进行水平移动和垫高的操作来进行水平位移和垂直位移的模拟，具体实施步骤如图 7.15 所示。共采集两组数据，第一组作为参考组，第二组在第一组的基础上在水平和垂直两个方向上人为移动 1cm，将采集到的数据进行三维模型搭建，然后获取试验区的点云模型并进行位移检测。

图 7.16（a）为两个试块移动前获得的参考点云，图 7.16（b）为左侧试块水平移动后的比较点云和右侧试块垂直移动后的比较点云。水平和垂直方向上点云模型裁剪示意图分别如图 7.17 和图 7.18 所示，虚线部分表示移动前试块的点云，实线部分表示移动后试块的点云。移动距离较小，导致移动前和移动后试块的点云部分重叠。为了精准比较位移的检测精度，通过裁剪的方式，只保留特定区域移动前后的比较。对于水平移动，只对前平面的点云进行比较，见图 7.17。对于垂直移动，只对上平面的点云进行比较，见图 7.18。

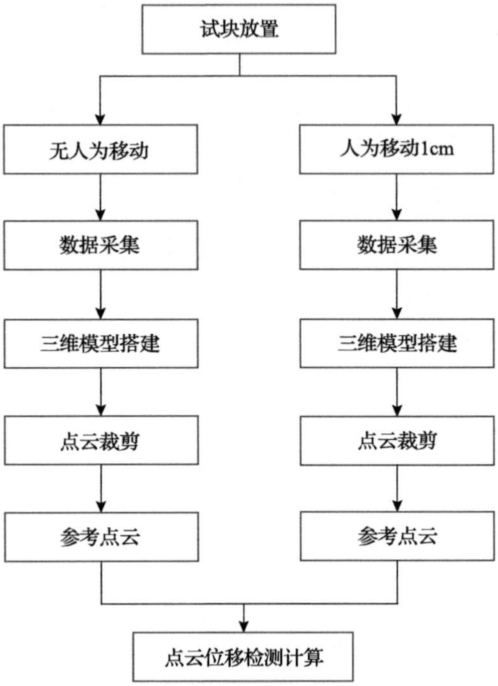

图 7.15　位移精度检测试验流程图

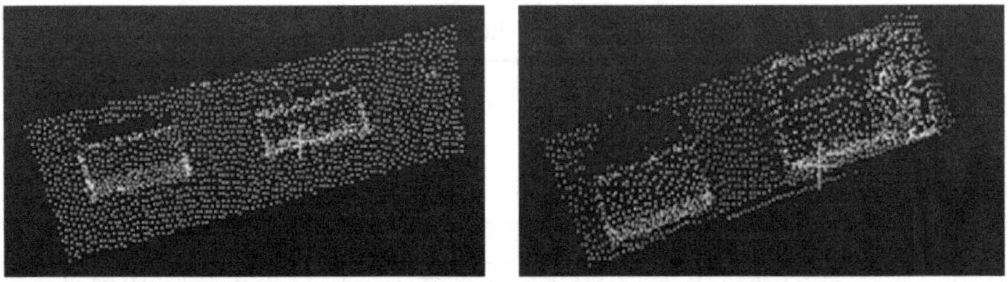

(a) 参考点云　　(b) 比较点云

图 7.16　试块水平和垂直移动前后点云分布

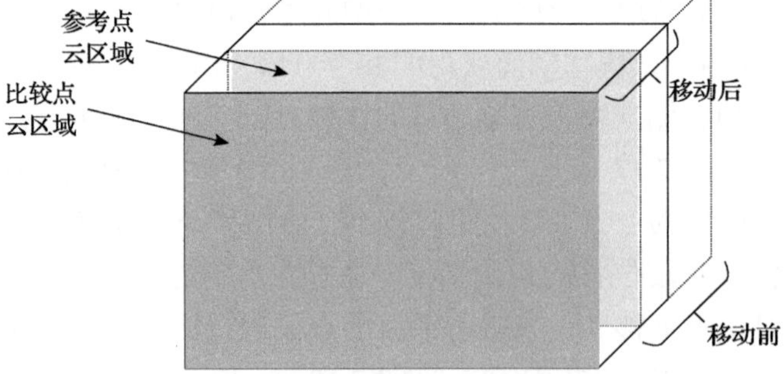

图 7.17　水平方向上点云模型裁剪示意图

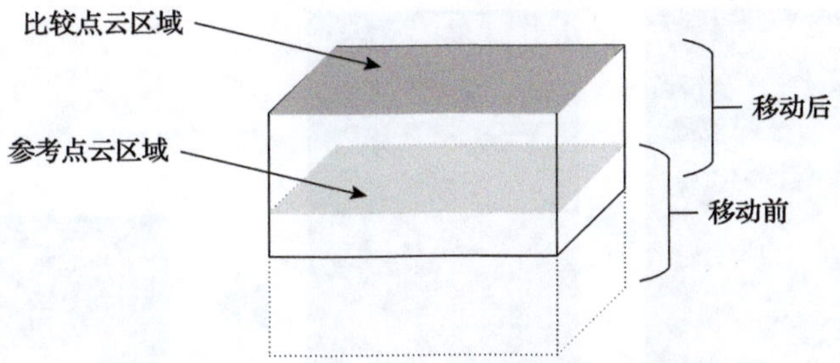

图 7.18　垂直方向上点云裁剪示意图

将试块在水平移动前后、垂直移动前后的比较点云区域和参考点云区域采用点到平面的距离公式进行点云偏移量的计算，得到点云位移量分布如图 7.19 所示。对于试块在水平方向的移动，水平方向点云平均位移为 0.9691cm，水平方向上计算距离与实际距离的误差为 0.0309cm。对于试块在垂直方向的移动，垂直方向点云平均位移为 1.0257cm，垂直方向上计算距离与实际距离的误差为 0.0257cm。

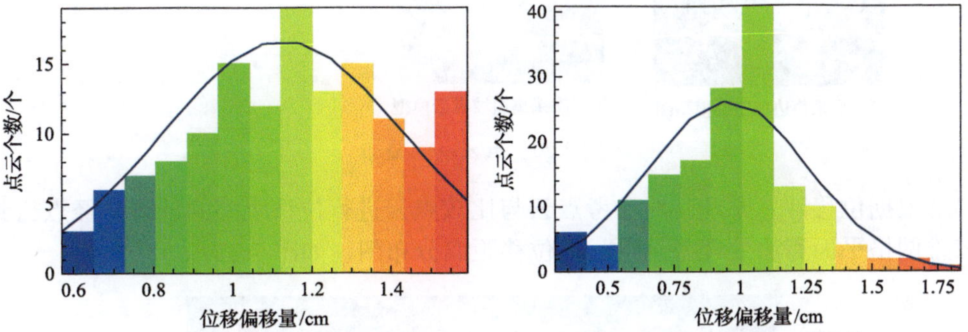

(a) 水平位移点云位移量　　(b) 垂直位移点云位移量

图 7.19　点云位移量分布图

根据点云位移量分布图进行计算，对于水平移动试块，计算得到的位移偏差波动小于 5mm，而对于垂直移动试块，计算得到的位移偏差波动小于 6mm。

3. 边坡整体位移检测

为了比较研究区域不同时间段边坡位移的变化，在两个时间段进行了数据采集，第一次采集时间段为 2021 年 9 月 26 日～2021 年 9 月 30 日，第二次采集时间段为 2022 年 1 月 12 日～2022 年 1 月 16 日，两次采集的时间间隔超过三个月，两次数据采集使用同样的航迹点，保证两次获得的数据在同一分辨率下。将数据进行三维重建后得到测区两次采集的三维模型和点云数据。为了保证边坡位移分析在同一范围内进行比较，对点云模型进行裁剪处理，保证了比较范围的一致性，将第一次采集数据生成的点云模型作为参考数据，第二次生成的点云模型作为比较数据，点云空间叠加如图 7.20 所示。

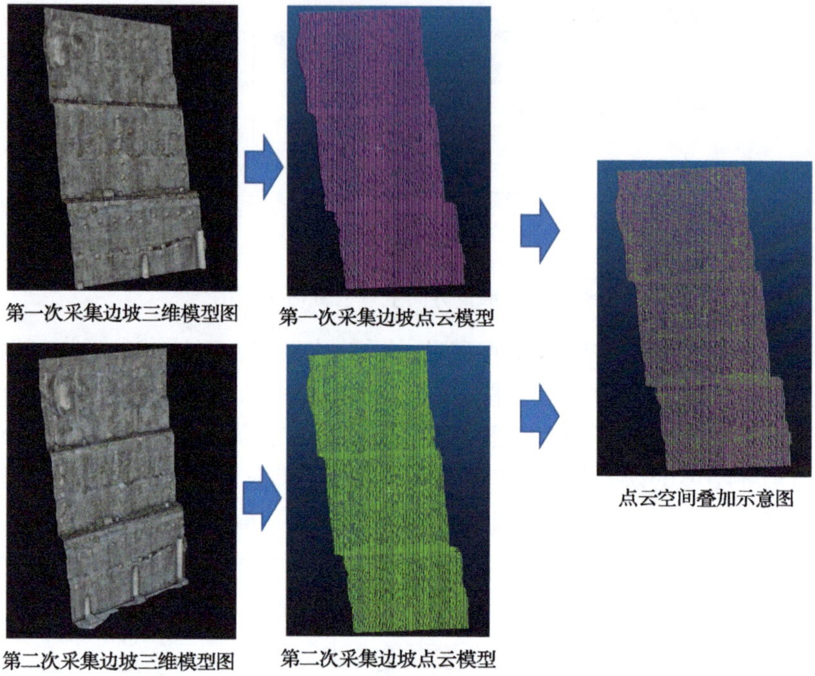

图 7.20　点云空间叠加

根据位移计算原理，对参考点云与比较点云进行位移距离的计算，经点云到三维网格平面算法处理得到点云的位移距离分布图，如图 7.21 所示。

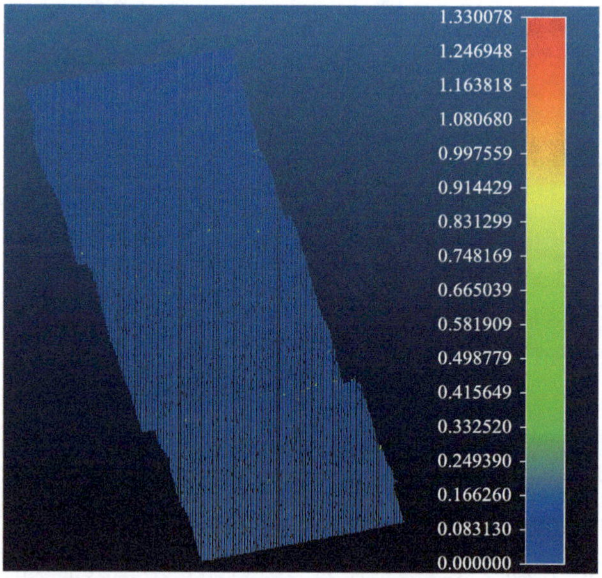

图 7.21　点云的位移距离分布图(单位：cm)

对得到的点云位移距离进行偏移数据统计能够得到两个时间边坡点云的位移偏移量统计图，如图7.22所示。可以看到99.854%点云的位移偏差都在0.166260cm以下，边坡整体的位移量较小。

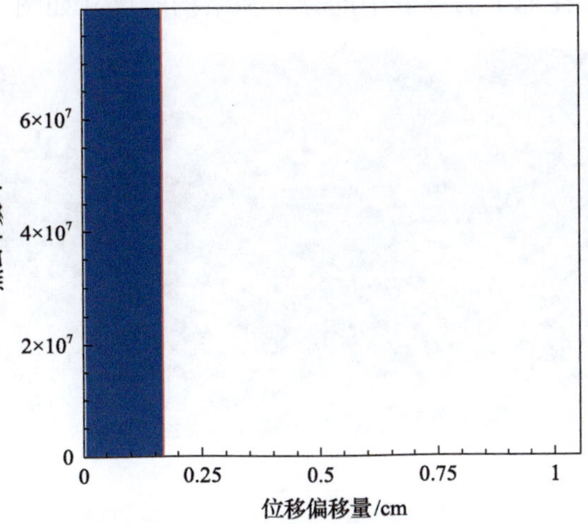

图7.22　点云位移偏移量统计图

对本次巡检任务总结如下：

(1)搭建了以无人机为主要装备的巡检系统，结合贴近摄影技术，对边坡进行了两次数据采集。获取某拱坝右岸边坡局部区域的影像资料，测试面积约为7000m^2。验证了无人机系统对高边坡巡检的可行性。

(2)本次巡检采用了精准路径规划的无人机贴近摄影数据采集方法、SFM-MVS算法的三维模型与点云模型生成、点云到三维网格平面距离算法。通过模拟位移的精度验证测试，在水平方向和垂直方向的精度均达到毫米级。利用点云到三维网格平面距离算法，进行了边坡两个时间段的位移量计算，实现了边坡位移检测。

7.3　大渡河某水电站引水隧洞智能巡检与分析

7.3.1　大渡河某水电站引水隧洞工程概况

大渡河某水电站位于四川省甘孜藏族自治州康定市境内大渡河干流上游，上游为丹巴水电站，下游为长河坝水电站。该水电站工规模为一等大(1)型，混凝土面板堆石坝最大坝高223.5m。工程开发任务为发电，总装机容量170万kW，年平均年发电量73.64亿kW·h。电站主要枢纽建筑物包括拦河坝、两岸泄洪和放空建筑物、右岸地下引水发电系统等。

引水隧洞为右岸地下引水发电系统的重要建筑物，共布置 4 条斜井式压力管道，管道间平行布置，洞径为 10.50m。压力管道沿纵轴线分为上平段、上弯段、斜井段、下弯段、下平段等，管道长 544.87～628.64m，引水隧洞总长 2347.01m。该水电站引水隧洞在地下洞室群中的分布和结构段尺寸如图 7.23 所示。

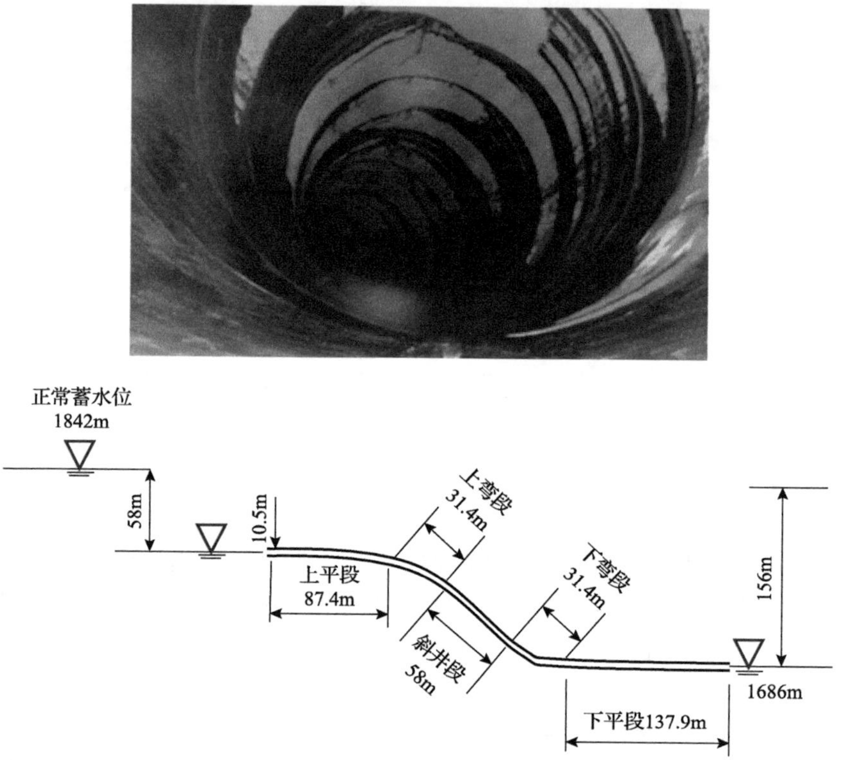

图 7.23 引水隧洞分布和结构段尺寸图

7.3.2 巡检方案与流程

针对该水电站引水隧洞的巡检需求，采用特种爬行机器人搭载三维激光扫描仪和微光高清摄像设备进行巡检。特种爬行机器人系统的潜器单元为各种检测传感器集成的运动平台。地面控制单元通过脐带缆将动力和控制命令下传到爬行器单元，将获取的传感器数据上传到地面控制单元，地面控制单元控制爬行器单元的运动、灯光，调节搭载的传感器，显示并记录检测数据。主要技术指标如表 7.4 所示。

特种爬行机器人搭载的三维激光扫描仪具有实时性强、主动性强和适应性好的特点。利用三维激光扫描仪，将全景测量的结果形成隧洞三维模型，并在三维模型的基础上进行监测、检测和调查等相关数据分析。

表 7.4　主要技术指标

技术参数	技术指标
脐带缆长度	1000m
动力配置	依靠卷扬机牵引
输入电源电压	单相 AC220V, 50Hz
工作电压	单相 AC220V, 50Hz
质量	车体 27kg
照明灯	10W/个，10 个
摄像头视角	前视、后视、左视、右视各 1 个
云台摄像头	400 万像素、4 倍变焦，1 个
防护等级	IP68

该水电站引水隧洞放空状态下内部全段黑暗无光且湿滑，上平段底部有 5cm 左右的积水，局部存在点状、线状裂缝渗水等现象，其中洞顶、洞底渗水较为明显；斜井段因上游大量渗水汇集而下，故底部水流量增大且流速较快；下平段因检测时水泵停止抽排故积水达 1.5m 以上，不具备检测条件；洞壁局部存在滴水、涌水现象，洞底湿滑。特种爬行机器人现场作业如图 7.24 所示。

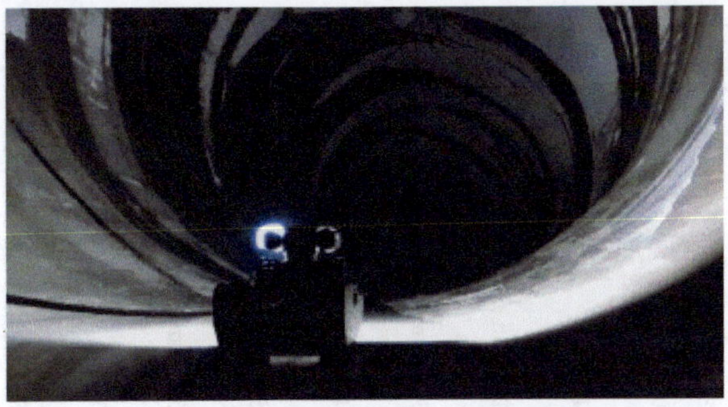

图 7.24　特种爬行机器人现场作业图

本次巡检采用特种爬行机器人搭载微光高清摄像设备和三维激光扫描仪，结合云台控制实现对引水隧洞混凝土结构全覆盖扫描检测工作。通过专业高空吊篮设备将检测装备吊放至引水隧洞内，对上弯段、斜井段和下弯段引水隧洞表面进行全覆盖扫描检测，查明裂缝、渗水、结构缝淘刷、钢筋头等详细情况。

7.3.3　巡检数据分析与评价

1. 数据处理

三维重建主要是利用特定算法对图像序列进行特征提取与匹配，并结合图像特征实现稠密重建，最终利用点云网格化与纹理映射得到所需的三维模型。数据拼接方法采用特征点云拼接法，具体可简述为：相邻两个测站数据通过一定数量的相同特征点云进行拼接，第一站作为基准站，依次完成各测站的数据拼接，最终将各测站数据拼成一个整体。

将已经拼接完成的三维点云模型导入相关处理软件中，沿引水隧洞三维点云中轴线展开，再根据激光反射率将带有信息的缺陷进行对应的标注，制作正射影像图。数据处理流程和正射影像结果如图 7.25 所示。图中上下两侧为引水隧洞洞底展开部位，中间为洞顶部位，洞顶和洞底之间为隧洞的洞腰位置。

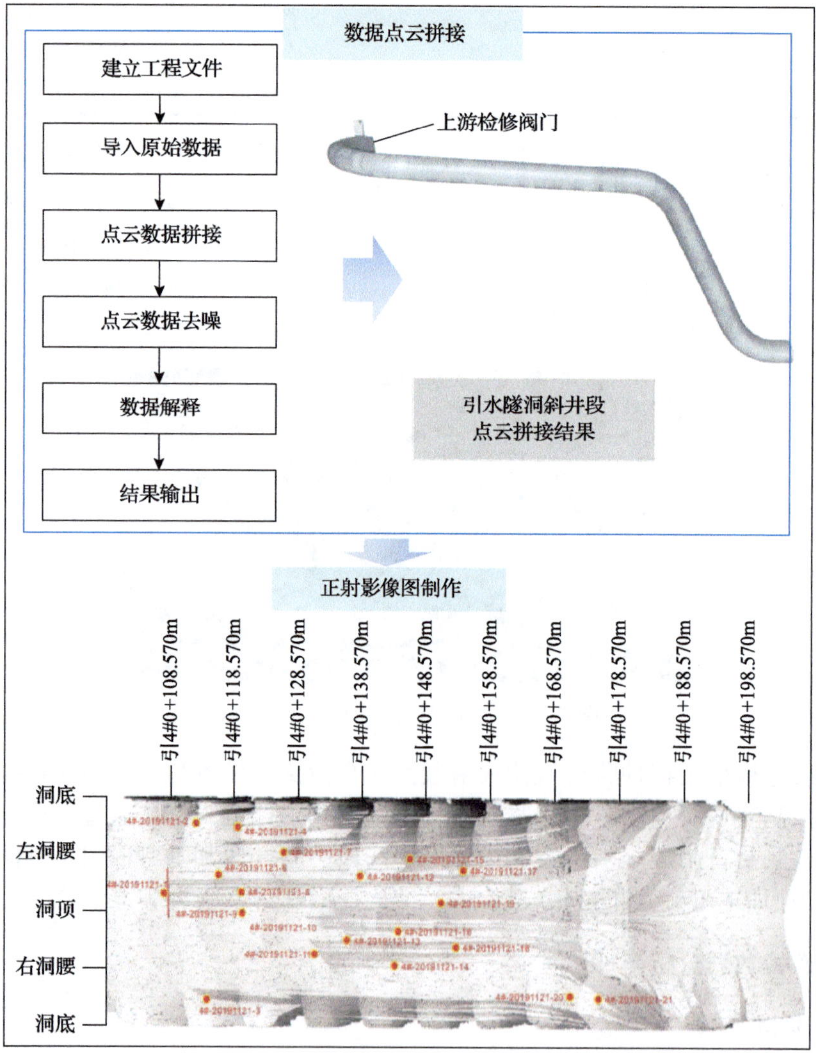

图 7.25　数据处理流程和正射影像结果

根据激光反射率和三维坐标进行引水隧洞缺陷检测和定位，并将带有缺陷信息的激光影像图输出到 Autodesk Navisworks 软件中进行人工校核，最后进行编辑整理，如图 7.26 所示。

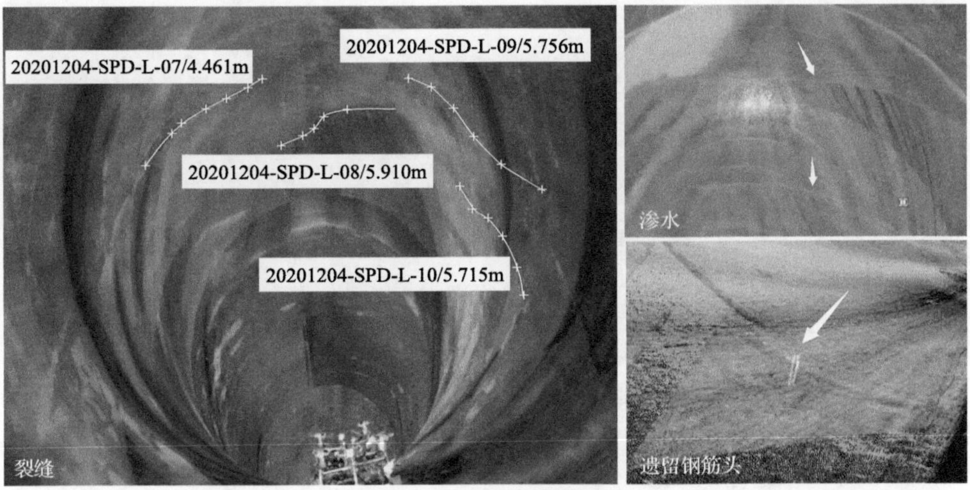

图 7.26　缺陷数据解析示例

从上弯段开始，由左至右依次对裂缝缺陷进行命名，裂缝的标识字母为“L”，露筋的标识字母为“J”，混凝土表观冲蚀的标识字母为“W”，混凝土渗漏点的标识字母为“LP”，缺陷的命名方法为：“日期-工程部位-缺陷标识字母-缺陷编号/尺寸”，如“20210419-SPD-L-01/3.5m”表示上平段正射影像图编号为 1 且长度为 3.5m 的裂缝。根据缺陷数据解析，分析引水隧洞缺陷分布规律。

2. 引水隧洞缺陷分布规律

1) 分段检测结果

上平段：通过特殊爬行机器人搭载三维激光扫描仪对引水隧洞进行全覆盖扫描检测。整理数据得出，在上平段发现的 67 处缺陷中，有 50 处裂缝渗水和 17 处混凝土渗漏点。其中洞顶有 34 处缺陷，左洞腰有 18 处缺陷，右洞腰有 12 处缺陷，洞底有 3 处缺陷。上平段缺陷主要分布在洞顶和左洞腰、右洞腰附近，以裂缝、渗水较为突出，其中明显有水流出或明显渗水现象的裂缝和渗漏点共有 33 处，其余 34 处均为轻微渗水现象。上平段典型缺陷检测结果如图 7.27(a)所示。

斜井段：主要包括上弯段、斜井段、下弯段，在发现的 34 处缺陷中，共有 28 条裂缝，3 处混凝土渗漏点，3 处遗留钢筋头。其中洞顶有 10 处缺陷，左洞腰有 9 处缺陷，右洞腰有 4 处缺陷，洞底有 11 处缺陷。该区间缺陷主要分布在上弯段的洞顶、左洞腰和洞底附近，其中明显有水流出或明显渗水现象的裂缝和渗漏

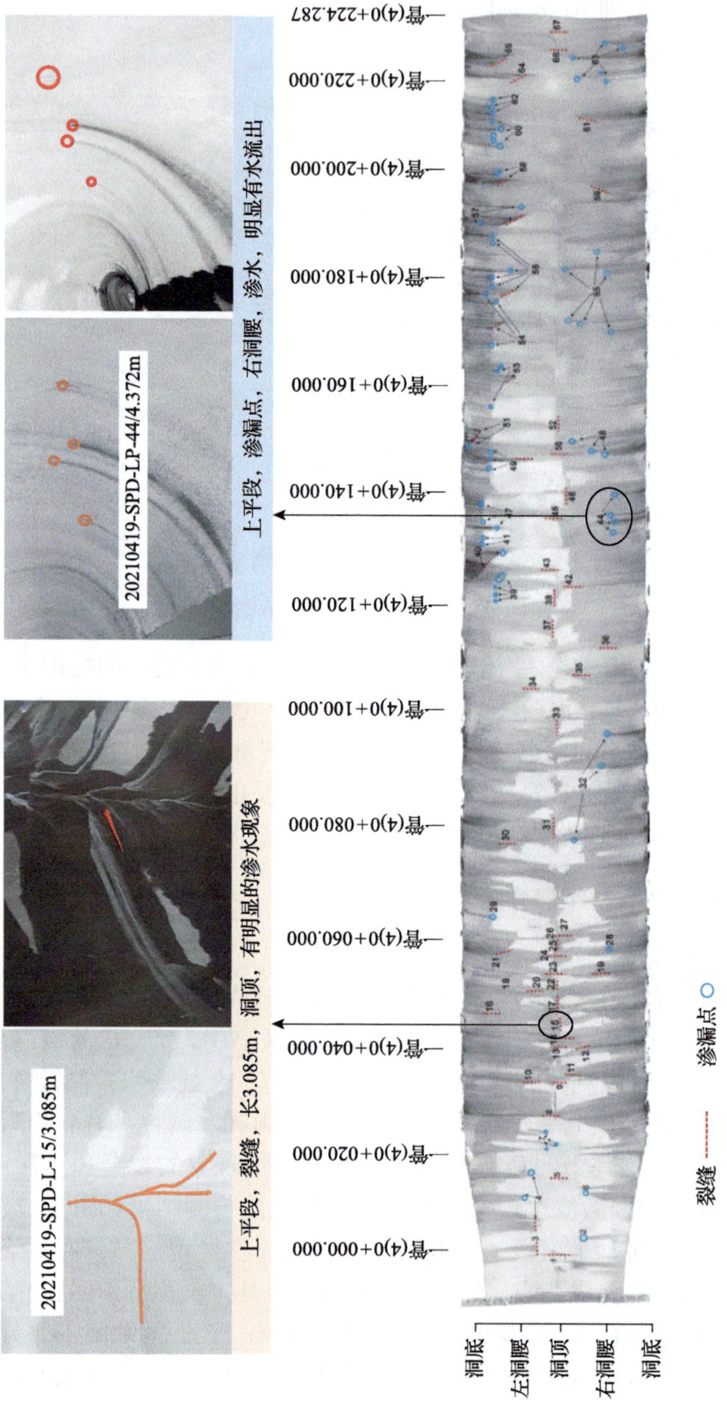
上平段，裂缝，长3.085m，洞顶，有明显的渗水现象
20210419-SPD-L-15/3.085m
上平段，渗漏点，右洞腰，渗水，明显有水流出
20210419-SPD-LP-44/4.372m
洞底
左洞腰
洞顶
右洞腰
洞底
裂缝
渗漏点

(a) 上平段

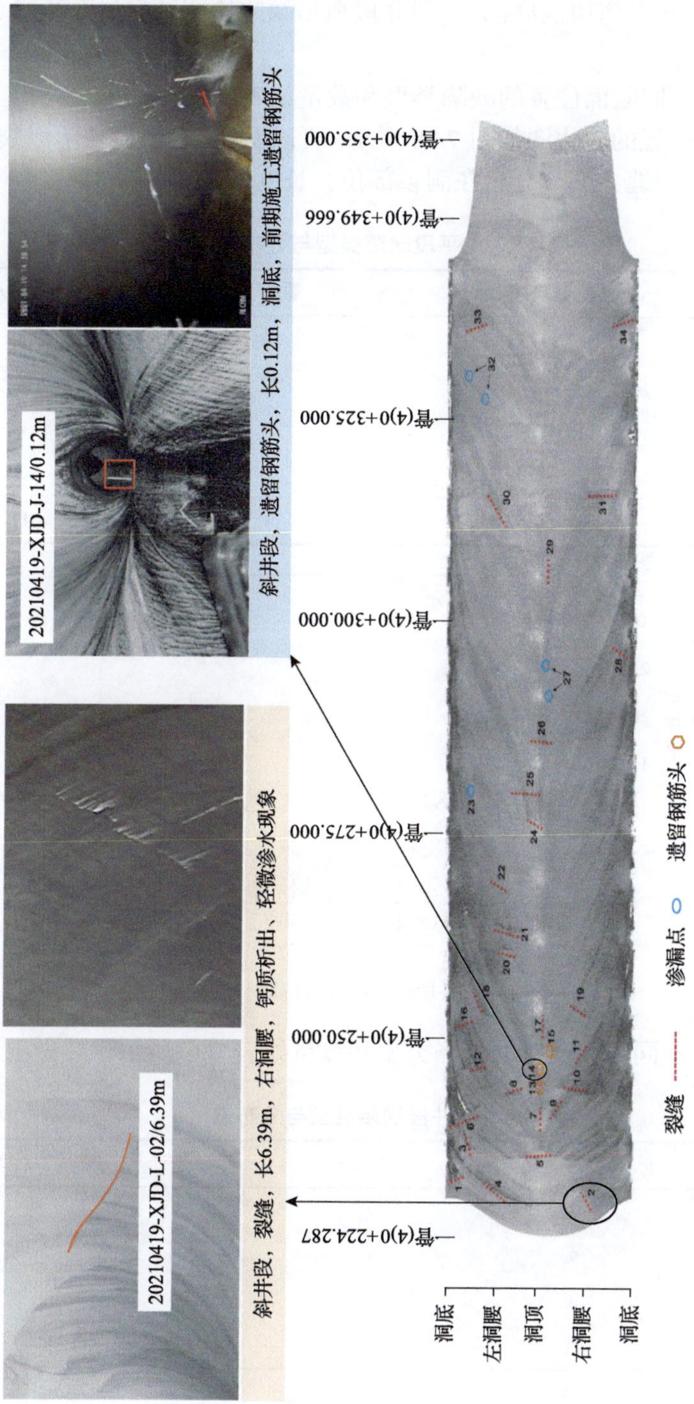

(b) 斜井段

图7.27　不同区段缺陷检测结果(单位：m)

点共 6 处，有轻微渗水现象的裂缝和渗漏点共有 25 处。其余 3 处为前期施工遗留的钢筋头，主要位于上弯段洞底部位。斜井段典型缺陷检测结果如图 7.27(b)所示。

2)检测数据分析

整理上平段不同断面位置的缺陷类型和数量如表 7.5 所示，并做出上平段裂缝和渗漏点不同位置的对比图如图 7.28 所示。可以发现，上平段缺陷以裂缝为主，共有 50 条裂缝。裂缝大部分分布在洞顶部位，长度为 0.38～11.88m。

表 7.5　上平段缺陷类型与分布表

断面部位	缺陷数量/处	裂缝/处	渗漏点/处
洞顶	34	31	3
左洞腰	18	12	6
右洞腰	12	6	6
洞底	3	1	2
合计	67	50	17

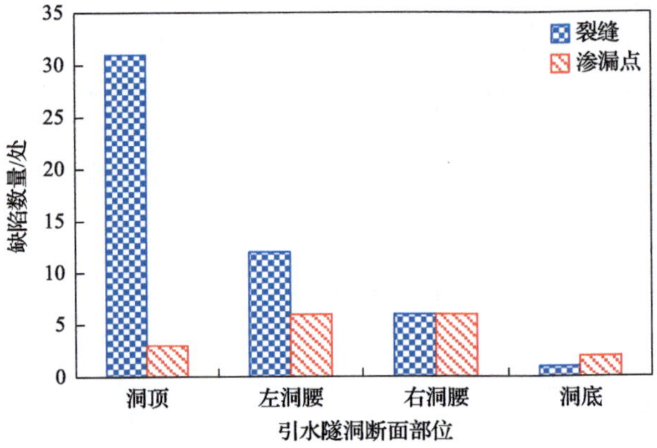

图 7.28　上平段缺陷分布特征对比图

整理斜井段不同断面位置的缺陷类型和数量如表 7.6 所示，并做出该段裂缝

表 7.6　斜井段缺陷类型与分布表

断面部位	缺陷数量/处	裂缝/处	渗漏点/处	钢筋头/处
洞顶	10	9	1	0
左洞腰	9	8	1	0
右洞腰	4	4	0	0
洞底	11	7	1	3
合计	34	28	3	3

和渗漏点不同位置的对比图如图 7.29 所示。可以发现，该段缺陷仍以裂缝为主，隧洞断面不同位置的裂缝数量差别不大，但裂缝主要位于上弯段，下弯段的裂缝数量相对较少。此外，该段还存在部分渗漏点和前期施工遗漏的钢筋头。

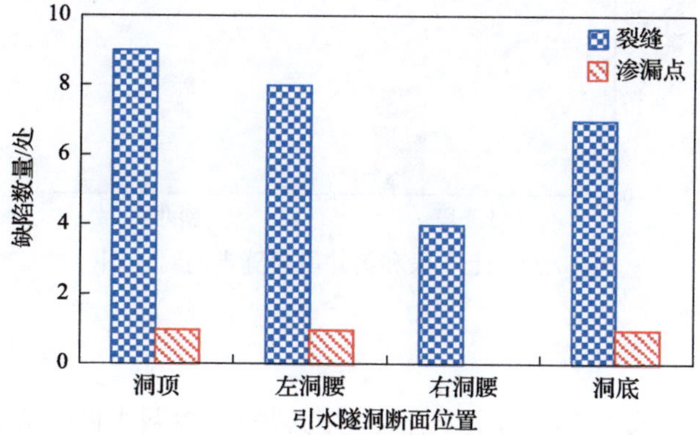

图 7.29　斜井段缺陷分布特征对比图

将引水隧洞上平段和斜井段缺陷进行对比，可以发现，上平段缺陷数量明显多于斜井段，且斜井段的缺陷也主要分布于上平段和斜井段相交的上弯段，说明缺陷集中分布于引水隧洞高程更高的位置，包括上平段和上弯段，而高程较低的斜井段和下弯段缺陷数量相对较少。

将引水隧洞全段缺陷结果统一对比分析，可得不同缺陷类型的数量占比如图 7.30 所示。可以发现，所有缺陷中裂缝占比为 77%，是引水隧洞主要的缺陷类型。裂缝长短不一，出现裂缝的位置常伴有渗水和钙质析出。在后期的工程运行与安全巡检过程中应该主要关注裂缝的扩展情况。

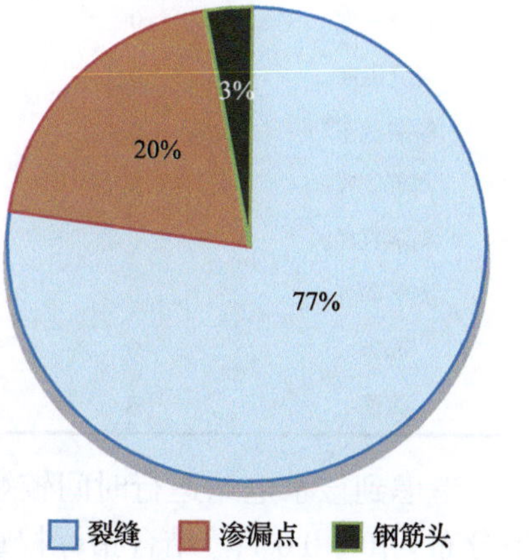

图 7.30　引水隧洞不同缺陷类型对比图

为进一步分析裂缝的走向，将上平段和斜井段裂缝按横向、纵向、斜向进行分类对比，见图 7.31。其中横向裂缝表示裂缝走向垂直洞轴线，纵向裂缝表示其走向平行洞轴线，斜向则表示其与洞轴线大角度相交。由图 7.31 可见，上平段的裂缝以横向裂缝居多，斜井段的裂缝以斜向裂缝居多，受围岩应力与水流特性的影响，上平段和斜井段裂缝走向特性出现明显的差异。

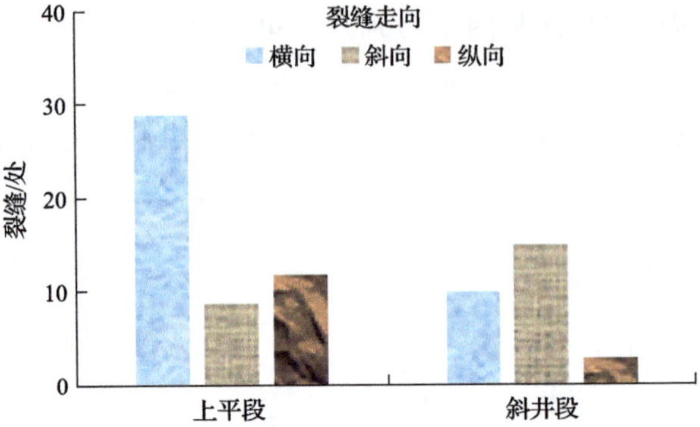

图 7.31　上平段和斜井段裂缝走向对比图

3. 引水隧洞安全评价

检测结果显示该引水隧洞主要存在衬砌裂缝和渗漏水两种表观损伤，未检出衬砌剥落现象，具体的检测数据风险等级判别如表 7.7 所示。

表 7.7　大渡河流域某水电站引水隧洞检测数据风险等级判别结果

结构安全风险影响因素	风险等级				
	A	B	C	D	E
裂缝长度	0.04	0.17	0.25	0.37	0.17
裂缝宽度	0.02	0.11	0.20	0.52	0.15
裂缝密度	0	0	0	0	1.00
裂缝走向	0	0	0	1.00	0
渗漏状态	0	0.05	0.05	0.63	0.27
剥落位置	0	0	0	0	1.00
剥落直径	0	0	0	0	1.00
剥落深度	0	0	0	0	1.00
冻害	0	0	0	0	1.00
流速	0	0	0	0	1.00

考虑到该水电站运行时间较短，将其他指标设置为最安全的状态，即风险概率分布为[0 0 0 0 1]。结合指标权重和第三级指标的检测结果，可计算得到其他指标的风险概率分布，作为 DBN 的先验概率。

根据国家标准，该水电站的主要建筑物为一级建筑物，引水隧洞的合理使用年限为 100 年，由计算可得式(6.17)中的待定参数 α 为 0.016。基于 MATLAB FullBNT 工具箱，建立基于上述参数的 DBN 模型，并进行后续计算。

邀请了 11 位引水隧洞领域的专家进行咨询，使用模糊层次分析法得到引水隧洞结构安全评估 DBN 模型指标体系中各个指标的权重，如表 7.8 所示。

表 7.8　指标体系权重

指标	权重	指标	权重	指标	权重
衬砌裂缝	0.1741	裂缝密度	0.0267	空洞部位	0.0398
渗漏水	0.1295	裂缝位置	0.0241	空洞直径	0.0469
材料劣化	0.1640	裂缝状态	0.0464	空洞深度	0.0593
衬砌空洞	0.1403	pH	0.0248	变形速度	0.0861
衬砌变形	0.1913	渗漏量	0.0318	变形量	0.0868
衬砌剥落	0.1221	冻害	0.0333	剥落直径	0.0447
运行环境	0.0788	衬砌强度	0.0499	剥落深度	0.0603
裂缝走向	0.0206	衬砌厚度	0.0431	水压强度	0.0298
裂缝长度	0.0263	钢筋锈蚀	0.0272	渗透压强	0.0311
裂缝宽度	0.0330	钢筋保护层厚度	0.0221	流速	0.0260
裂缝深度	0.0336	混凝土碳化深度	0.0165		

根据所建立的 DBN 模型和根节点指标的检测数据，设置时间片间隔为 1 年，对该水电站引水隧洞的安全情况和未来发展趋势进行预测。衬砌剥落为重要的三级指标，其风险概率分布随时间的变化情况如图 7.32 所示。

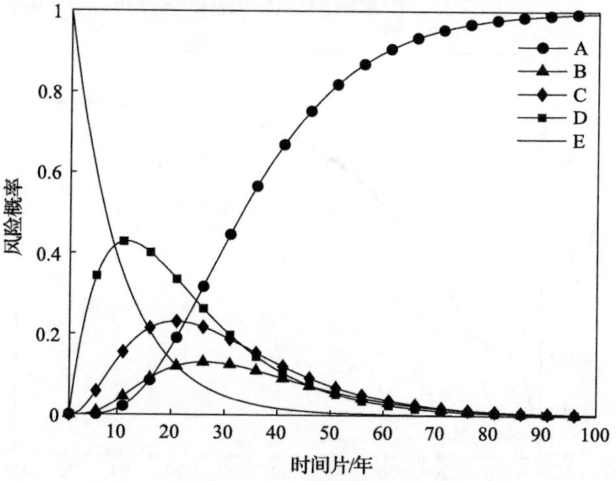

图 7.32　衬砌剥落指标的风险概率分布

由图 7.32 可知，在零时刻，该引水隧洞衬砌剥落的风险概率较小，属于 E 级状态；随时间推移，衬砌剥落指标的风险概率逐渐增加，处于 E 级状态的概率不断减小，处于 A 级状态的概率不断增加，处于 D、C、B 级中间状态的概率均表现出先增加后减小的单峰分布特点，并分别在 11 年、20 年、30 年前后达峰值，但峰值均小于 50%。约 10 年后该指标风险概率最大状态由 E 级转为 D 级，约 26 年后由 D 级转为 A 级，这表明：在初期，风险发展较为迅速，在风险发展的过程中，各个中间状态(B、C、D)的最大概率峰值均小于 50%，说明此时指标处于各个安全状态的概率相差并不明显，安全情况较为复杂。

引水隧洞整体风险概率分布和整体风险值随时间的变化情况如图 7.33 和图 7.34 所示。

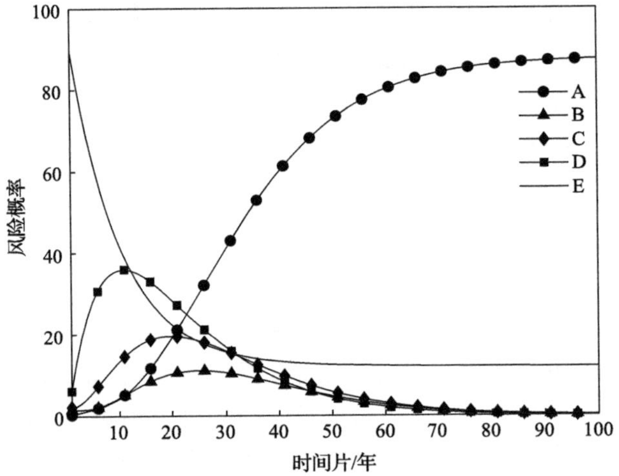

图 7.33　引水隧洞整体风险概率分布

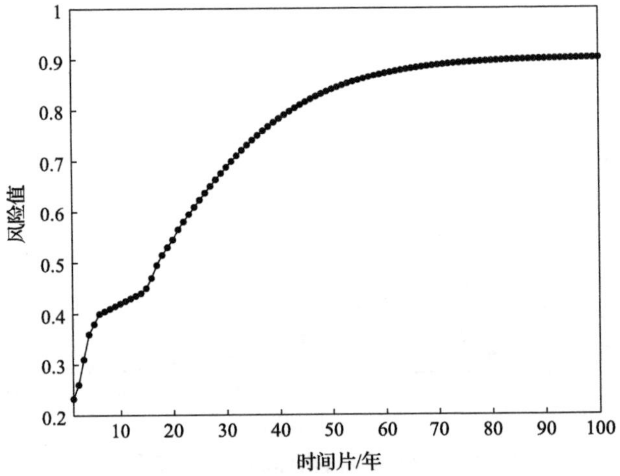

图 7.34　引水隧洞整体风险值变化

由图 7.33 可知，引水隧洞整体风险概率分布呈逐级传递的特点，最大概率所处的安全状态在零时刻为 E 级，而处于 D 级、C 级、B 级等中间状态的概率则与在单个指标中的变化趋势一致，均表现为先增加后减小的单峰分布特点，并分别在

11 年、19 年、24 年前后达到峰值，但由于各个指标的初始风险概率分布不同，且部分指标的风险概率不随时间变化，所以相较于图 7.32 中的单个指标，峰值更低。

由图 7.34 可知，该水电站引水隧洞目前的风险值为 0.23，结构安全风险较小，与专家的现场判断一致；引水隧洞的安全风险值随时间不断上升，约 40 年后增加至 0.8，此时需要采取相应的修补措施；从风险概率的增长趋势看，运行初期引水隧洞整体风险增长速度较快，运行中期近似保持匀速增长，运行后期增长速度逐渐减小，因此对引水隧洞的安全检查要尽早，以便及时发现并解决问题。

基于 DBN 模型，通过设定子节点的安全状态，可以经由风险概率的反向传播计算出各个父节点最有可能的风险概率分布。在所建立的 DBN 模型中依次将引水隧洞整体的风险等级设置为 A～E 级。各个二级指标的风险概率反向传播结果如图 7.35 所示，其中热图颜色按行进行归一化，即每行中数字越大的颜色越深，数字越小的颜色越浅。

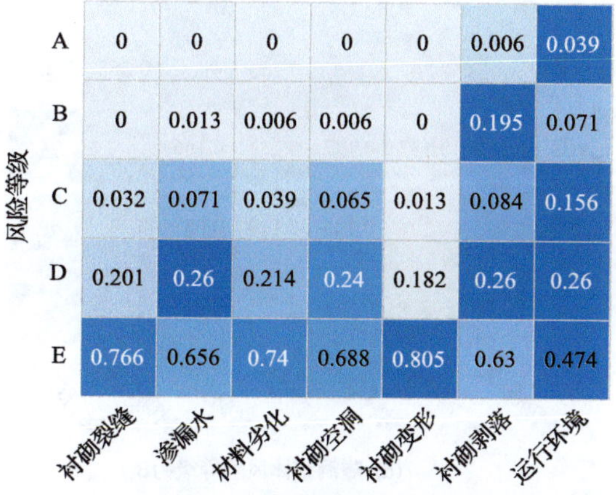

(a) 隧洞整体风险等级为E

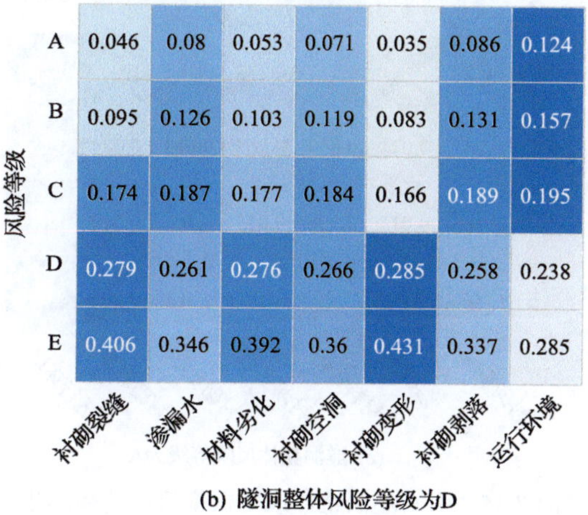

(b) 隧洞整体风险等级为D

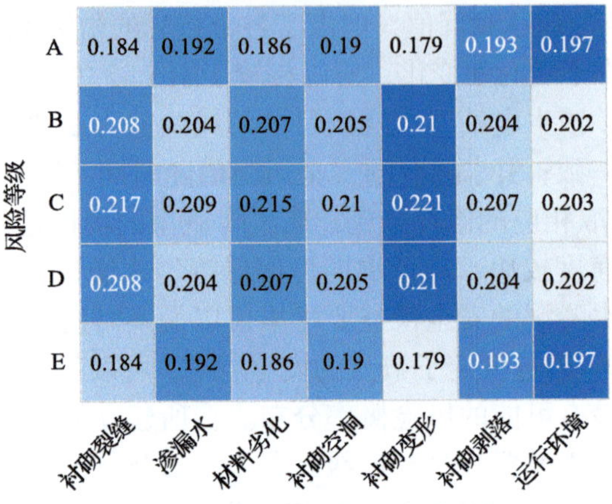

(c) 隧洞整体风险等级为C

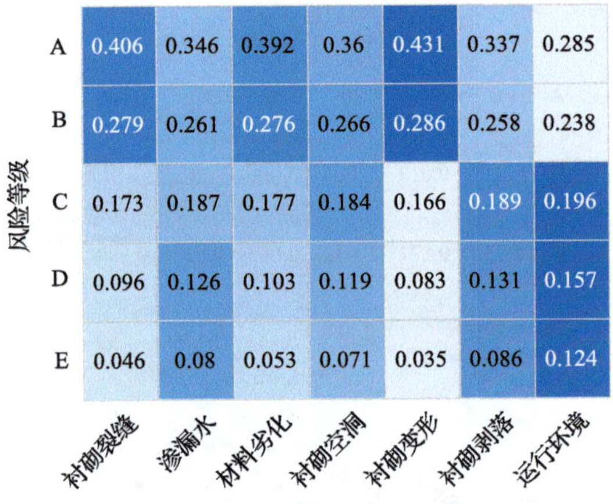

(d) 隧洞整体风险等级为B

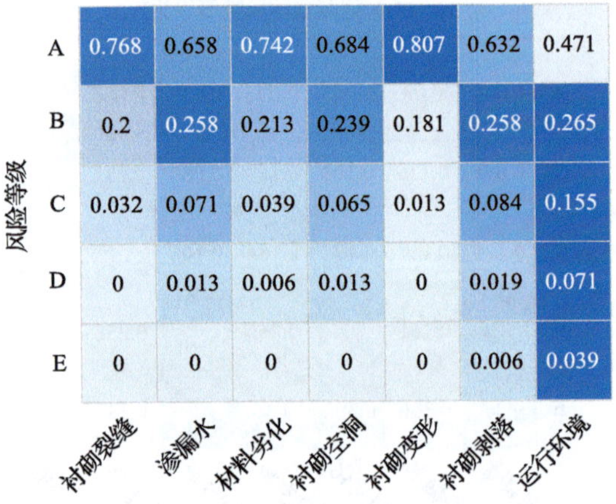

(e) 隧洞整体风险等级为A

图 7.35 引水隧洞整体风险概率反向传播结果

反向传播的结果表明：当引水隧洞处于不同的安全状态时，各个指标的风险概率分布表现出一定的差异，说明当引水隧洞整体的安全状态不同时，应当重点关注的主要指标也不同。由图 7.35 可知当引水隧洞整体的风险水平较低(E 和 D 级)时，运行环境、衬砌剥落、衬砌变形是相较而言风险较大的因素；当引水隧洞整体风险水平中等(C 级)时，各个指标的风险分布都较为均匀，指标之间没有明显的差别；而当引水隧洞整体风险水平较高(A 和 B 级)时，衬砌变形、衬砌裂缝、材料劣化是风险较大的因素。

7.4 嘉陵江某水利水电枢纽消力池智能巡检与分析

7.4.1 嘉陵江某水利水电枢纽消力池工程概况

为了验证消力池水下巡检机器人的性能，在嘉陵江某水利水电枢纽开展表孔消力池与底孔消力池底板和导墙的巡检应用。该水利水电枢纽正常蓄水位 458m，设计洪水位 461.3m，校核洪水位 463.07m，表孔消力池坝段宽 18.5m，闸墩厚 4.5m。共布置 8 个泄流表孔，孔口尺寸为 14.0m×22.8m(宽×高)，每孔设弧形工作门，由液压启闭机启闭，弧形工作门上游设检修钢闸门。为减小消力池长度，加强消能效果，表孔出口采用宽尾墩方案。宽尾墩起始收缩点距坝轴线 29.42m，水平长 22.58m，收缩比为 0.3，墩尾折角为 12.24°。边表孔采用不对称宽尾墩方案(即导墙侧收缩 6.10m，另一侧收缩 3.00m)，收缩比为 0.35。表孔消力护坦底高程 355m，池长 135m，池宽 143m，消力池尾坎为连续式，坎顶高程 367m。尾坎后防冲段长 35m，高程 360.3m。

底孔的主要任务是泄洪、排沙，并兼作施工期导流底孔，共 5 孔，孔口尺寸均为 6m×9m(宽×高)。底孔底板高程 374.0m，采用有压短管形式，有压短管出口下游两侧突扩 0.5m，底部跌坎高 1.6m。明槽坡比为 1:4.5，下段采用半径为 75m 的圆弧调整到水平后至出口，出口突跌 8.0m 至消力池底板，出口高程 362.0m，消力池护坦底高程 354m。长 187.6m(底孔明槽出口至消力池尾坎)，池宽 75m，消力池尾坎为连续式，底坎 367m。尾坎后防冲段长 35m，高程 360.3m。

2018 年 7 月，四川出现严峻汛情，该水利水电枢纽水库入库洪峰流量达到 25130m^3/s，洪水高峰达到近 80 年一遇，刷新了有历史记录以来最大实测洪水。需要对消力池水下结构进行巡检和评估，确定结构完整性和潜在结构风险。

7.4.2 消力池水动力特性模拟

1. 表孔消力池水流流态分析

消力池内水流流态可以一定程度上反映水流漩滚紊动强度、水跃形成与发展以及消力池壁面易冲刷部位，为智能机器人巡检工作提供指导。图 7.36 为表孔消力池校核洪水位水流流态图。其中，蓝色表面为水流表面。可以看出，水流经溢流面流入消力池后，产生较为强烈的水跃。消力池前部水跃核心区形成剧烈的水流漩滚并伴随着高强度的动量交换。消力池内水面波动较为强烈。

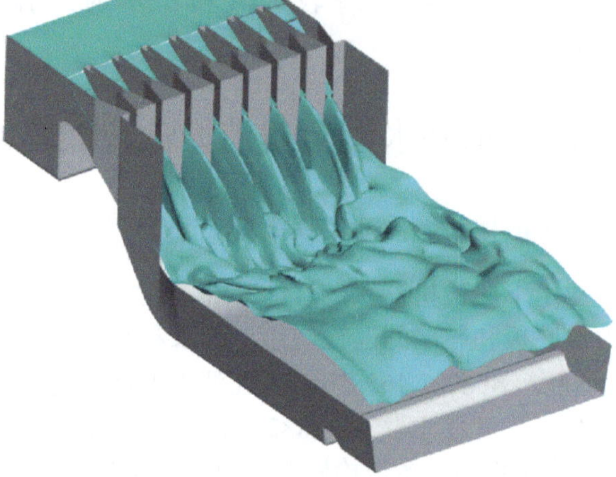

图 7.36　表孔消力池校核洪水位水流流态图

图 7.37 为表孔消力池纵剖面流体体积分数分布图，其中红色区域为水，绿色区域为水气掺混。可以明显看到，水流经上游闸门通过溢洪道进入消力池后，逐渐发生水气掺混现象。消力池内产生水跃现象，进而导致水面逐渐壅高，水气掺混现象加剧。受水跃和消力池尾坎作用影响，消力池前部与坎后产生了不同尺度的漩涡。这一现象表明消力池前部区域易受到漩涡冲刷作用而导致壁面产生破坏。因此，在巡检时需要对消力池前部底板和导墙区域进行重点排查。

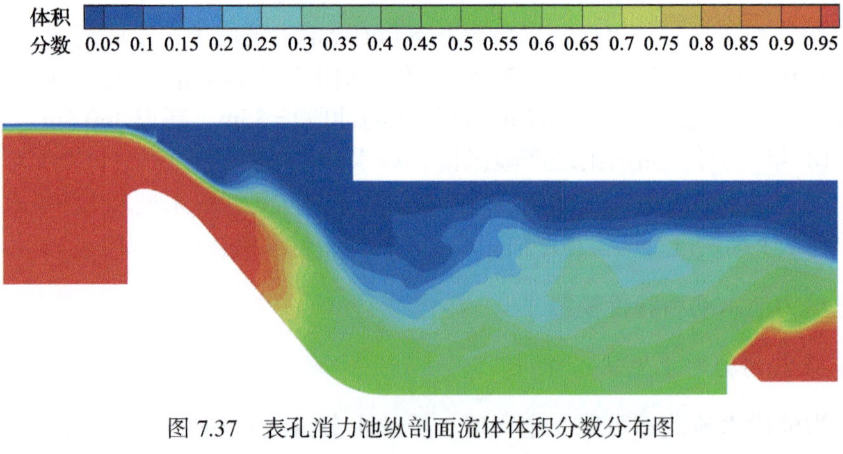

图 7.37　表孔消力池纵剖面流体体积分数分布图

2. 表孔消力池壁面压强分布

表孔消力池壁面压强是消力池结构设计与运行安全的重要指标。当壁面压强过大，超过壁面材料承载能力时，会导致壁面产生冲刷破坏。当壁面压强过小，低于水流饱和蒸汽压时，会导致水流空化现象的产生，进而发生壁面空蚀破坏。因此，在开展消力池巡检和保护工作前，需要对表孔消力池壁面压力分布进行分析，找出消力池易破坏区域。图 7.38 和图 7.39 分别为校核洪水位下表孔消力池底板压力分布图和纵剖面压力分布图。由图 7.39 可知，表孔消力池前部底部承受较高的壁面压力。产生这一现象的原因是水流从闸门通过溢洪道后，水流势能逐渐

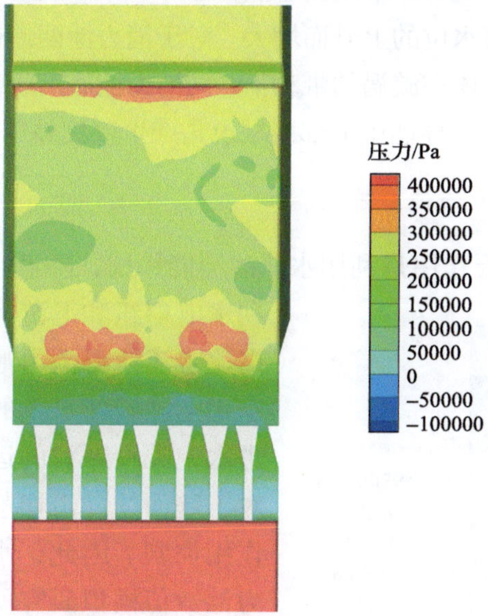

图 7.38　校核洪水位下表孔消力池底板压力分布图

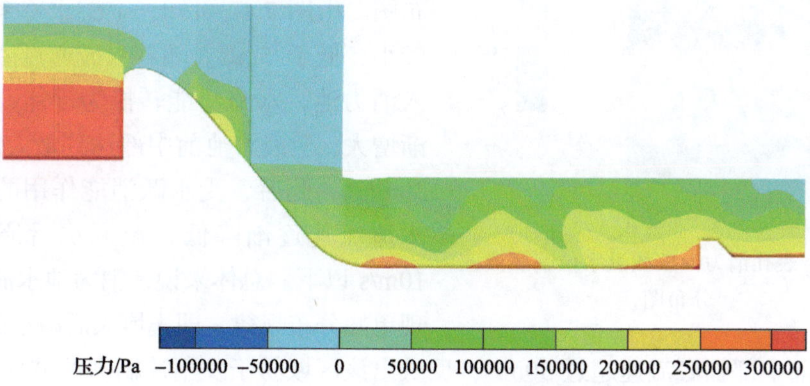

图 7.39　校核洪水位下表孔消力池底板纵剖面压力分布图

转化为动能，至溢洪道反弧末端水流流速接近最大值。水流进入表孔消力池后，高速水流受离心力的作用不断冲击底板壁面，从而造成该区域壁面压强偏高。此外，消力池尾坎附近区域也存在高压区。原因在于尾坎的存在使得水流在这一区域附近发生回流冲刷，进而在水流冲刷作用的影响下，壁面出现高压。但是，在消力池水跃消能作用的影响下，消力池尾坎附近区域水流流速远低于消力池前部区域水流流速。因此，尾坎附近高压区范围远小于消力池前部。此外，消力池壁面无明显负压区域产生，不易产生空化空蚀破坏。可以确定，消力池前部区域发生冲刷破坏的风险相对较高。

对于上游水库，由于水库来流流速低，上游水库压强基本近似服从静压分布规律，即压强随上游水库水位的上升而增大。对于消力池两侧壁面导墙，受水跃漩滚回流作用影响，水面流体在漩涡的带动下，向消力池底部运动，从而导致导墙中下部区域出现高压。因此，导墙中下部区域也是产生壁面破坏的高风险区域之一。

3. *表孔消力池临底流速分布*

表孔消力池的主要作用是利用水跃的消能作用，降低水流流速，从而保证水利水电枢纽和下游河道的安全稳定运行。高速水流使得消力池局部出现低压区，是空化空蚀破坏发生的根本原因。高流速促进水中泥沙颗粒的运动，增强了泥沙颗粒对于壁面的冲击切削作用，导致冲刷磨蚀作用加剧。因此，水流流速分布是开展消力池数值模拟研究所关心的重中之重。图 7.40 为表孔消力池校核洪水位临底流速分布图。由图 7.40 可知，上游水库来流流速较小，低于 5m/s。随着水流通过溢洪道进入消力池，水流势能转换为动能，流速逐渐增大，至消力池前中部达到最大值(超过 30m/s)。此后，受水跃消能作用的影响，水流流速逐渐降低，至尾坎后流速降至 10m/s 以下。总体来说，消力池水流流速呈现单峰分布规律，即先增大后减小的趋势。消力池前中部临底流速超过 30m/s，反映出该区域易于发生冲刷磨蚀破坏。

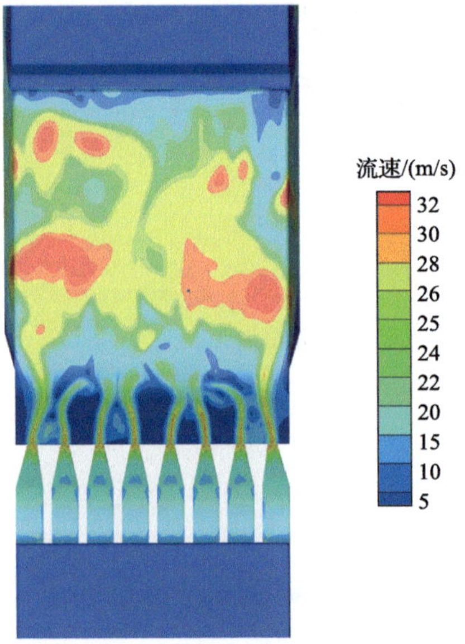

图 7.40　表孔消力池校核洪水位临底流速分布图

7.4.3　巡检方案与流程

通过水电站水下机器人系统对消力池的水下底板进行可视化检测，实现对消力池底板的系统性、高精确性和全覆盖式巡检，获得消力池底孔闸门出口、底孔消力池底板和表孔消力池底板排淤后的混凝土表观高精度图片和视频，巡检范围如图 7.41 所示。

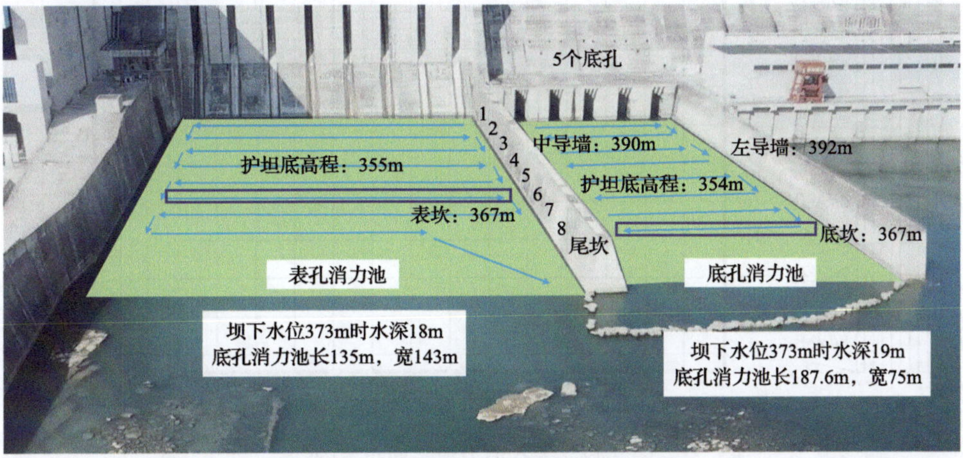

图 7.41　水下机器人巡检范围示意图

水下机器人对消力池底板的总体巡检方案分为汛前巡检和汛后巡检。汛前巡检包括消力池底孔闸门出口、底孔消力池底板、表孔消力池底板和消力池三面导墙巡检。对于消力池底孔闸门出口，由于只有 1#、3#、5#底孔过流，所以只检查 1#、3#、5#的闸门出口处底板混凝土的表面情况。每个出口段，选择 4 个测量点位，共计 12 个测量点位。对底孔消力池底板进行网格化测量，对于近坝区域依次进行 0.5 基线、1 基线、1.5 基线、2 基线网格化全覆盖的精细化测量，共计 20 个点位。对于其他区域，只进行 1#、3#、5#区域的网格化测量点位，共计 21 个点位。对表孔消力池底板进行全覆盖网格化测量，根据 1#～8#泄洪孔与结构缝组成网格，测量点位共计 64 个。

为对比汛前和汛后底板磨损的变化情况，对表孔消力池底板进行汛后巡检。由于该水利水电枢纽度汛时仅采用了表孔泄洪，底孔未开启，所以底孔消力池底板未做汛后巡检。表孔消力池汛后巡检主要针对护坦块中部和护坦间的结构缝开展水下机器人全覆盖检测。该表孔消力池由溢流表孔、导墙、护坦和尾坎等结构组成，共布置 8 个泄洪表孔，表孔出口采用宽尾墩结构。消力池长 135m，宽 143m，护坦底高程 355m。消力池尾坎为连续式，表坎为 367m。表孔消力池布置有 15 条纵缝和 14 条横缝，横缝与纵缝将底板分成 182 块，每块底板以如图 7.42 所示的左下角网格点进行编号。

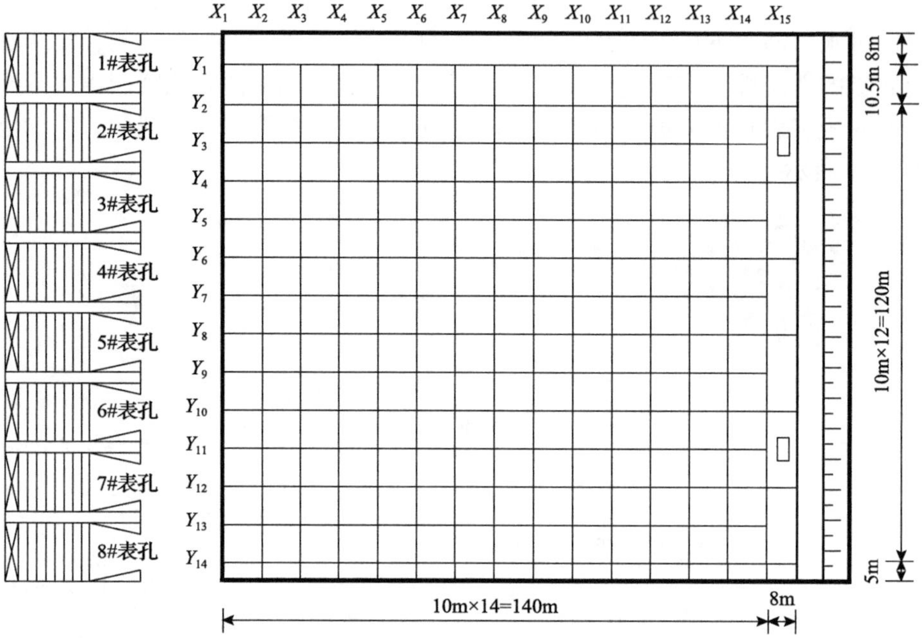

图 7.42　表孔消力池平面布置图

7.4.4　巡检数据分析与评价

基于水下机器人采集到的表孔消力池、底孔消力池底板磨损数据，对巡检结果分类讨论，并对消力池结构安全进行评估。

1. 消力池巡检结果

通过对表孔消力池底板水下结构的巡检，获得汛前、汛后底板的高清巡检图片。部分典型结果如图 7.43 所示。

通过对底孔消力池底板水下结构的巡检，获得汛前底板的高清巡检图片。部分典型结果如图 7.44 所示。

2. 磨蚀量化评价

1）水工混凝土磨蚀过程

泥沙在水流中有悬移质与推移质两种存在形式，对水工建筑物的磨蚀机理也不尽相同[1]。整体而言，水工混凝土表面磨蚀经过磨损启动阶段、细骨料脱落阶段、粗骨料淘刷阶段和循环持续阶段，如图 7.45 所示。

混凝土表面砂浆层首先开始磨损。抗冲耐磨混凝土的表层通常为 3～5mm 的

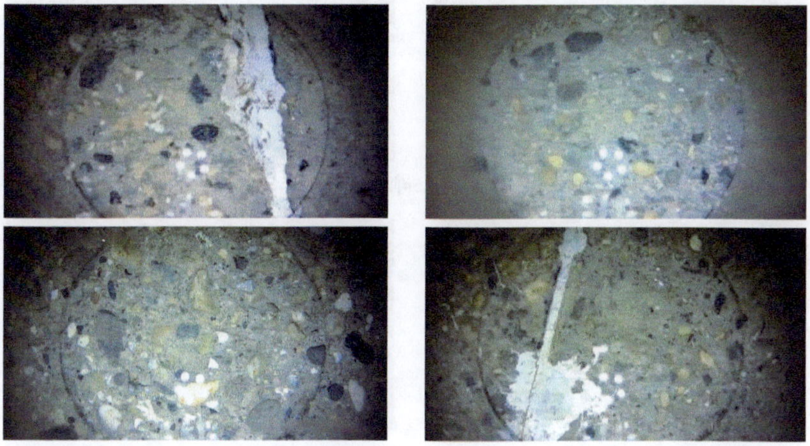

(a) 表孔消力池汛前

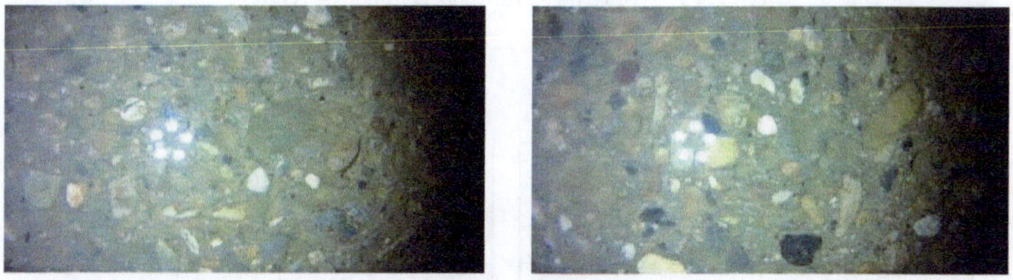

(b) 表孔消力池汛后

图 7.43　表孔消力池底板巡检结果

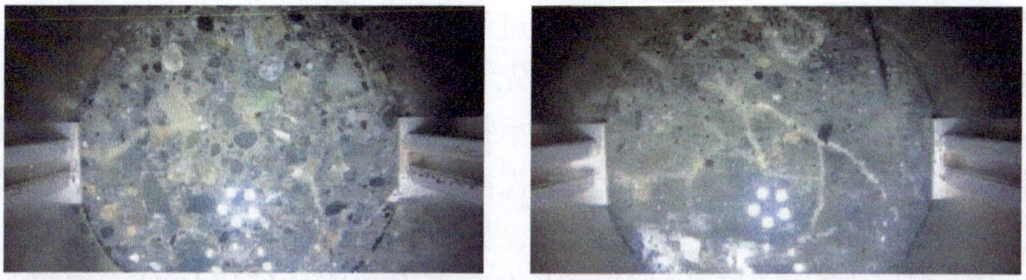

(a) 底孔1#闸门出口

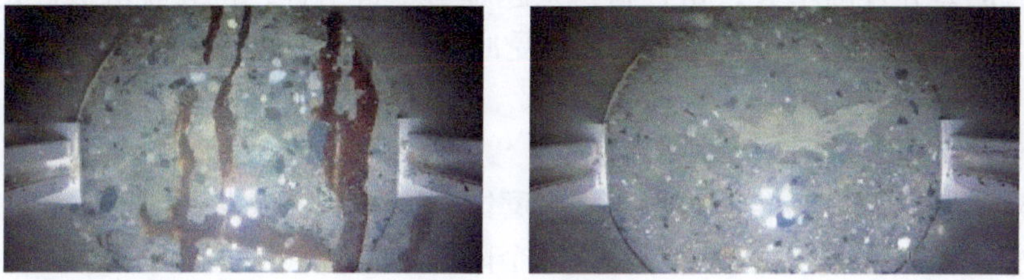

(b) 底孔3#闸门出口

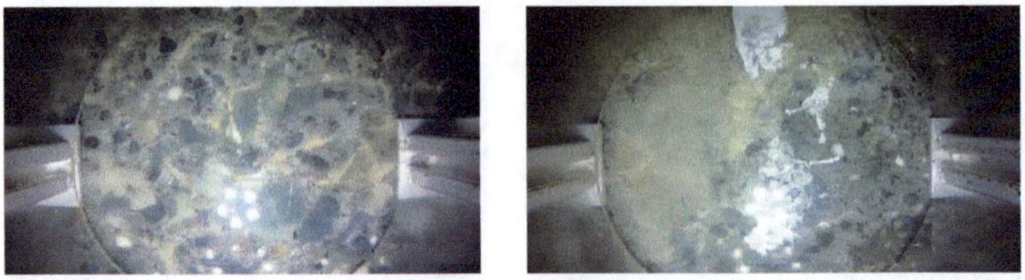

(c) 底孔5#闸门出口

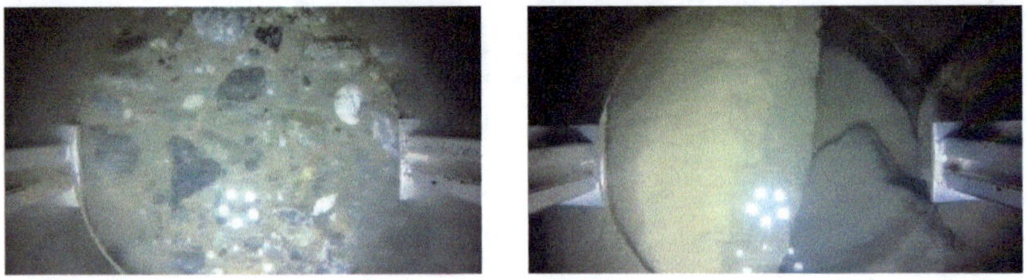

(d) 底孔消力池

图 7.44　底孔消力池底板汛前巡检结果

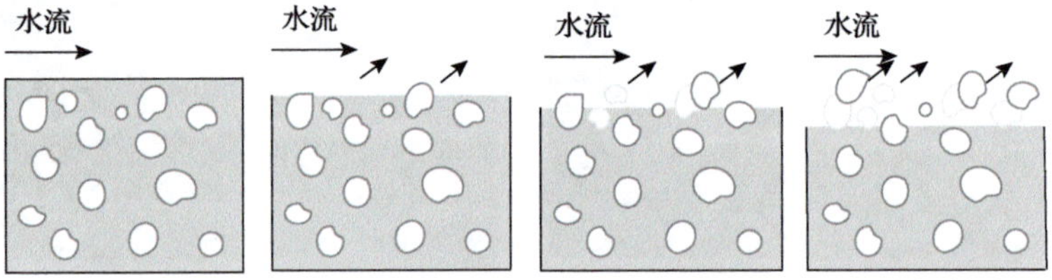

(a) 磨损启动　(b) 细骨料脱落　(c) 粗骨料淘刷　(d) 循环持续

图 7.45　典型二级配混凝土冲刷磨蚀过程

水泥砂浆层，会形成与水流紧密接触的过流面，承担高速水流与泥沙颗粒的初始冲击。磨损启动阶段的标志是砂浆层最先剥离，该阶段磨损一般较为均匀。随着砂浆的逐渐磨损，混凝土细骨料暴露并承担挟沙水流的切削作用，部分细骨料脱落。细骨料被水流冲走后，粗骨料逐渐裸露，使砂浆、细骨料和粗骨料承担冲磨作用力，形成凹凸不平的磨蚀坑(冲孔)，并在过流表面处形成各种类型的漩涡，使磨损作用加剧。随着磨损的继续，当表面不平整度持续增加时，粗骨料和砂浆承担荷载的差异逐渐增大，粗骨料越来越难与基材结合，持续脱落被冲走，使砂浆部分磨损加剧，直到下一层混凝土所受冲刷荷载重新达到平衡。如此循环往复，使混凝土磨损不断加深。

2)磨蚀分级方法

混凝土磨蚀评价标准是消力池底板磨蚀程度的判定依据。根据文献[2]，消力池底板混凝土磨蚀破坏发展过程分为三个阶段：

第 1 阶段：灰浆破坏，骨料暴露。

第 2 阶段：骨料被磨碎，骨料脱落。

第 3 阶段：剥落，露筋。

依据磨蚀损伤发展的三个阶段和典型缺陷特点对磨损进行分级，通常将混凝土表面磨损破坏程度划分为四级[2]。在此基础上，添加无磨损特征作为第 1 级，组成 5 级磨蚀表观缺陷特征分级表，如表 7.9 所示。磨蚀分级特征如图 7.46 所示。

表 7.9　磨蚀表观缺陷特征分级表

磨蚀损伤分级	缺陷特征表现
正常(1 级)	灰浆完好，无明显缺陷
基本正常(2 级)	灰浆破坏，混凝土表层骨料暴露
轻度异常(3 级)	大面积骨料裸露
异常(4 级)	骨料被磨碎或脱落
险情(5 级)	混凝土剥落、钢筋裸露

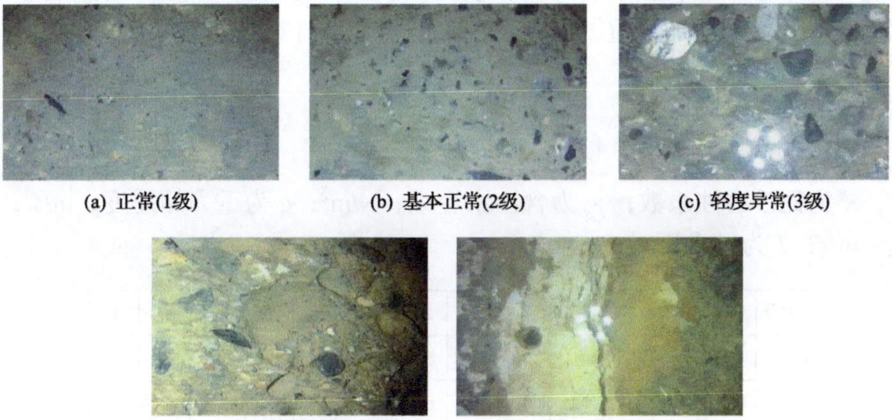
(a) 正常(1级)　(b) 基本正常(2级)　(c) 轻度异常(3级)　(d) 异常(4级)　(e) 险情(5级)

图 7.46　磨蚀分级特征

3)混凝土骨料面积比

骨料面积比(aggregate area ratio, AER)即混凝土表面缺陷中骨料所占面积与切片总面积之比[3]。随着水流磨蚀过程的不断进行，在一定磨蚀程度范围内，磨蚀程度随 AER 的增大而增大，从而能很好地反映磨蚀的严重程度。一般情况下，利用水下高清相机拍摄获得消力池底板二维磨蚀图像后，通过计算即可获得混凝土的 AER。相较于传统的磨蚀量和磨蚀深度等磨蚀量化评价指标，AER 在实际运行条件下更易于获取。AER 的计算公式为

$$\text{AER}=\frac{S_{\text{agg}}}{S_{\text{total}}} \tag{7.1}$$

式中，S_{agg} 为混凝土骨料所占面积，m^2；S_{total} 为切片总面积，m^2。

为尽量避免人工识别所造成的误差，采用人工智能方法计算 AER。基于人工智能方法预测骨料尺寸与识别缺陷形态，以实现消力池底板磨蚀缺陷像素级别的检测。

4）底板磨蚀规律

通过对表孔消力池底板探测结果进行 AER 计算，得到消力池底板 AER 分布，如图 7.47 所示。AER 沿水流方向的变化曲线如图 7.48 所示。由图 7.47 和图 7.48 可知，表孔消力池底板沿水流方向，存在 2 个磨蚀较为严重的区域，一部分位于 X_2～X_5 区域（消力池前部），另一部分位于 X_8～X_{12} 区域（尾坎附近），消力池中部区域磨蚀程度相对较低。从水力学角度分析，水流经溢流段进入消力池的过程中势能逐渐转化为动能，水流入池时流速达到最大值（超过 25m/s），已属高速水流范畴，后经水跃消能，流速逐渐减小，消力池前部区域流速最高。流速是影响磨蚀的关键因素，通过原型观测，发现含沙水流磨蚀率与流速的 3 次方成正比[4]。高流速促使水中泥沙颗粒运动加剧，使得泥沙颗粒对底板的冲击切削作用变强，因此冲刷磨蚀作用更加严重。最大磨蚀深度 $\delta_{\max}$ 的计算公式为

$$\delta_{\max} = K\frac{\gamma_s}{g}v^3T \tag{7.2}$$

式中，K 为泥沙磨蚀系数；γ_s 为含沙水容重，N/m^3；g 为重力加速度，m/s^2；v 为流速，m/s；T 为过水历时，s。

编号	X_1	X_2	X_3	X_4	X_5	X_6	X_7	X_8	X_9	X_{10}	X_{11}	X_{12}	X_{13}
Y_1	0.1	0.4	0.6	4.7	2.2	3.7	5.4	14	10	11	16	7.8	5.8
Y_2	0.1	1.7	1.7	2.2	11	8.9	6.3	13	14	17	6.1	15	1.3
Y_3	0.1	8.1	15	11	11	6.9	11	1.6	11	4.4	9.7	7.9	1.2
Y_4	2.9	10	11	12	4.5	5.6	7.6	21	18	12	15	13	9.3
Y_5	0.1	4.1	5.8	11	4.1	8.5	8.9	13	12	14	13	16	2.2
Y_6	0.1	8.6	13	14	4	8.3	8.2	9.3	4.7	17	20	17	1.7
Y_7	0.2	2.4	4.8	17	5.2	9.6	7.5	17	9.7	11	18	13	0.7
Y_8	0.4	0.5	6.4	8.8	4.2	3.1	6.3	10	17	9.5	13	14	1.8
Y_9	1.2	12	16	12	6.3	6.7	11	10	9.7	8.4	8.8	17	2.3
Y_{10}	0.1	5.6	8.4	11	5.9	8.2	9.6	13	4.7	12	10	2.1	2.9
Y_{11}	0.1	23	8.8	3.8	8.4	1.4	12	7.6	4.4	10	15	10	1.9
Y_{12}	0.9	0.1	1.6	4.2	0.3	2	5.1	3.3	8.6	11	14	12	3.2
Y_{13}	0.1	0.1	0.3	7.5	0.8	1.8	4.4	8.4	2.5	0.4	14	1.3	0.1

图 7.47　消力池底板 AER 分布（单位：%）

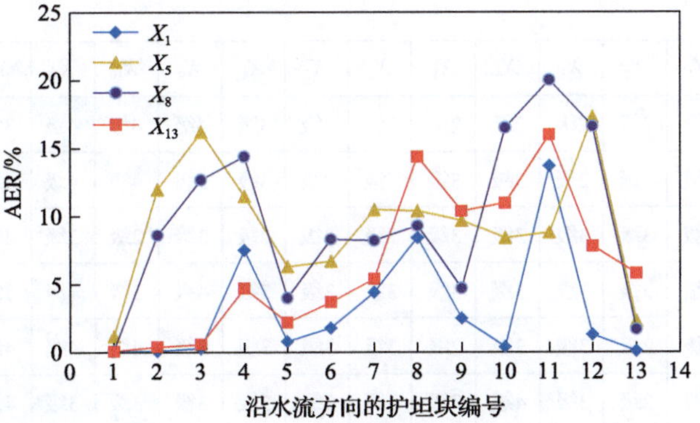

图 7.48 AER 典型变化曲线

水流入池后形成水跃，水流流态逐渐由急流向缓流过渡，动能逐渐被紊流消耗。水跃区水流表面产生剧烈漩滚，紊动掺混作用非常强烈，大量空气掺混进入水中，水中掺气量急剧上升。掺气不仅能减缓空蚀破坏，也能减小磨蚀破坏程度。黄细彬[5]通过试验发现，当水中掺气浓度大于 6%时，含沙水流对过流壁面的磨蚀率将大幅降低。由于水跃区掺气剧烈，可对磨蚀破坏产生一定程度的减缓作用，使消力池中部水跃区底板的磨蚀破坏程度降低。美国垦务局提出的水跃计算公式为

$$L = 6.1h \tag{7.3}$$

式中，L 为水跃长度，m；h 为跃后水深，m。取 h=16，计算得到水跃长度约为 97.6m，水跃中后段位置基本上与磨蚀程度较低区域吻合[6]。

经水跃消能后，消力池后段水流流速逐渐减小，流速减小后，水流挟沙能力减弱，导致泥沙颗粒逐渐沉积[7]。受消力池尾坎的影响，水流于尾坎前发生回流，形成漩涡。从上游随流运动而来的砂石淤积于尾坎前，随回流漩涡往复运动，不断冲刷消力池底板，导致该区域磨蚀程度增大。综上所述，消力池前、后段区域磨蚀破坏程度较高，而中段区域磨蚀损伤程度较低。

依据消力池磨蚀表观缺陷特征分级标准对消力池底板磨蚀情况进行分级评价，结果如图 7.49 所示。

消力池各区域检测点范围有限，AER 分布未能严格与磨蚀特征分级对应，但通过对比可知，消力池底板磨蚀破坏分布规律基本与 AER 分布相吻合，反映出 AER 可在一定程度上反映消力池底板磨蚀破坏情况。消力池前、后段区域磨蚀较严重，出现了不同程度的混凝土灰浆破坏、骨料暴露、脱落等不良现象。因此，建议在消力池设计和保护中，应重点对消力池前、后段区域采取防冲磨措施。例如，采用高强度环氧砂浆对过流壁面进行防护处理等。

编号	X_1	X_2	X_3	X_4	X_5	X_6	X_7	X_8	X_9	X_{10}	X_{11}	X_{12}	X_{13}
Y_1	1级	2级	2级	2级	2级	3级	2级	3级	4级	4级	4级	3级	4级
Y_2	1级	3级	2级	3级	3级	3级	2级	3级	3级	4级	4级	4级	3级
Y_3	1级	3级	3级	3级	3级	2级	3级	2级	3级	2级	3级	4级	4级
Y_4	1级	3级	3级	3级	3级	3级	3级	3级	4级	3级	3级	3级	4级
Y_5	1级	2级	3级	3级	2级	3级	3级	3级	3级	4级	4级	4级	3级
Y_6	1级	2级	3级	4级	3级	3级	3级	3级	3级	3级	3级	4级	3级
Y_7	1级	2级	3级	3级	2级	3级	2级	2级	3级	3级	4级	3级	3级
Y_8	1级	1级	3级	3级	2级	2级	2级	3级	3级	3级	3级	3级	3级
Y_9	2级	3级	3级	4级	3级	3级	2级	3级	3级	3级	3级	3级	3级
Y_{10}	1级	3级	4级	3级	3级	3级	2级	4级	3级	3级	3级	2级	3级
Y_{11}	1级	3级	4级	3级	3级	2级	3级	2级	3级	3级	3级	2级	3级
Y_{12}	1级	1级	1级	3级	2级	2级	2级	2级	3级	4级	3级	4级	2级
Y_{13}	1级	1级	1级	1级	2级	2级	2级	3级	2级	2级	4级	2级	1级

图 7.49　消力池底板磨蚀程度评价

3. 消力池巡检数据的分布特征安全评价

水下机器人巡检结果显示，1#、3#和 5#底孔明流段的损伤特征主要表现为混凝土表层骨料暴露，判定为 2 级损伤，属基本正常。底孔消力池的损伤以 2 级、3 级为主，主要表现为混凝土表层骨料暴露或大面积骨料裸露，底孔消力池的损伤程度整体处于基本正常至轻度异常范围，未发现钢筋裸露等严重损伤。

表孔消力池的损伤等级主要有 2 级、3 级和 4 级，主要表现为混凝土表层骨料暴露、大面积骨料裸露、骨料被磨碎或脱落，表孔消力池的损伤程度整体处于基本正常至异常范围，未发现钢筋裸露等严重损伤。导墙的磨损严重区域与底板的磨损严重区域正好吻合，与表孔消力池相比，底孔消力池两侧导墙的磨损更严重，严重损伤区域面积更大，这与底孔消力池内更高的砂石含量有关。

通过 AER 的分析，可以判断表孔消力池汛前、汛后两次测量结果显示的磨损较严重的区域相同，均位于 Y_3、Y_4 区域和 Y_{10}～Y_{12} 区域。汛后测量覆盖范围更广，巡检结果更真实，指导性更强。根据汛后测量结果，应重点关注 Y_3、Y_4 区域和靠近尾坎的 Y_{10}～Y_{12} 区域。采用定性的损伤分级判定分区图和 AER 反映的磨损分区图高度吻合，说明利用 AER 判断磨损程度是一种切实可行的方法。

将底孔消力池的损伤等级等比例投射到底孔消力池平面布置图中，可见底孔消力池损伤较严重的区域为消力池沿水流方向 50～90m 内，主要损伤特征为大面积骨料裸露，损伤等级为 3 级。由于只有 1#、3#、5#底孔进行了泄洪，可以从底孔消力池磨损程度分区图中发现，1#、3#、5#底孔对应的消力池区域磨损面积更大。说明底板磨损区域与泄洪闸门开启位置有明显关系。

相对于底孔消力池，表孔消力池的损伤程度更严重，损伤等级更高。损伤等级达到 3 级的区域几乎覆盖了整个表孔消力池。主要原因是大坝泄流分工中，表孔的主要任务仅是泄洪，而底孔的主要任务是泄洪兼排沙。相对于底孔消力池，表孔消力池泄洪频率更高。现场运行结果表明，表孔闸门开启次数和开启时间均明显多于底孔闸门，因而表孔消力池内的磨损严重程度明显高于底孔消力池。

以护坦块作为消力池底板计算的最小单元进行安全评估。上述安全等级计算中，仅针对某一护坦块进行示意，底孔消力池内更多的护坦块依据计算程序来实现。采用 MATLAB 前置计算方法，将每个护坦块每个指标的原始数据导入，就能得出每个护坦块的安全等级，如图 7.50 所示。

j	安全等级
1	正常
2	基本正常
3	轻度异常
4	异常
5	险情

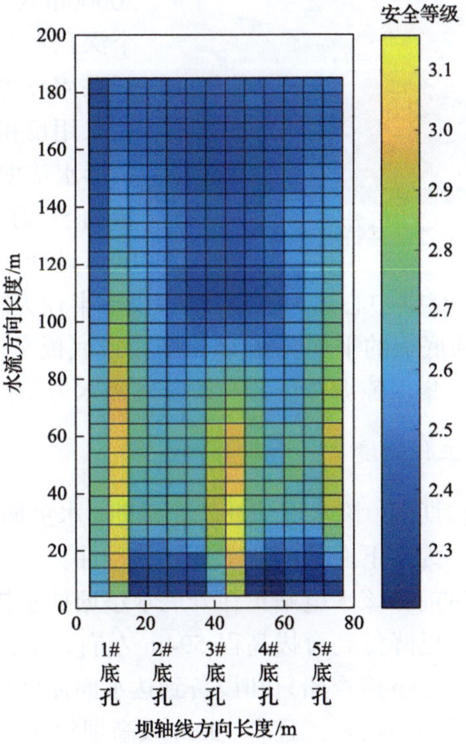

图 7.50　消力池安全等级评估结果

可以发现：基于信息物元系统理论，通过各评估指标的确定，可以有效对消力池底板分区安全等级进行定量评价。安全等级计算结果显示，等级评估系数为2.3～3.1，说明消力池安全等级处于基本正常至轻度异常范围。由安全等级分布图可以看出，底孔#1、#3、#5对应的20～100m区域相比其他区域，等级评估系数更大，危险等级更高。

7.5 金沙江某特大型水垫塘智能巡检与分析

7.5.1 金沙江某特大型水垫塘工程概况

1. 水垫塘介绍

为了验证多种水下检测技术的可行性，在金沙江某特大型水垫塘开展智能巡检测试。该工程主体拦河坝为混凝土双曲拱坝，正常蓄水位825m，相应库容206亿m^3，最大坝高289.0m，坝身最大泄洪量约为30000m^3/s，消能建筑物由坝身6个表孔、7个深孔和左岸3条无压泄洪直洞组成。坝后采用反拱形水垫塘、二道坝消能，水垫塘采用反拱形底板复式梯形断面设计，反拱形水垫塘长360m，宽130m，混凝土总量约50万m^3，如图7.51所示。横剖面按圆弧设计，沿水流向每16m设一永久缝，底板厚4m，反拱中心角为74.796°，反拱半径为107.02m，拱圈内将底板均匀分为9块，每块底板的平均底宽161m，全段底板布设锚筋并有排水设备。两侧设有拱座和边墙，集保障塘体稳定与改善底板水力条件于一身。

图7.51 金沙江某特大型水垫塘

2. 现场工作环境

水下巡检期间，该水电站处于非汛期，水垫塘范围内不存在泄洪等因素影响，水面为静水，为水下巡检创造了良好的条件。

巡检测试前，该水电站正在开展水垫塘抽水排干检修工作。开展巡检时，水垫塘水面高程已降低到海拔高程594m左右，水深约15m，水面离马道约10m。此种工况下，水下检查船只和设备到达水面需借助大坝缆机吊放装置。水电站水垫塘区域地处高山峡谷，且有300m级高坝耸立，水下巡检时辅助定位的GPS和RTK技术受山体和大坝遮挡，卫星信号较差，应将RTK基站架设在相对空旷的位置，确保能够接收到最优的定位信号。

7.5.2　巡检方案与流程

本次测试构建了“粗检、细查、精测、复核”智能检测技术方案。采用多波束三维声呐系统对水垫塘进行全覆盖检测，分析检查区域内水工建筑物是否存在大规模的混凝土缺陷，实现“粗检”。利用无人潜航器搭载二维图像声呐对水下结构进行声学覆盖细致检查，查明水工建筑物是否存在明显的混凝土表观缺陷，实现“细查”。使用水下双模态智能巡检机器人对水下重点部位进行冲淤后局部精细可视化检查，进一步查明混凝土表观缺陷，实现“精测”。检查范围为水垫塘水面以下部位。为了验证水下数据采集的有效性，采用三维激光扫描仪对水垫塘清淤后进行全覆盖检测，采集三维数据，对混凝土表观进行细微的观察与记录，查明水工建筑物是否存在明显的混凝土表观缺陷，实现“复核”。

7.5.3　巡检数据分析与评价

1. 多波束三维声呐系统粗检

本次检测中，采用多波束三维声呐系统对水电站水垫塘和尾坎下游局部水域进行全覆盖检测，相邻测线覆盖范围重合至少 20%，对重点部分进行多次覆盖检测。多波束三维声呐全覆盖粗检航迹如图 7.52 所示。

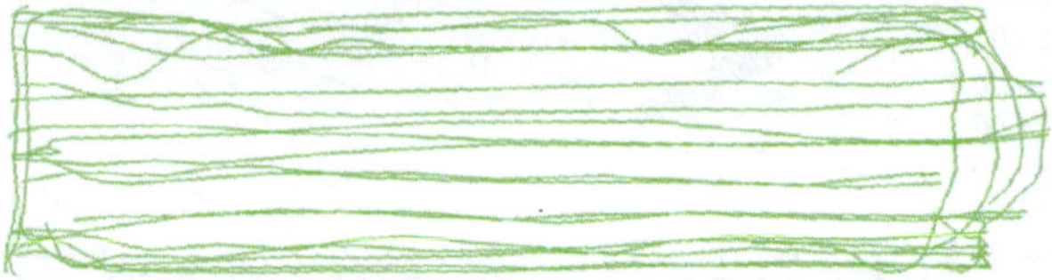

图 7.52　多波束三维声呐全覆盖粗检航迹示意图

水下检查过程中，采用多波束三维声呐系统对水垫塘水下部位进行全覆盖检测。多波束三维声呐水下检测结果总览如图 7.53 所示。

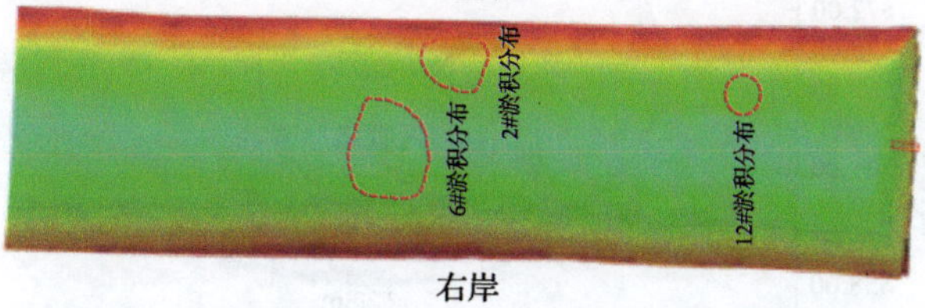

图 7.53　多波束三维声呐水下检测结果总览图

为进一步了解水垫塘水下部位的情况，在水垫塘范围内截取横向断面 2 条、纵向断面 6 条，断面位置示意图如图 7.54 所示，断面点云数据如图 7.55 所示。由粗检结果可知：

(1)水垫塘水下部分未见大规模的混凝土冲蚀、淘刷等缺陷。

(2)水垫塘底部存在 3 处规模较大的杂物淤积，2#断面处淤积高度为 0.9m，面积约为 $58.22m^2$，体积约为 $16.58m^3$；6#断面处淤积高度为 1.08m，面积约为

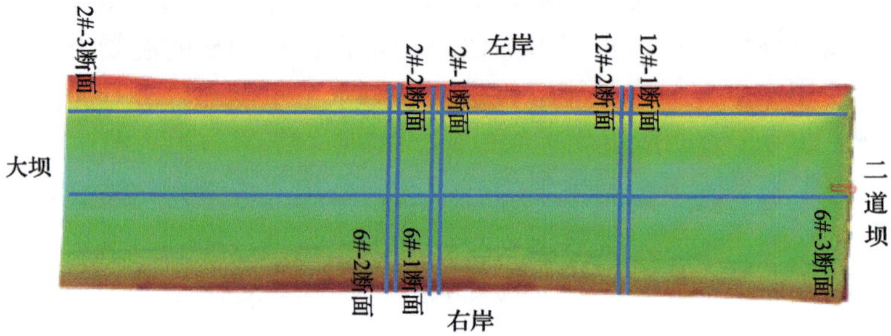

图 7.54　水垫塘水下检测典型断面位置图

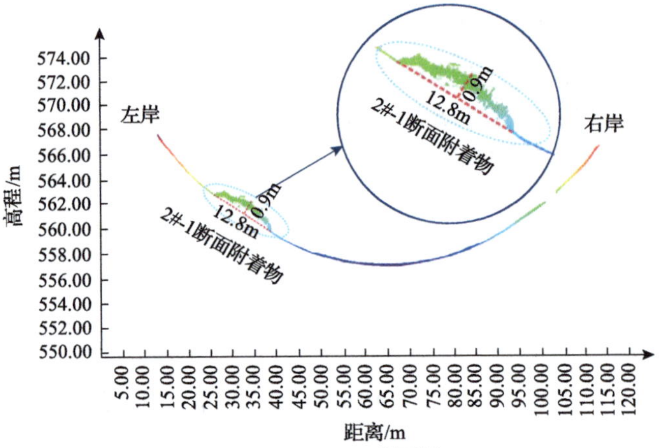

(a) 2#-1断面图

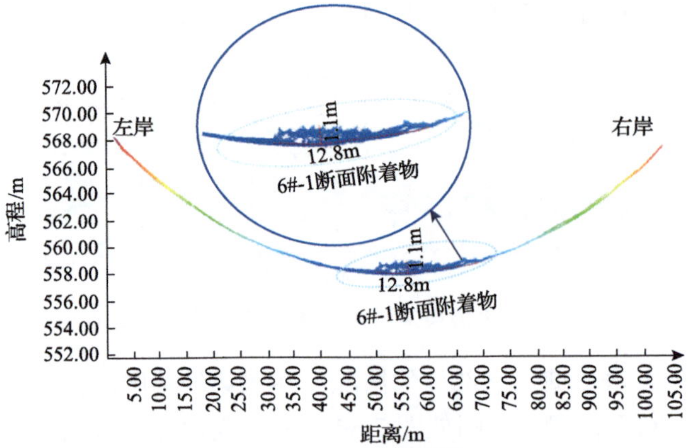

(b) 6#-1断面图

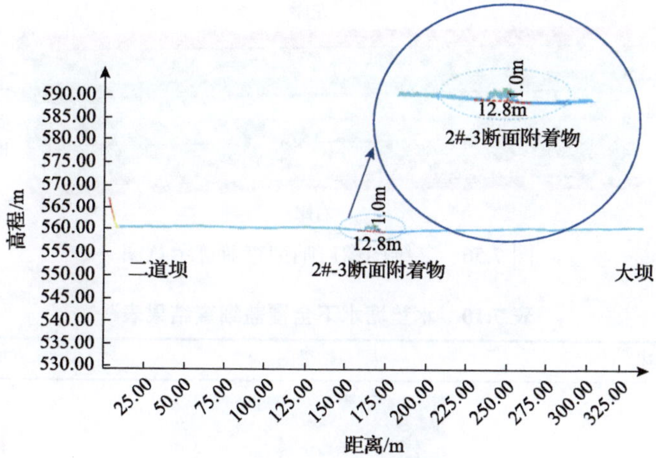

(c) 2#-3断面图

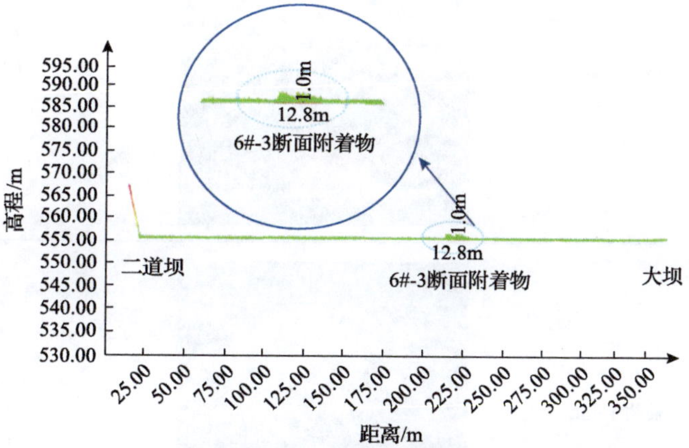

(d) 6#-3断面图

图 7.55　断面点云数据图

10.12m^2，体积约为 6.23m^3；12#淤积高度为 0.1m，面积约为 0.83m^2，体积约为 0.09m^3。

2. 二维图像声呐细查

在完成多波束快速水下巡检后，获得了水下淤积体等初步的信息，结合深孔水流落点位置图的参数，开展水下机器人细查技术方案的验证。本次采用水下机器人搭载二维图像声呐和高清摄像设备，以测线方式对水垫塘水下部位进行声呐全覆盖和局部摄像验证检查。结合水垫塘设计图纸中结构缝分布和多波束三维声呐所普查出的缺陷范围，进行水下无人潜航器系统的测线布置，检测路线如图 7.56 所示。

水下检查的路线以紧贴参照目标、沿测线行进为原则进行布置。典型细查结果见表 7.10。由检测结果分析可知：水垫塘底部除 3 处规模较大的杂物淤积外，

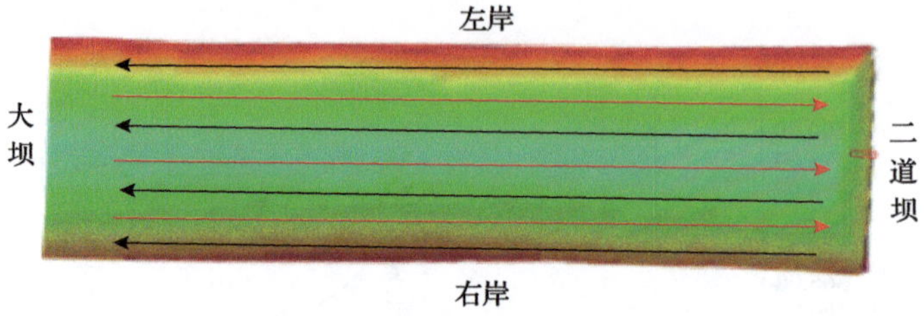

图 7.56　二维图像声呐细查航迹示意图

表 7.10　水垫塘水下全覆盖细查结果表

缺陷描述	结果图	缺陷位置示意
面板附着大量建筑垃圾，长约 9.8m，宽约 8.6m，高约 1.08m	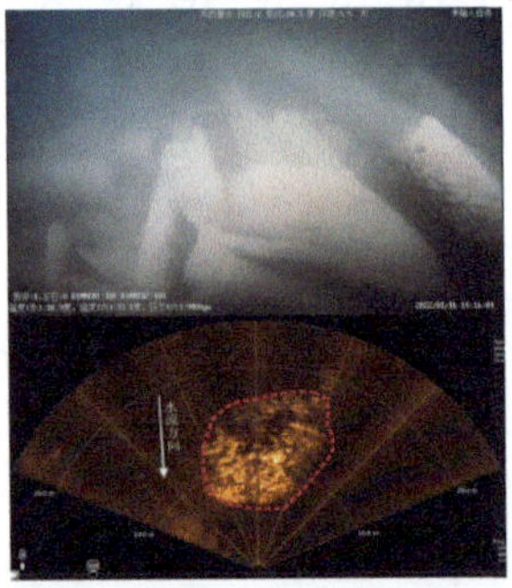	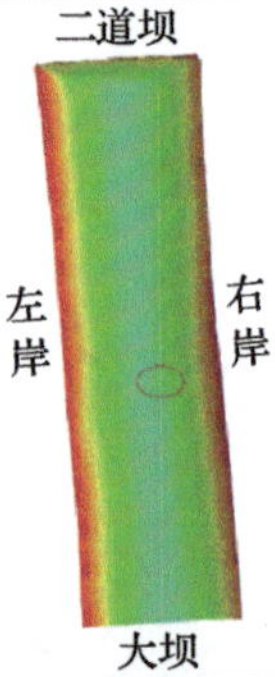
面板附着泥沙淤积，长约 1.6m，宽约 0.8m，高约 0.1m	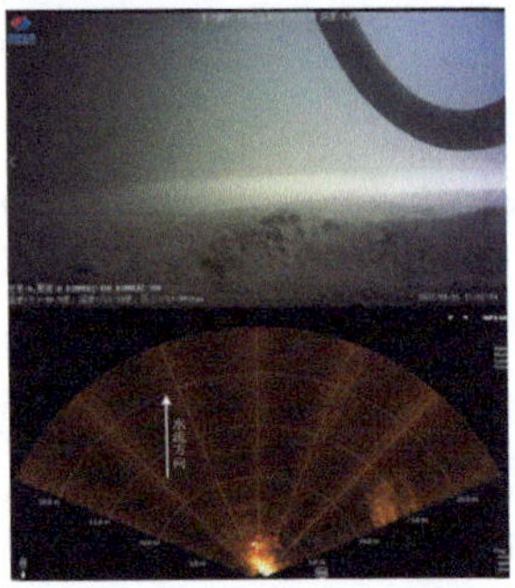	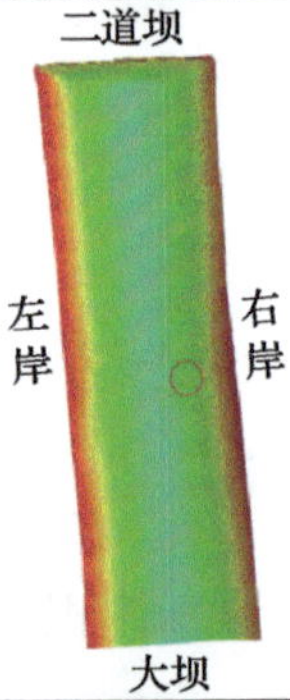
大坝左拐角无明显缺陷		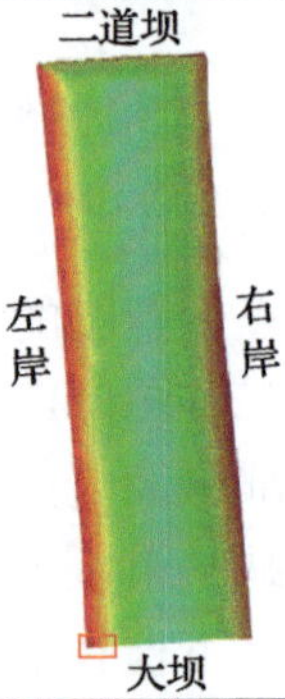

续表

缺陷描述	结果图	缺陷位置示意
二道坝中心位置发现类似闸门结构	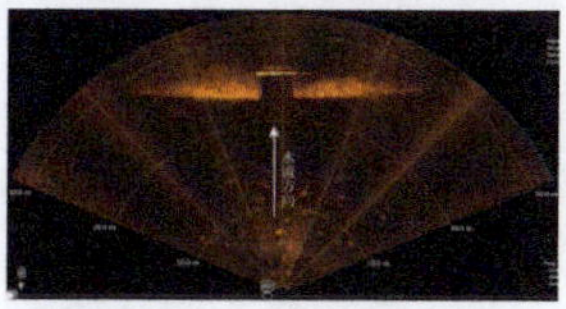	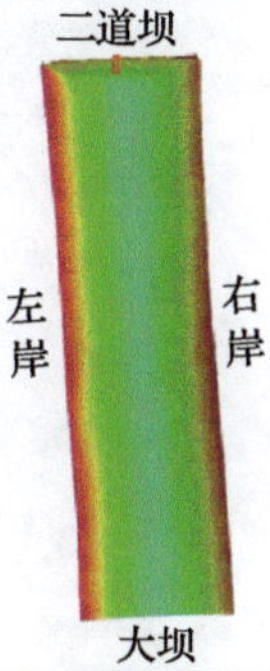
二道坝左侧阶梯结构	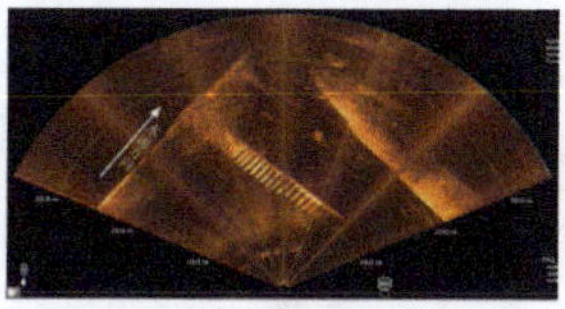	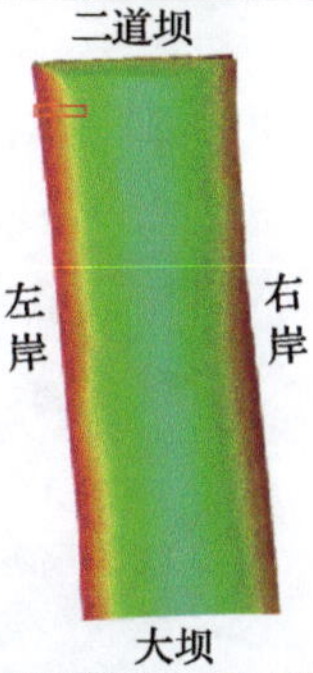

还存在多处杂物堆积在水垫塘底部零散分布；水垫塘底部混凝土表面普遍存在泥沙覆盖。

3. 高清可视化精测

在完成水下机器人普查并掌握水下淤积的情况后，开展水下双模态智能巡检机器人贴底精测技术方案的验证。对水下重点部位进行冲淤后局部可视化精测，实现泥沙淤积、水体浑浊等复杂环境下的可视化检测。采用水下双模态智能巡检机器人对水垫塘 0+182（16 测线）和 0+242（12 测线）两条测线进行可视化精测，选择有代表性的护坦块或止水缝进行测线检查，检查护坦块和止水缝的完整情况。

对 12 测线左岸开展水下双模态智能巡检机器人贴底精测技术方案的验证。从拍摄的图像来看，水下存在施工建筑垃圾，水垫塘混凝土结构未见大规模的冲蚀、淘刷，典型结果如图 7.57 所示。

对 16 测线右岸开展水下双模态智能巡检机器人贴底精测技术方案的验证。从拍摄的图像来看，水下部分混凝土表层有灰浆层脱落现象，典型结果如图 7.58 所示。

通过对水下淤积的清理，从水下双模态智能巡检机器人检测拍摄图像看，水垫塘底部结构缝状况良好，未发现破坏脱落等现象，典型结果如图 7.59 所示。

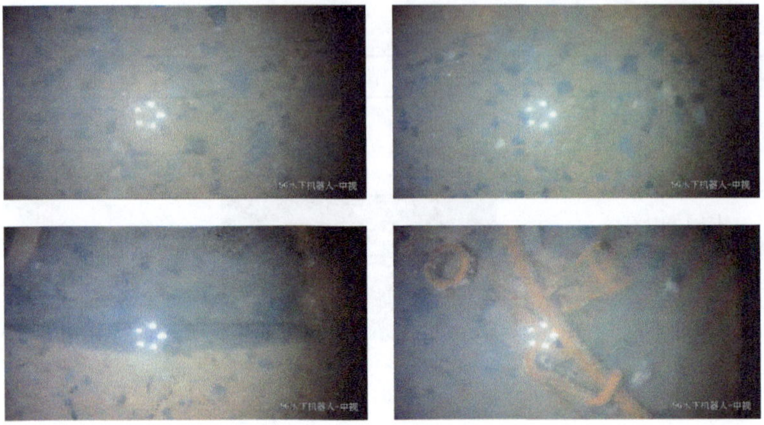

图 7.57　12 测线典型结果

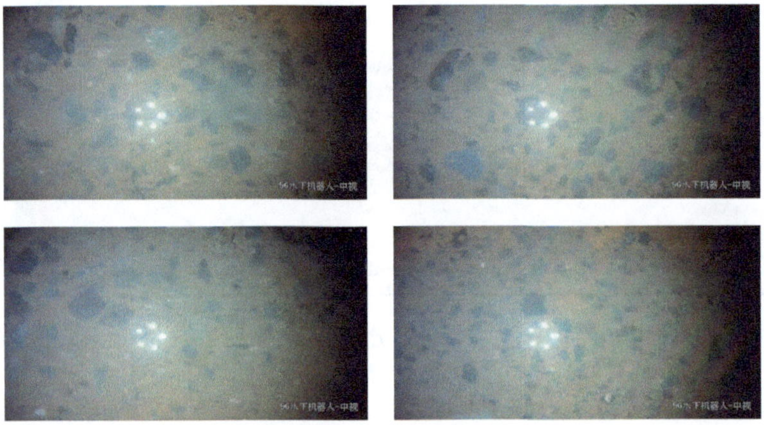

图 7.58　16 测线典型结果

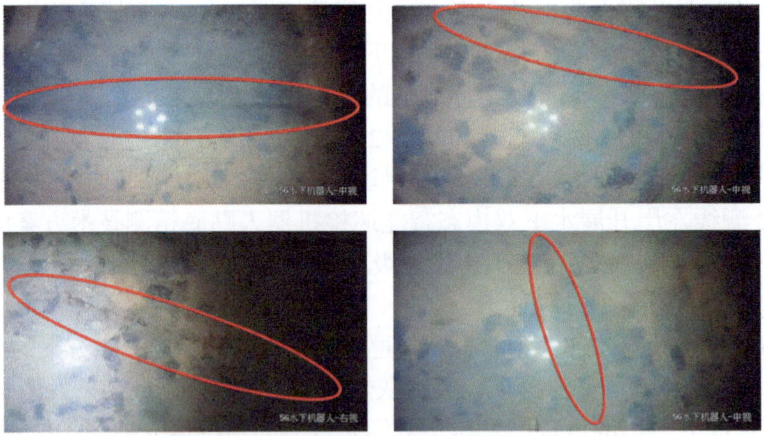

图 7.59　水垫塘结构缝典型结果

4. 三维激光扫描仪复核

在水垫塘抽干水后，采用三维激光扫描仪开展水垫塘清淤后底板全覆盖检测，采集三维数据，对混凝土表观进行细微的观察与记录，查明水工建筑物是否存在明显的混凝土表观缺陷。为了验证水下数据采集的有效性，与水下检测结果进行复核，复核结果如图 7.60 所示。水下检测结果与实际工况基本吻合。

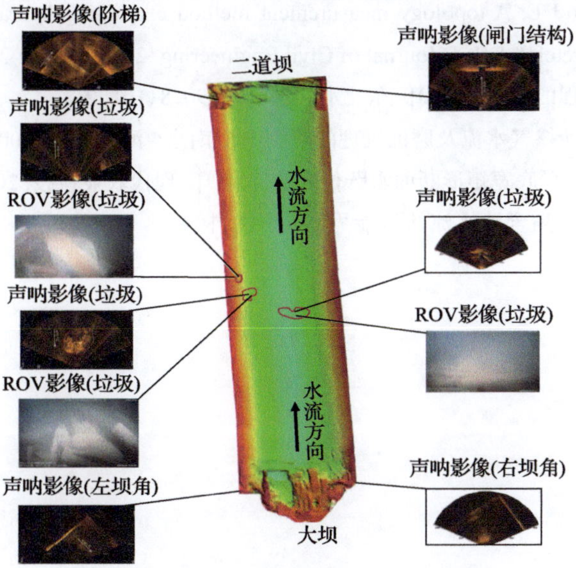

(a) 激光扫描与水下检测成果对比

(b) 水垫塘抽干后整体及局部图像

图 7.60　复核结果

参 考 文 献

[1] 孙双科, 周胜, 时启燧. 三峡水利枢纽泄洪深孔的泥沙磨损问题探析[J]. 水利学报, 2001, 32(7): 73-78.

[2] 戴晓兵, 李延农. 混凝土表面磨蚀破坏划分标准初议[C]. 水力学与水利信息学进展, 西安, 2009.

[3] Choi S, Bolander J E. A topology measurement method examining hydraulic abrasion of high workability concrete[J]. KSCE Journal of Civil Engineering, 2012, 16(5): 771-778.

[4] 徐秉衡. 泄水工程的磨损问题[J]. 东北水利水电, 1990, 8(10): 2-7.

[5] 黄细彬. 高速含沙掺气水流及磨蚀机理的研究[D]. 南京: 河海大学, 2001.

[6] 吴玉亭, 吴春娟. 平底宽矩形断面水跃位置的确定[J]. 现代农业科技, 2010, (10): 223, 225.

[7] 舒安平, 费祥俊. 高含沙水流挟沙能力[J]. 中国科学 G 辑: 物理学 力学 天文学, 2008, 38(6): 653-667.